우리가 벽을 통과할 수 없는 이유

플로리안 아이그너의 양자물리학 이야기

우리가 벽을 통과할 수 없는 이유

WARUM WIR NICHT DURCH
WÄNDE GEHEN

플로리안 아이그너 지음
이상희 옮김

우리가 몰랐던 세계를 여행하기 위한
양자물리학 기본 개념 가이드!

시그마북스

우리가 벽을 통과할 수 없는 이유

발행일 2025년 11월 3일 초판 1쇄 발행
지은이 플로리안 아이그너
옮긴이 이상희
발행인 강학경
발행처 시그마북스
마케팅 정제용
에디터 최연정, 최윤정, 양수진
디자인 강경희, 정민애, 김문배

등록번호 제10-965호
주소 서울특별시 영등포구 양평로 22길 21 선유도코오롱디지털타워 A402호
전자우편 sigmabooks@spress.co.kr
홈페이지 http://www.sigmabooks.co.kr
전화 (02) 2062-5288~9
팩시밀리 (02) 323-4197
ISBN 979-11-6862-417-7 (03420)

Warum wir nicht durch Wände gehen © 2023 by Florian Aigner
Original edition published by CHRISTIAN BRANDSTÄTTER VERLAG GmbH & Co KG
Arranged via Proprietor's Agent: Anette Riedel, Münster, Germany
All rights reserved.

Korean language edition © 2025 by Sigma Books
Korean translation rights arranged with CHRISTIAN BRANDSTÄTTER VERLAG GmbH & Co KG c/o Anette Riedel, Münster, Germany through EntersKorea Co., Ltd., Seoul, Korea.

이 책은 ㈜엔터스코리아를 통한 저작권사와의 독점 계약으로 시그마북스가 소유합니다.
저작권법에 의하여 한국 내에서 보호를 받는 저작물이므로 무단전재와 무단복제를 금합니다.

파본은 구매하신 서점에서 교환해드립니다.

* 시그마북스는 ㈜시그마프레스의 단행본 브랜드입니다.

추천사

무한한 가능성으로 확장되는
양자적 풍경

정신이 번쩍 들도록 만드는 멋진 마술쇼나 서커스를 관람하고 나면 도대체 방금 본 장면이 어떻게 가능한지 감탄하는 경우가 많다. 일상에서는 경험해볼 수 없는 믿기지 않는 상황이 눈앞에서 펼쳐지기 때문이다. 놀랍게도 우리가 살고 있는 완벽한 세상 역시 마찬가지다.

이 책 『우리가 벽을 통과할 수 없는 이유』는 견고한 현실이라는 공연이 끝난 뒤, 화려한 무대의 뒤편으로 독자를 조용하게 안내하는 친절한 비밀 통로와 같다. 우리가 발을 딛고 서 있는 지금 이 세계의 가장 단단한 표면을 한 꺼풀 벗겨냈을 때 드러나는 풍경은 종종 아찔한 현기증마저 느끼게 할 정도로 기묘하고 아름답다. 물론 우리가 평소 이해하고 있는 평범한 모습으로 존재하지 않기 때문에 누구나 이 광경을 편안한 마음으로 지켜볼 수 있는 건 아니다. 그래서 수식 대신 이야기로, 개념 대신 적절한 비유로 양자 세계의 문법을 차근차근 해독해나간다.

휘파람과 총소리로 하이젠베르크의 불확정성 원리를 설명하고, 사라진 고양이를 찾는 과정을 양자적 무작위성과 연결 짓는다. 가장 작은 입자에 대한 이야기를 하면서 동시에 상상할 수 없는 거대한 우주를 조심스럽게 꺼내고, 지극히 합리적인 논리를 따라가면서도 상대적으로 비상식적인 결론을 자연스럽게 사유하게 만든다는 점은 더욱 경이롭다. 요동이라고 부르는 미시세계의 예측 불가능한 작은 움직임이 어떻게 이토록 명료하고 안정적인 현실을 구축하느냐는 근원적인 질문 앞에 서는 순간에 이르면, 우리는 이제 단순한 과학서를 읽는 차원을 넘어 철학적 경이를 마주하게 된다. 어쩌면 세상을 이해하는 방식에 대한 근본적인 재설계를 부드럽게 요구하는 격려일지도 모른다.

그리고 마침내 마지막 책장을 넘기며 도달하는 곳은 어쩌면 물리학이 추구하는 양자 이론의 정답이 아니라, 세계를 완전히 다른 차원에서 관측하는 초월적인 감각의 출발선이다. 익숙했던 현실은 무한한 가능성으로 확장되는 양자적 풍경으로 대체되며, 그 찬란한 혼돈 속에서 비로소 우리는 세계의 가장 깊은 본질과 마주하게 된다. 감히 단언컨대 이 경이로운 지적 탐험을 마친 당신의 눈에는 더 이상 어제의 세계가 전혀 비치지 않을 것이다.

궤도
과학 커뮤니케이터, DGIST 특임교수, 『과학이 필요한 시간』의 저자

들어가며

이 책은 어떻게 읽어야 할까요?

이 책을 읽는 사람은 모두 놀라게 될 겁니다. 여기서는 아주 작은 입자와 그리고 위대한 생각을 다루고 있죠. 그것은 전자와 원자, 사람과 고양이, 그리고 별과 우주에 대해 이야기합니다. 이 책에서는 어쩌면 인류가 생각해낸 것 중 가장 매혹적인 과학 이론을 소개합니다. 바로 양자 이론입니다.

이 책에는 어떠한 공식이 나오지 않습니다. 그러니 미리 수학 지식을 공부할 필요도 없죠. 이 책의 목적은 양자물리학에서 가장 중요한 기본 개념을 단계별로 알아가는 것입니다. 어려운 전문 용어나 복잡한 말 없이 아주 쉽고 이해하기 편하게 말이죠.

이 책은 양자 이론에 대해서 전혀 아는 것이 없지만 그럼에도 환상적인 새로운 세계의 초대를 받고 싶어 하는 사람들을 위한 책입니다. 또한 이 책은 예전에 양자 이론에 대한 책을 많이 읽었어도, 좀 더 자세히 이해하고 싶은 사람들을 위한 것이기도 합니다. 또 어쩌면 양자에 대해 충분히 잘 알고 있다 하더라도 파동-입자 이중성부터 벨의 부등식이나 양자 디코히어런스(Quantum decoherence, 양자 결어긋남) 같은 현대적인 주제에 이르는 이론을 새로운 관점에서 설명하는 것을 기쁘게 받아들이는 사람들을 위한 것입니다.

→ 모든 내용들을 동시에 한 번에 충분히 설명할 수 없기 때문에 이 책에는 형식이 다른 특별한 부가 설명들이 있습니다. 지금 이 부분과 같이 말이죠. 이러한 부분은 추가적인 정보이고 조금 더 자세한 설명과 가끔은 조금 더 전문적인 해설이 들어갑니다. 이것은 이후 내용을 이해하는 데 반드시 필요한 것은 아니니 따라 읽어도 되고 건너뛰어도 괜찮습니다. 처음에는 그냥 넘어갔다가 맨 마지막에 읽어도 됩니다. 또 아니면 그냥 끝까지 읽었다고 이야기해도 상관없죠. 여기에 규칙은 없으니까요.

이 책의 마지막에는 부가적으로 몇몇 중요한 용어의 개념에 대한 설명이 있는 〈용어해설〉 부분이 있습니다.

양자의 세계를 여행하다 보면 우리는 무수히 많은 이상한 이야기를 접하게 될 겁니다. 그 이야기에는 토마토와 전자의 차이, 코펜하겐에서 노벨상을 은폐하기에 가장 좋은 장소, 양자폭탄, 우주선, 그리고 순간이동에 대한 내용도 있죠.

우리는 아마 스스로에게도 괴상한 질문을 던지게 될 겁니다. 예를 들면 물질은 알고 보면 사실 공간으로 이루어진 것인데, 왜 우리는 벽을 통과할 수 없는 것일까? 또는 슈뢰딩거의 고양이는 살아 있기도 하고 동시에 죽어 있는 것이기도 한다는 사고실험(thought experiment)의 의미는 무엇일까? 그리고 미시적 차원에서 예상치 못할 정도로 거칠게 양자가 흔들리며 깜빡일 때, 우리는 분명하고 선명한 현실을 경험한다는 것은 과연 가능하기나 한 일일까요?

이러한 질문들을 보다 자세히 들여다보다 보면, 우리는 점차 많은 것들을 확실하게 이해하게 될 것입니다. 양자 중첩이 무엇인지, 작은 입자의 세계가 우리의 일상 세계와 어떻게 연결되어 있는지, 혹은 바로 양자 얽힘이 왜 양말을 구분하는 것과는 완전히 다른지를 말이죠.

양자 이론을 접하는 사람이라면 그 누구라 할지라도 처음부터, 그리고 마지막까지도 놀라움을 금치 못할 것입니다. 하지만 이것은 명확하게 더욱 더 높은 수준에서, 그리고 더 넓은 시야로 세상을 바라보는 일입니다. 그리고 절대로 놓쳐서는 안 되는 단계의 성장이기도 하죠.

FLORIAN AIGNER
플로리안 아이그너

차례

추천사　무한한 가능성으로 확장되는 양자적 풍경　006
들어가며　이 책은 어떻게 읽어야 할까요?　008

1　파동, 입자, 그리고 양자보송이　014
1,000단위의 세계　016 | 새로운 아이디어와 오래된 개념　018 | 입자와 파동　020
빛이란 무엇인가?　023 | 이중 슬릿 실험: 토마토와 물결　025
파동으로서의 빛　029 | 아인슈타인의 빛 입자　032
빛의 두 가지 속성: 입자파동과 파동입자　035

2　아무도 측정하지 않는 경우에만　037
뒤집힌 아인슈타인　039 | 이중 슬릿에서의 입자　041
이중 슬릿에 존재하는 다량의 입자　045 | 그리고 아주 정확하게 측정한다면?　047
난해한 오류　049 | 미시세계와 거시세계의 만남　051
전혀 신비로울 이유가 없다　052

3　양자 도약, 작은 부분으로 구성된 세계　054
막스 플랑크의 절망적 행동　056 | 보어의 원자 모형　058 | 양자, 현실세계의 픽셀　063
연속적인 세계라는 환상　064 | 하이젠베르크의 불확정성 원리　066
휘파람과도 같은 하나의 입자　068 | 양자 도약이란 무엇인가?　071

4 새로운 종류의 우연 — 073

슈뢰딩거의 파동함수 075 | 전자는 체리가 아니다 078 | 확률 파동 081
중첩 원리 083 | 고양이 분포 함수 086 | 고전적 무작위성과 양자적 무작위성 088
시계 장치로서의 세상 089 | 코펜하겐 해석 091 | 실제 현실 092

5 전자는 행성이 아니다 — 094

점은 어떻게 회전하나요? 096 | 스핀과 그 방향 097 | 슈테른-게를라흐의 실험 099
두 개의 연속 스핀 측정 101 | 중첩은 관점의 문제 105 | 빛의 진동 107
영화 속 광자 112

6 양자 지우개와 양자폭탄 — 114

휠러의 사고실험: 먼 은하의 광자 116 | 광자 표시: 어떤 경로 정보를 이용한 트릭 119
양자 지우개 124 | 양자폭탄 126

7 왜 우리는 벽을 통과하지 못할까? — 134

양자보송이와 에너지 떨림 136 | 중성미자는 우리를 쫓지 않는다 137
다양한 입자로 이루어진 다양성의 동물원 138 | 파울리의 배타 원리 141
찬드라세카르와 별들의 죽음 143 | 터널 효과 145 | 마리 퀴리와 방사성 붕괴 147
아야, 아파! 150

8 양자 얽힘과 유령 같은 원격작용 — 151

국소적 실재론 152 | 양자 쌍둥이 155 | 아인슈타인과 유령 같은 원격작용 156
양자 휴대폰은 존재하지 않는다 159 | 숨은 변수: 국소적 실재론을 위한 뒷문? 162
끝이 없는 점점 더 이상한 일 172 | 언제나 아인슈타인! 173

9 순간이동과 도청 방지 코드 — 175

입자는 초콜릿 케이크가 아니다 177 | 광자, 그리고 그 반대의 반대 178
섬에서 섬으로 순간이동을 182 | 비밀 메시지 185
양자 암호화: 양자 얽힘을 통한 암호화 188 | 양자 얽힘과 텔레파시 191
비국소성: 그렇게까지 이상하지 않아요 193

10 슈뢰딩거의 고양이는 도대체 어떻게 됐을까? 195

상자 속 고양이 197 | 위그너의 친구 199 | 측정은 무엇을 의미하는 걸까요? 201
양자 다윈주의 204 | 입자가 위치를 얻는 방법 208 | 디코히어런스: 파동이 깨질 때 210
다행히 우리는 의견이 일치합니다 212

11 양자철학과 양자 유사과학 214

다중 세계 이론 216 | 오컴의 면도날 219 | 입 다물고 계산이나 해! 222
양자 유사과학과 양자의학 225 | 우주로 전하는 소원 226
뉴에이지와 과학 227 | 과학은 이상할 수 있지만, 틀리지 않습니다! 230

12 양자는 우리에게 어떻게 유용할까? 232

레이저, 광자 복사기 233 | 태양전지에서 컴퓨터 칩까지 235
양자컴퓨터, 영원한 희망 236 | 양자를 이용한 측정 239
의학에서의 양자 측정 241 | 아무것도 없는 것보다 나은, 진공 242
양자 깜빡임과 우주 244 | '이해한다'라는 말은 어떤 의미일까요? 246

용어해설 250
참고문헌 258

Chapter 1

파동, 입자, 그리고 양자보송이

양자물리학이 우리를 놀라게 한다는 게, 왜 우리를 놀라게 하지 않는 것일까요?
또 왜 토마토와 물결은 완전히 다른 성질을 가지고 있는 것일까요?
우리는 빛의 진정한 성질을 어떻게 이해할 수 있을까요?
빛은 파동도 입자도 아니지만, 어떤 의미에서는 둘 다이기도 합니다.

우주는 그렇게 복잡한 것은 아니에요. 그리고 그건 좋은 일이죠. 일상 생활에서 우리는 자연의 법칙에 대해 생각할 필요가 별로 없습니다. 자연의 법칙이 우리에게는 정말 자연스럽게 보이기 때문이에요.

고양이가 왼쪽으로 걷는 그 순간은 분명히 오른쪽으로 걷는 것이 아니에요. 내가 계란을 바닥에 떨어뜨린다면, 계란은 깨지거나 아니면 온전하겠죠. 만약 내가 토마토를 큰 포물선으로 벽을 향해 던진다면, 토마토는 아주 특정한 경로를 따라 점점이 움직이다 결국 벽에 부딪혀 붉은색 진창의 얼룩을 남기게 될 겁니다.

이런 일은 우리에게 전혀 놀라운 일이 아니죠. 그게 바로 사물이 움직이는 방식이고, 우리가 평생 보아온 방식이기 때문이죠. 우리는 자연에서 어떠한 움직임이 일어날 것인지를 예상할 수 있는 능력에 꽤 훌륭한 직감을 가지고 있어요. 하지만 양자물리학에 대해서는 갑자기 이러한 직감이 우리를 실망시키고 맙니다. 원자, 분자 및 기타 여러 양자 입자는 고양이나 달걀 혹은 토마토와는 완전히 다르게 행동하기 때문이죠.

원자는 왼쪽으로 움직이면서도 동시에 오른쪽으로도 움직일 수 있어요. 레이저 빔에 맞은 분자는 분해가 되면서도 동시에 온전한 상태를 유지할 수 있고요. 원자핵 주위를 도는 전자는 특정한 궤적을 따르지 않아요. 방금 전까지만 해도 원자핵의 왼쪽에 있었는데 지금은 오른쪽에 있다면, 그 사이를 점점이 움직였을 리가 없겠죠.

하지만 대체 이게 무슨 말일까요? 우리는 이걸 어떻게 이해해야 할까요? 대체 이게 말이 되는 건가요? 이러한 현상들은 우리 머릿속에 만들어져 자리 잡은 아름답고 명확한 세계관과는 전혀 맞지 않아요. 양자 입자와 관련되면 우리의 직관은 압도당하고, 우리의 직감은 무릎을 꿇게 되고, 우리의 상식은 패배를 인정할 수밖에 없죠. 안타깝게도 이것은 양자 이론이 근본적으로 이해하기 불가능하다는 결론으로 이어지는 경우가 많아요. 혼란스러운 일의 원인을 알기 위한 노력을 하고 싶지 않다면, 당연히 우리는 의미심장한 말로 간단히 정리할 수도 있을 거예요. "동시에 왼쪽으로 그리고 오른쪽으로 움직이는 입자는 보통의 우리 상식에 맞지 않아요! 그러니까 이 말은 양자 이론은 진짜 이상한 것이고 우리 인간의 상식으로는 절대 이해할 수가 없는 것이죠! 양자물리학을 진짜 완벽하게 이해할 수 있는 사람은 아무도 없을 기예요!"

하지만 사실 이 말은 아무런 소득도 없고, 그 어떤 설명이 되지도 않고, 그 누구에게도 도움이 되지 않는 말이에요. 그저 정체를 알 수 없는 긴장감만 생길 뿐 그 어떠한 유용한 지식도 얻지 못하는 것이죠. 어떤 사람들은 이런 신비로운 생각에 빠져들어 양자 이론을 난해한 사상, 즉 초감각적 사고의 전달이나 때로는 기적적인 치유와 연관시키기도 해요. 그건 정말 말도 안 되는 것이에요.

우주에는 우리가 믿을 수 있는 규칙이 있어요. 당신이 인간이든 원자이든, 고양이이거나 레이저 빔이거나 상관없이 모든 것은 자연의 법칙을 따르죠. 이 법칙은 입자의 세계에도 적용이 되는 거예요. 우리는 양자 이론의 규칙이 우리 일상생활의 규칙과는 약간 다르게 움직인다는 사실을 받아들여야만 해요. 그리고 바로 그것이 지금 우리가 여기에서 시도하고자 하는 것이죠. 우리는 익숙한 일상의 경험을 넘어서 양자 이론의 이상한 규칙에 한 발 한 발 다가가 자세히 살펴보고, 그 규칙이 그다지 이상하지 않은 이유에 좀 더 잘 이해하려고 합니다.

1,000단위의 세계

양자 이론이 우리 일상의 실제적인 경험과 맞지 않는다는 것은 놀라운 일이 아닙니다. 사실 우리가 매일 접하고 다루는 물건들은 양자 이론의 기초가 되는 원자나 혹은 다른 입자에 비하면 엄청나게 거대한 것이니까요.

우리 인간의 키는 평균적으로 1m 정도입니다. 혹은 어쩌면 2m일 수도 있지만, 이러한 크기를 재는 단위는 사실 중요한 게 아닙니다. 작은 곤충은 우리보다는 1,000배 정도 작기 때문에 밀리미터(mm) 단위로 측정을 합니다. 물론 개미와 모기에게도 인간과 똑같은 자연법칙이 적용되기는 하지만, 물리학을 밀리미터 단위로 본다면 완전히 다른 것이죠.

예를 들면, 우리 일상생활에서 물은 흐르는 것이죠. 어떤 용기에 물을 채우면 물은 그 용기의 모양에 맞게 변합니다. 하지만 개미는 비가 내린 뒤 갑자기 나뭇잎에 맺히는 물방울을 큰 공으로 보는 것이죠.

중력은 우리 인간의 일상을 가장 크게 좌우하는 힘입니다. 적어도 우리가 우주정거장에 있지 않는 한은 말이죠. 중력은 우리에게 어느 쪽이 위고 어느 쪽이 아래인지를 알려주고, 무거운 짐을 들고 4층까지 올라가면 지치게 만들기도 하고, 사과나무에서 떨어지면 발목을 삐게 만들기도 합니다.

물론 개미도 중력을 느끼기는 하지만, 개미의 일상생활에서 중력은 우리와는 전혀 다른 의미를 갖게 됩니다. 개미는 발을 헛디디지 않고 나뭇잎 아랫면을 거꾸로 쉽게 기어다닐 수 있고, 숨을 헐떡이지 않고 나무줄기 위로 올라갈 수도 있습니다. 만약 개미 한 마리가 수백 마리의 개미 몸길이 정도 높이의 나무에서 떨어진다 하더라도, 다리 하나 부러지지 않죠.

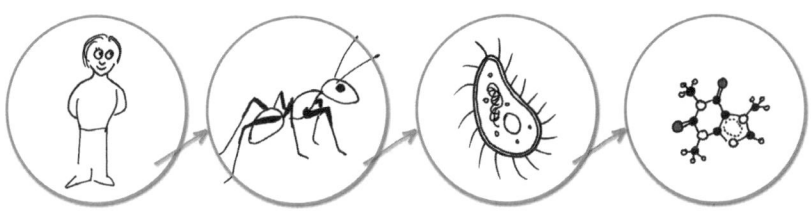

개미 세계에서는 우리 인간 세계와는 완전히 다른 일상 규칙이 적용됩니다. 하지만 이건 사실 시작에 불과합니다. 우리가 그다음 1,000단위를 건너뛰면 밀리미터(mm)에서 마이크로미터(μm)로, 개미에서 박테리아로 나아가게 되는 것이죠. 우리는 다시 한번 완전히 다른 세계에 도착하는 것입니다. 박테리아에서 다시 1,000단위를 건너면 우리는 나노미터(nm), 즉 분자와 원자의 크기에 이르게 됩니다. 여기에서 양성자와 중성자의 크기에 도달하려면 1,000단위를 두 번 건너야 하는 일이 필요합니다. 그렇기에 양자 세계의 규칙이 우리 일상생활의 규칙과 다르다는 것은 전혀 놀라운 일이 아닐 뿐 아니라, 오히려 예상 가능한 일일 수도 있는 것이죠. 각각의 단계에서는 완전히 다른 개념, 다른 용어, 다른 도구가 필요합니다. 돌을 깨는 공기 압축식 해머로 원자를 쪼갤 수는 없으니까요.

　여기서 놀라운 점은 전혀 다른 것입니다. 이제 우리 인간이 그렇게나 작은 양자 입자를 조작할 수 있는 기술적인 능력을 갖추게 되었다는 사실이죠. 우리는 각각의 원자를 마음껏 다룰 수도 있고 의도적으로 원자에서 전자를 떼어낼 수도 있습니다. 우리가 원자보다 수십억 배나 큰데도 말이죠. 이건 마치 행성이 사람의 머리 모양을 새로 꾸며주는 것만큼이나 말도 안 되는 미친 짓이나 마찬가지입니다.

새로운 아이디어와 오래된 개념

무언가를 이해하는 데는 매우 다른 두 가지 방법이 있습니다. 어떨 때 우리는 이미 머릿속에 있는 생각을 재구성하면서 어떤 무언가를 배우기도 합니다. 이미 알고 있는 것들 사이의 새로운 관계를 발견하기도 합니다. 지금까지 거미가 무엇인지를 알았고 그리고 다리가 무엇인지를 알았죠. 그러다 거미의 다리가 정확히 여덟 개라는 것을 알게 되면서, 거기서 어떤 무엇인가를 새로 배우게 되었습니다.

　하지만 어떨 때는 그것으로는 충분하지 않습니다. 완전히 새로운 어떤 미지의 것과 직면하면 우리는 머릿속에 새로운 개념을 더하고, 새로운 범위를 만들고, 또 새로운 생각이 발전하도록 해야 합니다. 이전에는 사람과만 어울려 지내던 아이가, 처음으로 고양이를 보고 흥분하며 소리를 지를 정도로 열광하는 사이에 새로운 것을 배우게 됩니다. 고양이는 발톱이 달린 작은 털북숭이 사람이 아닌 것이죠. 사람과는 근본적으로 다른 것이니까요. 이러면 머릿속에 완전히 새로운 '고양이'라는 개념을 만들어 내야 합니다. 그러면 고양이와 놀면서 익숙해질 수 있습니다. 그러다가 결국 일상생활의 일부가 되는 것이죠.

아이들에게는 이것은 그리 어려운 일이 아닙니다. 그러니 우리도 양자 입자를 새로운 무언가로 받아들이는 것에 어려움이 없어야 합니다. 전자는 전하를 띤 작은 토마토가 아닌 것이죠. 이것은 완전히 근본적으로 다른 무언가입니다. 우리는 머릿속에 '양자 입자'라는 새로운 개념을 만들어 내야 합니다. 그렇게 되면 전자를 과학적으로 다루는 데 익숙해질 수 있을 겁니다. 언젠가는 양자 입자도 우리 일상생활에 자연스럽게 자리 잡게 되겠죠.

만약 우리가 어떻게든 일상생활 속의 경험에 빗대어 양자물리학을 설명하려고 한다면, 그것은 우리 자신의 생활을 쓸데없이 어렵게만 만들 뿐입니다. 우리는 일상생활의 개념이나 용어들을 '양자'라는 개념에 적용시키면서 스스로를 혼란에 빠뜨리고는 합니다. 하지만 그러한 행동은 결코 좋은 결과를 가져올 수 없죠.

우리가 양자물리학을 이해하려고 하다 보면, "양자 입자는 파동과 입자의 속성을 모두 가지고 있다" 같은 이상한 문장을 접하게 되는 경우가 있습니다. 사실 틀린 말은 아니지만, 그렇다고 특히 도움이 되는 것도 아닙니다. '파동'과 '입자'라는 단어들은 일상의 규칙에 연관 지어 사용하는 일상적인 개념이지만, 이러한 규칙이 양자라는 개념에는 전혀 맞지 않는 것이죠. 그리고 이러한 것들이 혼란을 일으키는 원인이 되는 것입니다.

만약 완전히 처음부터 양자 세계의 새로운 개념을 위한 완전히 새로운 용어가 만들어 졌다면, 오늘날 양자물리학은 우리에게 훨씬 덜 이상하고 덜 혼란스러운 것으로 생각되었을 겁니다.

어쩌면 '파동 같은 양자 입자'나 혹은 '입자와 같은 양자 파동' 같은 말을 하는 대신에 '양자보송이' 혹은 '울트라하이퍼끈적이'라고 하는 편이 더 이해하기 쉬웠을 겁니다. 하지만 안타깝게도 이미 '파동'과 '입자'라는 개념이 이미 있기 때문에 이걸 받아들여만 하는 것이죠.

입자와 파동

'입자'라고 하면 어떤 생각이 떠오르나요? 어쩌면 모래알 같은 것을 떠올릴 수도 있겠네요. 모래 한 줌을 허공에 뿌리고 모래 한 알, 한 알의 궤적을 추적하는 건 아주 어려운 일입니다. 하지만 이론적으로는 가능한 일이죠. 모래알 하나하나가 전부 각각의 궤적을 가지고 있으며, 매 순간 구체적인 위치에 존재합니다. 이것은 우리에게는 아주 명확한 사실입니다. 제가 모래를 공중으로 던지고 정확히 2초 뒤에 측정한 모래알과 바닥 사이의 거리는, 미터 단위의 구체적인 숫자로 표시할 수 있습니다. 우리는 이 숫자를 무한히 정확하게 알아낼 수는 없지만, 머릿속으로는 정확한 숫자가 존재한다고 가정하는 것입니다. 좀 더 엄밀하게 표현하자면, 우리가 비록 이 숫자를 모른다 할지라도 자연의 원리 안에서는 이 숫자를 아주 잘 알고 있다는 것도 됩니다. 소수점 이하 자릿수가 무한한 이 숫자는 현실의 일부인 것이죠. 우리가 더더욱 발전된 측정 도구를 사용한다면 모래알의 궤적을 더욱 정밀하게 측정할 수 있을 것이고, 그렇게 되면 원칙적으로 완벽하고 무한하게 정확해진 현실 정의에 더욱 가까워질 수 있을 것입니다.

이것이 바로 고전 물리학의 입자 모형입니다. 양자 이론이 발전하기 전까지는 사람들은 늘 이렇게 생각하고는 했죠. 그리고 여러 많은 실질적 문제에 있어서도 이것은 여전히 아주 유용한 관점입니다.

하지만 '파동'에 대해 이야기한다면, 우리는 완전히 다른 것을 떠올리고는 합니다. 파동은 일종의, 주위로 퍼져 나갈 수 있는 불균형입니다. 거울처럼 매끄러운 연못의 수면에 돌을 하나 던지면 그 균형이 깨지게 되고, 그러면 물결이 일어나게 됩니다. 공연장 안의 고요한 공기는 무대 위의 누군가가 노래를 부르기 시작하면 균형을 잃게 됩니다. 그리고 음파가 생겨나는 것입니다.

파동은 모래알이나 돌과는 전혀 다른 방식으로 움직입니다. 파동은 어느 특정한 시간에 어떠한 특정한 장소에만 존재하는 것이 아닙니다. 파동은 항상 동시에 다른 위치로 퍼져 나갑니다. 그렇지 않으면 파동이 아닐 것입니다. 가수가 무대에 올라 음파를 만들어 내면 그 음파는 공연장 전체로 퍼져 나가는데, 그 소리는 '나'는 물론 동시에 내 왼쪽 일곱 번째 옆에 앉아 있는 사람에게도 들리는 것입니다. 연못에 떨어진 돌은 사방으로 동시에 퍼져 나가는 원형의 물결 파동을 일으키고, 그 파동은 연못 전체를 채우다가 동시에 연못가까지 퍼져 나가는 것이죠.

파동은 입자와 근본적으로 구별되는 매우 중요한 다른 속성을 가지고 있습니다. 그것은 하나의 파동이 다른 파동과 겹쳐질 수 있다는 점입니다. 입자와는 완전히 반대로 두 개의 파동은 아무런 문제없이 같은 장소에 존재할 수 있습니다. 두 파동은 어떠한 저항도 없이 서로를 뚫고 들어가 하나의 파동으로 합쳐지는 것이죠. 하나의 연못에 두 개의 돌을 던지면 두 개의 원형 파동이 생겨서 복잡한 무늬의 파동이 일어납니다. 두 명의 가수가 하나의 무대에서 노래를 하면, 둘의 음파가 합쳐져 더 복잡한 소리를 만들어 내게 되는 것입니다.

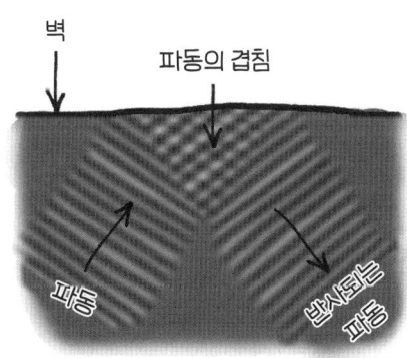

종종 파동은 서로 겹쳐지기도 합니다. '풍덩' 하고 물결을 일으키는 웅덩이를 떠올려 보면 알 수 있습니다. 물결은 아주 균일하게 일어납니다. 이 일정한 파장으로 이루어진 물결들은 똑같은 높이의 봉우리와 골짜기로 이루어져 있죠. 이러한 규칙적인 물결의 패턴은 물웅덩이 가장자리에 도달할 때까지 물속으로 퍼져 나갑니다. 그리고 그 가장자리에서 마치 메아리처럼 다시 반사됩니다. 이때 아직 물웅덩이 가장자리를 향해 움직이는 물결의 봉우리와 골짜기는, 웅덩이 가장자리에서 다시 반사되는 물결의 봉우리, 골짜기와 겹쳐집니다.

두 물결은 합쳐져서, 합쳐진 물결 패턴을 만들어 냅니다. 물결 봉우리가

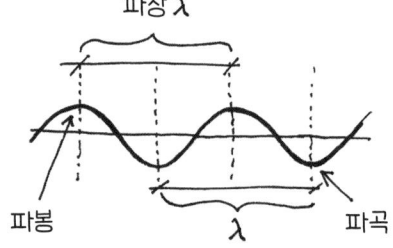

파동은 파장의 봉우리와 골짜기로 구성됩니다. 두 봉우리 사이의 거리 또는 두 골 사이의 거리를 파장이라고 하며, 이 거리를 λ(람다)로 약칭합니다.

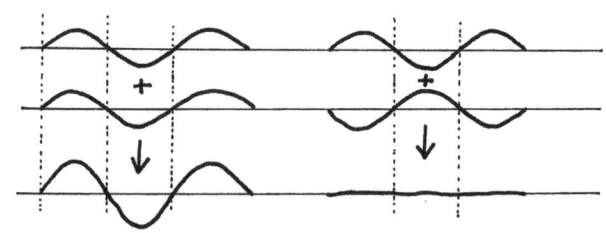

두 파동이 합쳐집니다. 두 파동이 겹쳐질 때 파동의 봉우리는 봉우리끼리, 골짜기는 골짜기와 정확히 일치하면 (왼쪽) 서로를 강화시키게 됩니다. 이를 '보강간섭'이라고 합니다. 반면에 한 파동의 꼭대기가 다른 파동의 골짜기와 정확하게 만난다면, 두 파동은 소멸됩니다(오른쪽). 이것을 '상쇄간섭'이라고 합니다.

다른 봉우리와 만나는 곳에서는 더 높은 물결 봉우리가 만들어 지기도 합니다. 물결의 골짜기가 다른 물결의 골짜기와 만나는 곳에서는, 더 깊은 물결의 골짜기가 형성됩니다. 그리고 물결 봉우리와 골짜기가 합쳐지면 그 둘은 서로 균형을 이루게 되죠. 이것은 어쩌면 모든 파동 현상 중 가장 중요한 현상, 즉 '간섭 현상'일 것입니다. 간섭 현상은 파동이 중첩되면 어떤 곳에서는 보강(증폭)되고 다른 곳에서는 균형을 이루어 상쇄(소멸)되게 됩니다. 어느 지점이냐는 것은 파동의 모양과 그 파장에 따라 달라집니다. 이러한 방식으로 복잡한 파동 패턴이 발생할 수 있는 것이죠.

여기서 중요한 점은 오직 파동만이 이러한 속성을 가진다는 것입니다. 파동이 아니라면 이러한 간섭 현상은 일어날 수 없습니다. 담벼락에 부딪혀 튀어나오는 축구공은 절대로 그 자체와 겹쳐지며 흥미로운 파동 패턴을 형성할 수 없는 것이죠. 만약 주차장에서 후진을 하다가 여러분의 차와 옆의 차가 겹쳐져 만나게 된다면, 두 차가 합쳐져 더 복잡한 차가 되는 것이 아니라 둘 다 망가져 버리게 되는 것입니다. 간섭은 아주 확실한 파동의 고유 현상입니다.

빛이란 무엇인가?

일반적으로 입자와 파동을 구분하는 것은 꽤 쉬운 일입니다. 하지만 문제는 바로 빛입니다. 빛은 파동일까요, 입자일까요? 빛은 사방으로 퍼져 나가기도 하고, 서로 충돌 없이 쉽게 겹쳐질 수 있습니다. 그래서 손전등에서 나오는 두 개의 광선으로는 칼싸움을 할 수 없는 것이죠. 이는 빛이 파동과 같은 성질을 가지고 있음을 말해줍니다. 하지만 우리는 일상생활에서 빛의 파동 패턴을 인지하지 못하죠. 이렇게 보면 빛은 단순히 아주 작고 또 아주 가벼운 입자의 흐름이라고 볼 수도 있는 것입니다.

  이 이론은 역사상 가장 위대한 물리학자 중 한 명인 아이작 뉴턴의 지지를 받았습니다. 뉴턴은 중력에 대한 정확한 이론을 가장 처음으로 생각해낸 사람으로, 역학의 중요한 원리를 탐구한 사람이자 행성의 궤도를 계산한 사람이기도 합니다. 18세기 초에 발표된 그의 위대한 저서인『옵틱스(Opticks)』에서 뉴턴은 빛을 아주 작고 빠른 입자로 묘사함으로써 빛의 반사, 굴절, 산란 같은 현상을 설명하려고 했습니다.

  반면 네덜란드의 연구자 크리스티안 호이겐스는 다른 관점을 가지고 있었습니다. 그는 천문학자였는데 특수 강력 망원경을 만들기 위해 아주 정밀하게 연마된 렌즈를 만들었죠. 그는 광학 장치의 원리를 이해하기 위해 뉴턴의 빛 입자 이론과 근본적으로 반대되는 이론을 적용시켰습니다. 호이겐스는 빛을 수많은 파동의 중첩으로 보았던 것이죠. 이것 역시 아주 유용한 관점이라 할 수 있는데, 이 이론 덕분에 호이겐스는 렌즈의 성능을 더욱 발전시킬 수 있었기 때문입니다.

  하지만 당시 위대한 학자이던 아이작 뉴턴에게 도전하는 것은 그다지 좋은 생각은 아니었죠. 뉴턴은 자신과 대립하는 사람들을 관대하게 대하지 못했으니까요. 뉴턴은 빛의 파동적 특성을 믿는 사람들을 미워했습니다. 그리고 위대한 아이작 뉴턴에게 미움을 받는 일은 그 누구에게도 좋은 일이 아니었습니다. 모든 것을 다 떠나서 뉴턴은 가장 유명한 과학 권위자였으니까요. 이것은 그 당시 빛의 파동 이론이 실제로 받아들여지지 않게 된 중요한 이유였을 가능성이 있습니다.

  호이겐스와 뉴턴의 사이 같은 논쟁은 짜증나게도 때때로 과학의 진보를 늦추게 하는 것이기도 하지만, 그렇다 해도 과학의 진보를 완전히 멈추게 할 수는 없습니다. 그런 일은 결국 반드시 일어나는 것입니다. 어느 순간이 되면 영리한 두뇌가 결정적 발전을 이루는 좋은 아이디어를 떠올리게 되는 것이죠. 그리고 이 경우 그 두뇌의 주인공은 바로 영국의 토마스 영이었습니다. 19세기 초 뉴턴이 빛의 입자 이론을 발표한 지 약 100년 후, 토마스 영은 빛의 파동적 특성을 조사하기 위해 다양한 실험을 고안했습니다. 그중에는 유명한 이중 슬릿 실험도 있었습니다.

이중 슬릿 실험: 토마토와 물결

이중 슬릿 실험은 아주 간단합니다. 두 개의 슬릿, 즉 두 개의 틈새가 있는 판 하나만 있으면 됩니다. 그 외에 필요한 것은 없죠. 이것만 있으면 무언가가 파동인지 아닌지를 판단할 수 있죠. 이중 슬릿을 사이로 여러 가지 물질을 통과시키면 어떤 일이 일어나는지 우리는 쉽게 상상할 수 있습니다.

우선 고전 물리학 관점에서 아주 확실하게 파동이 아닌 것들, 아주 익숙하고 평범한 물건을 살펴보도록 하죠. 예를 들어 아주 잘 익은 토마토 같은 것 말입니다. 우리가 토마토를 벽에 힘껏 던지면 그 벽에는 아주 붉은 토마토 얼룩이 생기게 됩니다. 다음은 구멍이 뚫린 큰 접시를 상상해보죠. 그 구멍 뚫린 접시를 벽 앞에 놓는다고 말이죠. 만약 우리가 토마토를 다시 던진다면 토마토는 접시에 맞거나, 아니면 구멍을 뚫고 날아가서 그 뒤에 있

는 벽에 맞을 것입니다. 토마토 얼룩은 구멍 바로 뒤에만 생길 것입니다. 다른 토마토는 접시에 막혔으니까요.

접시에 두 번째 구멍을 뚫고 토마토를 다시 던지면 이번에는 벽에 붉은 토마토 얼룩이 하나가 아니라 두 개가 생기게 됩니다. 왼쪽 얼룩은 왼쪽 구멍을 통해 날아온 토마토 때문에 생긴 것이고, 오른쪽 얼룩은 오른쪽 구멍을 통해 날아온 토마토 때문에 생긴 것이죠. 두 얼룩이 중간에서 겹치는 것들도 있을 것입니다.

확실한 사실은 우리가 왼쪽 구멍을 막으면 토마토는 오른쪽 구멍만 통과해서 날아갈 수 있고, 이로 인해 아주 분명한 토마토가 뭉개진 자국이 생겨난다는 것이죠. 그리고 우리가 오른쪽 구멍을 막으면 토마토는 왼쪽 구멍을 통과해 날아가서 다른 토마토 자국을 만듭니다. 두 개의 구멍을 모두 열어 두면, 두 개의 토마토 자국을 합친 것과 같은 토마토 자국을 만들게 됩니다. 여기에는 놀라울 것도 신비로울 것도 없습니다. 그저 전통적이고 고전적인 사물이 움직이는 방식일 뿐이죠.

이제 우리는 파동, 예를 들어 물결 파동을 이용해서 똑같은 실험을 해보겠습니다.

판자를 이용해 물통을 두 개로 나누고, 판자에 구멍을 뚫습니다. 그리고 한쪽 끝에서 규칙적으로 움직이는 아름다운 물결을 만들어 내면 그 물결은 판자를 향해 퍼져 나갑니다. 물결이 판자에 도달하는 순간, 판자에 뚫린 구멍은 그 판자 반대편으로 반원형으로 퍼지는 새로운 물결의 시작점이 됩니다. 물통 둘레에는 어떤 때는 물결의 봉우리가, 어떤 때는 물결의 골짜기가 닿았다가 다시 물결의 봉우리가 닿는데 이것이 규칙적으로 번갈아가며 발생합니다.

이제 실험의 두 번째 단계입니다. 보드에 두 번째 구멍을 뚫습니다. 물결이 두 개의 구멍에 동시에 도달하면, 두 개의 구멍이 전부 반원형 물결의

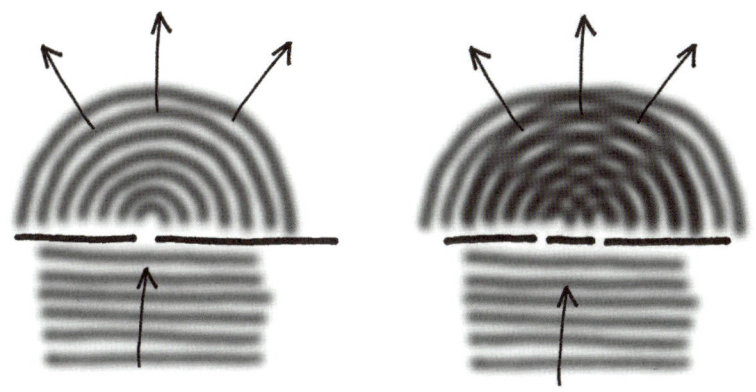

왼쪽 그림에서 물결이 구멍이 뚫린 판자를 향해 움직이고 있습니다. 이 판자의 구멍은 이제 새로운 반원형 물결의 시작점이 됩니다. 오른쪽 판자에는 두 개의 구멍이 있습니다. 즉 두 개의 물결이 반원형으로 퍼져 서로 겹쳐지게 되는 것입니다.

시작점이 됩니다. 구멍이 뚫린 판자는 파동을 두 개의 다른 부분 파동으로 바꾸고, 이 부분 파동이 겹쳐지면서 파동 패턴을 만들게 되는 것이죠. 어떤 지점에서 물결의 봉우리와 골짜기가 만나 서로 소멸되기도 하고, 다른 지점에서는 서로를 보강하기도 합니다.

→ 이 물결의 패턴이 정확히 어떤 모습일지 상상하기는 쉽습니다. 이제 물통 전체로 왼쪽 구멍에서 발생하는 물결의 봉우리와 골짜기, 그리고 오른쪽 구멍에서 만들어지는 물결의 봉우리와 골짜기가 퍼져 나갑니다. 이 두 개의 구멍에서 정확하게 같은 거리에 있는 지점이 존재합니다. 이것은 왼쪽 구멍에서 시작된 물결의 봉우리가 그곳에 도착하면, 오른쪽 구멍에서 시작된 물결의 봉우리도 정확히 동시에 그곳에 도착한다는 걸 의미합니다. 그리고 만약 왼쪽 구멍에서 시작된 파동이 파곡(낮은 지점)이라면, 같은 순간 오른쪽 구멍에서 시작된 파동도 파곡 단계에 있게 되는 것입니다. 이러한 경우에는 두 파동 사이에 위상차가 없다고 말할 수 있습니다.

그렇다면 어떠한 지점에서 물결이 최대가 되는 것일까요? 때로는 물결 봉우리와 봉우리가 합쳐져 더 높은 봉우리가 되기도 하고, 때로는 골짜기와 골짜기가 합쳐져 더 깊은 물결 골짜기를 만들기도 합니다. 부분 파동은 서로를 강화하는데 이것을 '보강간섭'이라고 합니다.

다른 위치를 선택해볼 수도 있습니다. 예를 들어 오른쪽 구멍에서 정확히 3파장 떨어진 위치, 왼쪽 구멍에서 3.5파장 떨어진 위치를 선택할 수 있는 것이죠. 그 지점에서는 상황이 다릅니다. 물결의 봉우리가 한쪽 구멍에서 나오면 그와 동시에 물결의 골짜기가 다른 쪽 구멍에서 나오는 것입니다. 그 반대의 경우도 마찬가지이죠. 두 개의 물결은 늘 서로 상쇄(소멸)되는데 이를 '상쇄간섭'이라고 합니다. 이 지점에서는 물이 전혀 움직이지 않게 됩니다.

조금 더 옆으로 이동하면 오른쪽 구멍에서 3파장, 왼쪽 구멍에서 4파장 떨어진 지점에 도달합니다. 그 차이는 정확히 한 파장이고, 따라서 보강간섭이 다시 발생합니다. 여기서도 두 부분 파는 완벽한 위상 정렬을 이루며 그곳으로 도달합니다.

수영장 가장자리를 따라 걷다 보면 물 표면이 격렬하게 움직이는 부분과 반면에 아주 고요한 부분이 번갈아 나타나는 것을 볼 수 있습니다. 이것은 보강간섭과 상쇄간섭이 번갈아 가며 나타나는 것을 보여주는 것이죠.

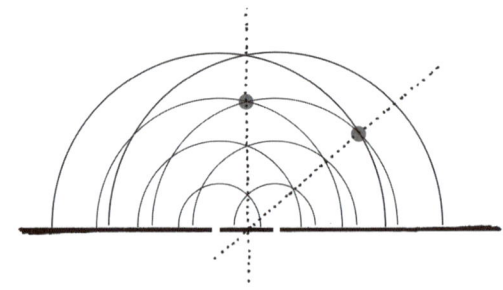

가운데에 있는 회색 점은 두 구멍으로부터 정확히 3파장 떨어져 있습니다. 하지만 오른쪽의 회색 점은 오른쪽 구멍에서부터는 3파장 떨어져 있고, 왼쪽 구멍에서는 4파장 떨어져 있습니다. 두 지점에서는 두 구멍에서 나온 두 부분 파는 같은 위상으로 도착합니다. 그 사이 어딘가에 오른쪽 구멍에서 3파장 떨어진 지점과 왼쪽 구멍에서 3.5파장 떨어진 지점도 존재하는 것입니다.

물결이 거센 부분과 잔잔한 부분이 상호작용하는 현상은, 오직 두 물결의 상호작용이라 설명할 수 있습니다. 두 개의 구멍 중 하나를 번갈아 닫으면 파동의 높이는 어디에서나 거의 동일합니다. 따라서 이중 슬릿의 파동 높이는 단순히 각 파동의 높이를 합한 것은 아닙니다.

파동으로서의 빛

이제 우리는 이중 슬릿을 통해 무엇이 파동이고 무엇이 입자인지를 판별하는 방법을 명확히 알게 되었습니다. 입자는 이중 슬릿 뒤 토마토처럼 두 개의 점을 만드는 것이죠. 하지만 파동은 파동의 최댓값과 최솟값이 번갈아 나타나는 길게 뻗은 간섭무늬의 물결 모양을 만들어 냅니다.

 이것은 다시 토마스 영의 이야기를 떠올리게 합니다. 토마스 영은 바로 이러한 조건을 바탕으로 빛이 파동인지 아닌지를 한 번에 명확하게 하고자 했습니다. 그저 간단하게 빛으로 이중 슬릿 실험을 하면 되는 것이죠. 방을 최대한 어둡게 한 뒤 햇빛 한 줄기만 작은 구멍으로 들어오게 하면 반대편 벽에는 작고 밝은 점이 하나 보입니다. 이 빛 중간으로 이제 두 개의 촘촘한 슬릿이 있는 카드를 넣습니다. 그러면 그 슬릿을 통과하는 빛은 카드 뒤에 있는 벽에 닿게 됩니다.

 두 개의 슬릿은 빛을 두 개의 개별 광선으로 나눕니다. 만약 빛이 실제로는 파동이라면, 이제 두 개의 파동이 방 반대편 벽의 같은 지점에 닿으면 서로 겹치게 될 것입니다. 실제로 토마스 영은 이것이 광범위한 간섭무늬, 즉 밝은 부분과 어두운 부분이 규칙적인 줄무늬 모양으로 나타나는 모습을 만들어 낸다는 것을 보여주었는데, 이는 파동에서 우리가 예상하는 것과 완전히 똑같습니다.

이것은 아이작 뉴턴의 빛의 입자설을 반박하는 것처럼 보였습니다. 이러한 간섭무늬는 빛 입자설로는 설명할 수 없는 것이니까요. 이때 뉴턴은 이미 오래전에 사망한 뒤였습니다. 하지만 만약 영의 실험을 목격했더라면 그는 아마 몹시 분노했을 지도 모릅니다.

어쨌든 빛은 파동이기도 합니다. 이는 많은 것을 좀 더 쉽게 이해할 수 있게 해줍니다. 예를 들어 빛이 여러 색깔을 가질 수 있는 것 같은 점 말입니다. 빛의 색은 사실 파장과 다르지 않습니다. 빨간색 빛은 파장이 좀 더 길고, 보라색 빛은 파장이 조금 더 짧은 것이죠. 다른 가시광선은 빨간색과 보라색 파장 사이에 있습니다. 물론 빨간색보다 낮고 보라색보다 높은 파장도 존재하지만, 우리 눈은 이를 인식하지 못합니다.

→ 우리는 예를 들어 물웅덩이에 떠 있는 기름막에서 이를 알아볼 수 있습니다. 기름막은 물 위에서 밝은 색으로 반짝입니다. 빛줄기가 기름막에 부딪혔다가 반사되어 우리 눈에 도달한 것이죠. 이런 경우 빛은 이중 슬릿 실험과 유사한 다른 두 가지 경로를 거치는 것이 가능해집니다. 첫 번째 경로는 빛의 일부가 기름막 표면에서 직접 반사되는 것입니다. 아니면 기름을 통과했다가 기름막과 물의 경계에서 반사되어 우리 눈까지 이르기도 합니다.

두 번째 경로는 조금 더 깁니다. 이 경로에서 빛줄기는 최종적으로 기름막을 약간 우회해야 하기 때문이죠. 두 경로의 길이 차이가 파장의 배수일 경우, 보강간섭이 발생하고 두 빛은 서로를 강화시키게 됩니다. 만약 길이의 차이가 파장의 배수에 파장의 절반을 더한 값이라면, 두 빛은 서로 상쇄(소멸)됩니다.

이 우회로의 길이는 광선의 입사각에 따라 달라집니다. 빛이 기름막을 얇은 각도로 가로지르면 경로가 길어지고, 각도가 가파르면 경로가 짧아지게 됩니다. 그리고 그 거리가 파장의 배수에 해당하는지는 파장에 따라 달라집니다. 각 파장, 즉 각 색상마다 그 파

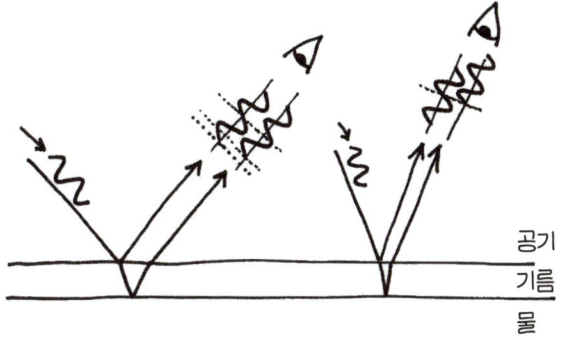

장이 증폭되는 특정한 빛이 들어오는 각도가 있는 것이죠. 햇빛은 무지개의 모든 색깔을 한 번에 가지고 있기 때문에, 물 위 기름막을 햇빛과 직각인 각도에서 보면 무지개의 색깔 변화가 나타나게 됩니다. 비눗방울의 화려한 반짝임도 이와 같은 이유로 생겨나는 것입니다.

토마스 영 역시 이중 슬릿 실험에 햇빛을 사용했습니다. 그는 물통의 이중 슬릿 실험에서처럼 하나의 파장으로만 실험을 하지 않고, 동시에 여러 파장을 이용해서 실험을 했습니다. 그렇기에 그의 실험 결과는 그다지 깔끔하지 않고, 명확하지 않고, 단순하지 않았습니다.

다양한 빛깔은 서로 다른 지점에서 최댓값과 최솟값에 이릅니다. 이것이 토마스 영의 실험에서 기름막에 반사되는 빛과 비슷한, 무지개 같은 색 효과를 만들어 낸 이유입니다. 물론 이는 토마스 영의 중요한 발견을 바꾸지는 않았죠. 아이작 뉴턴이 빛 입자 이론을 발표한 지 정확히 거의 100년쯤 뒤, 영은 의심의 여지없이 빛이 파동이라는 것을 증명할 수 있었습니다.

대부분은 이것이 이야기의 끝이라고 생각했을지도 모릅니다. 빛 입자 이론은 반박되었고, 빛 파동 이론이 승리했으니까요. 하지만 상황은 그렇게

단순하지 않았습니다. 이 일이 일어난 지 정확히 거의 100년 후인 20세기 초, 스위스의 또 다른 젊은이가 아주 이상하고도 특별한 생각을 했고, 그렇게 갑자기 모든 것이 다시 달라졌습니다. 그 젊은이의 이름은 알베르트 아인슈타인이었죠.

아인슈타인의 빛 입자

그 당시에는 새롭고도 특이한 현상, 이른바 '광전 효과'라 불리는 현상에 대한 연구가 진행 중이었습니다. 이것은 금속판에 빛을 비추면 갑자기 전자가 판에서 떨어져 나와 날아가는 현상이었죠.

이 현상은 빛의 파장에 따라 달라진다는 것이 밝혀졌습니다. 파장이 긴 빛은 에너지가 거의 없습니다. 그래서 그런 빛을 사용하면 아무 일도 일어나지 않는 것입니다. 그러나 점점 더 짧은 파장(자외선 범위)을 사용하여 에너지를 증가시키면 결국 전자가 판에서 분리되기 시작하는 한계점에 도달하게 됩니다. 즉 광전 효과가 발생하게 되는 것입니다.

처음에 이 모든 것이 꽤 논리적으로 들렸습니다. 무언가 특이한 일이 일어나려면 일정량의 에너지가 필요한 것이었으니까요. 하지만 놀라운 점은 오직 빛의 파장만이 그 역할을 한다는 것이었습니다. 반면 빛의 강도는 그 어떠한 역할도 하지 않았고 전혀 상관이 없었던 것이죠.

파장이 아주 긴 빛을 사용하면 원하는 만큼 강도를 높일 수 있지만 눈에 띄는 광전 효과는 나타나지 않습니다. 세상에서 가장 밝은 램프로 금속판에 빛을 비출 수 있지만, 그렇게 해서는 결코 전자를 추출할 수는 없었습니다.

이상한 일이었습니다. 더 강렬한 빛은 당연히 더 많은 에너지를 가지고 있으니 말이죠. 그늘보다 밝은 햇빛 아래에서 더 빨리 피부가 타는 것처럼 말입니다. 물결의 경우에도 에너지는 물결의 높이에 따라 달라집니다. 우리는 그것을 해변의 파도를 예로 들어 쉽게 증명할 수 있는데, 파도가 아주 높은 경우에만 우리가 넘어지니까요.

그렇다면 빛이 충분히 밝은데도 불구하고 그 어떤 파장에서도 광전 효과를 일으킬 수 없는 이유는 무엇일까요? 붉은빛이 자외선보다 에너지가 적다면, 아주 강한 붉은빛은 약한 자외선과 대체적으로 같은 효과를 가져야 하는 것이 아닐까요?

반드시 그런 것은 아닙니다. 유리 온실 위로 떨어지는 빗방울을 떠올려 보세요. 빗방울 하나하나의 에너지는 유리 온실 지붕을 망가트리지는 못할 정도로 아주 약하니까요. 그렇기 때문에 유리 온실 지붕은 무수히 많은 빗방울이 떨어져도 상관없습니다. 세상에서 가장 강한 폭우가 쏟아지더라도 지붕을 파괴할 수는 없으니까요. 하지만 우박은 빗방울보다 더 큰 에너지를 가지고 있습니다. 크기가 어느 정도 크다면 유리 지붕을 뚫을 수도 있는 것이죠. 유리 지붕의 경우 결정적인 것은 전체 강수량의 양이 아니라 개별 입자의 에너지인 것입니다. 이것은 비와 우박이 입자적 특성을 가지고 있기 때문입니다. 빗방울과 우박은 '비 양자와 우박 양자'로 설명될 수 있을 것입니다.

알베르트 아인슈타인은 광전 효과의 수수께끼도 이와 똑같은 방식으로 풀 수 있다는 것을 깨달았습니다. 즉 빛이 개별적 요소로 금속판에 닿는 다고 가정하면 되는 것이죠. 이 말은 즉, 빛이 입자의 형태로 닿는 것을 의미합니다. 이것을 '빛 양자' 혹은 '광자'라고 명명했습니다. 아인슈타인은 200년이 지난 뒤에야 빛의 입자성 이론을 다시 부활시킬 용기를 보이게 된 것입니다.

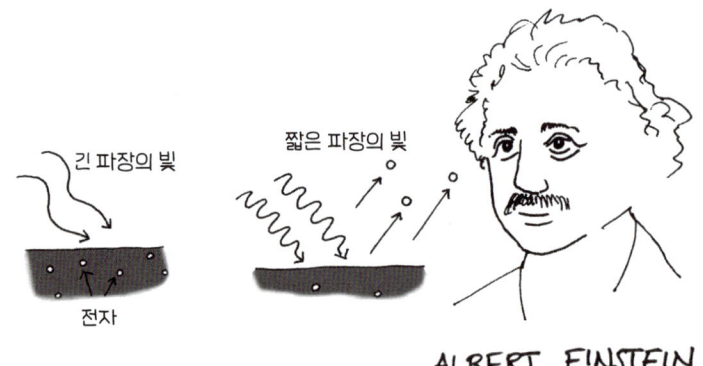

ALBERT EINSTEIN
알베르트 아인슈타인

각 광자의 에너지는 파장에 따라 결정됩니다. 광자가 금속판 속 전자에 흡수되면, 그 에너지는 전자로 전달됩니다. 빛의 파장이 충분히 짧으면, 광자의 에너지는 전자가 금속판에서 튀어 나오도록 만들 만큼 충분해집니다.

→ 빛의 세기가 높을수록 광자 수가 많아집니다. 따라서 적절한 파장의 밝은 빛줄기는 금속판에서 더 많은 전자를 없앨 수 있게 됩니다. 하지만 각각의 전자에 전달될 수 있는 에너지는 증가하지 않습니다. 각각의 전자는 오직 단 하나의 광자에 의해서만 판에서 떨어져 나가는 것이기 때문이죠. 두 개의 광자가 정확히 동시에 같은 전자에 부딪힐 확률은 일반적으로 굉장히 낮습니다.

광전 효과는 각 광자가 금속판에서 전자를 방출할 수 있을 만큼 충분한 에너지를 갖는 파장을 사용할 때만 발생합니다. 광자의 에너지를 더욱 증가시키고 더 짧은 파장을 사용하면 광자는 전자에 더 많은 에너지를 전달할 수 있습니다. 즉 전자가 더 빨리 튕겨 나가게 되는 것입니다. 또한 전자가 날아가는 속도는 빛의 파장에만 영향을 받을 뿐, 빛의 세기에 따라서는 달라지지 않습니다.

알베르트 아인슈타인은 광전 효과를 설명하면서 빛은 입자의 이미지와 파동의 이미지를 결합해서만 이해할 수 있다는 것을 보여주었습니다. 빛은 입자적인 특성을 가지고 있기에 개별적 부분으로 나타납니다. 하지만 이러한 개별적인 빛 양자, 즉 광자는 대략 하나의 파장에 해당하는 파동의 속성도 가지고 있습니다. 이것을 '파동 – 입자 이중성'이라고 부릅니다.

빛의 두 가지 속성: 입자파동과 파동입자

알베르트 아인슈타인이 광전 효과에 관한 연구를 발표했을 때, 그의 나이는 겨우 26세였습니다. 이 이론을 통해 그는 양자 이론의 가장 중요한 기초를 하나 놓았지만, 그는 평생에 걸쳐 이러한 양자 이론에 만족하지는 못했습니다. 여기서 더 흥미로운 점은 알베르트 아인슈타인이 1921년에 받은 노벨상은 그의 주요 업적인 상대성 이론이 아니라 광전 효과에 대한 이론으로 상을 받았다는 사실이죠.

일상적인 '파동' 개념이나 일상적인 '입자' 개념은 빛이 무엇인지 설명하기에 충분하지 않습니다. 그건 중요한 것이 아니죠. 빛은 물결이나 모래알과는 다릅니다. 그 둘과 어떠한 속성을 공유하고 있다 하더라도 말이죠. 고양이 역시 개나 쥐덫과도 다릅니다. 하지만 그 두 대상과 어떤 특정한 부분을 함께 공유할 수도 있는 것입니다.

그렇다고 이것을 신비화해서는 안 됩니다. 만약 누군가가 아주 엄숙하게 이렇게 말한다고 해보죠.

"이건 영원한 수수께끼입니다. 대체 빛은 이번 실험에서 스스로가 입자의 성질을 보여야 할지, 아니면 파동의 성질을 보여야 할지 어떻게 아는 것일까요?"

이렇게 말하는 사람은 아주 중요한 것을 이해하지 못한 것입니다. 전혀 아니죠. 빛은 입자와 파동 상태 사이를 왔다 갔다 하는 것이 아닙니다. 고양이가 항상 고양이인 것처럼, 빛은 항상 빛입니다.

우리는 정육면체가 무엇인지 알고 있으며, 원기둥의 모양을 알면 원뿔도 이해할 수 있습니다. 원뿔은 원통처럼 둥근 바닥이 있고, 꼭대기에는 정육면체의 모서리처럼 느껴지는 뾰족한 부분이 있죠. 그 누구도 이것을 신비롭다거나, 이해할 수 없다거나, 혹은 혼란스럽다고 생각하지 않습니다. 원뿔이 원통형인지 정육면체형인지를 결정하는 요인에 대해 철학적 논문을 쓸 필요는 없죠. 우리는 새로운 기하학적 도형에 대해 배우고, 그 성질을 살펴보고, 심지어 부피를 계산하는 공식까지도 찾을 수 있습니다. 그것으로 충분합니다. 그것만으로도 우리는 원뿔을 이해하게 되는 것입니다.

빛은 그저 단순한 입자가 아닙니다. 또한 빛은 단순한 파동이 아닙니다. 빛은 어떤 '다른 것'입니다. 일종의 '양자보송이'(Quantenschwubbel, 양자 세계의 특이성을 설명하기 위해 저자가 'Quanten'과 'schwubbel'을 조합해 만든 단어로, 'schwubbel'은 부들부들하고 말랑말랑한 것을 뜻하는 독일어 속어이다 - 옮긴이) 차원이기도 합니다. 우리는 이 양자보송이가 어떤 관련이 있는지에 대해 질문해야만 하는 것입니다. 어느 특정 실험에서 관찰될 결과를 어떻게 계산할 수 있을까요? 그 결과를 기술적인 방법으로 활용할 수 있는 것일까요?

사실 훨씬 더 흥미로운 건 우리가 이전에는 우리 의식 세계에 존재하지 않았던 새로운 대상을 머릿속에서 창조한다는 점입니다. 그리고 어쩌면 이것이 바로 과학이 우리에게 줄 수 있는 가장 아름다운 것일지도 모릅니다. 과학은 우리가 '생각할 수 없다고 생각했던 것'에 대해 생각하게 해주니까요. 그것은 우리의 머릿속에 새로움을 심어주고, 우리의 사고를 넓혀주고, 또 세상을 확장시켜줍니다.

Chapter **2**

아무도
측정하지 않는 경우에만

이중 슬릿 실험에서는 입자에 무슨 일이 일어나는지,
왜 관찰하지 않을 때만 제대로 움직이는 것인지,
그리고 많은 사람들이 주장하는 것처럼 신비롭지 않은지,
즉 전자와 원자, 심지어 분자조차도 파동의
속성을 가지는 이유에 대해 알아보겠습니다.

노벨상을 간절하게 떼어놓고 싶을 만한 상황은 거의 일어날 리 없을 겁니다. 하지만 코펜하겐에서 유명 물리학자 닐스 보어와 함께 연구를 진행하던 조르주 드 헤베시는 그의 손에 들린 두 개의 노벨상을 없애야 했습니다. 모두 말이죠. 그것도 바로 당장.

때는 1940년이었습니다. 제2차 세계대전이 발발했고, 나치 정권은 독일 연구자들이 노벨상을 받는 것을 금지했습니다. 그래서 독일의 노벨상 수상자인 막스 폰 라우에(1914년 노벨물리학상 수상자로, 유대인은 아니었지만 유대인 과학자를 보호하고 유대인이던 알베르트 아인슈타인을 적극적으로 지지해 나치와 갈등을 빚었나 - 옮긴이)와 제임스 프랑크(1925년 노벨물리학 수상자로, 유대인이어서 박해를 받다 독일을 떠났다 - 옮긴이)는 자신들의 금메달(노벨상은 수상자에게 노벨의 옆얼굴이 새겨진 메달을 수여하는데, 이는 금으로 만들어져 있다. 현재에는 도금을 한 메달이지만 1980년

까지는 순금으로 제작되었다. 이 외에도 거액의 상금도 따로 지급한다 – 옮긴이)을 덴마크의 동료 닐스 보어에게 맡겼습니다. 보어는 나치의 손에 넘어가지 않도록 그 메달을 보관해야 했습니다.

하지만 1940년 봄이 되자 독일군이 코펜하겐으로 진군했고, 시간이 얼마 남지 않은 것이죠. 당시 나치 독일에서는 금을 국외로 반출하는 것이 엄격히 금지되어 있었으며, 노벨상 메달에는 금메달 소유자의 이름이 새겨져 있었죠. 나치가 코펜하겐에서 메달을 발견했다면 그 결과는 아주 비극적이었을지도 모릅니다. 화학자 조르주 드 헤베시는 처음부터 노벨상을 땅에 묻자는 의견을 내기도 했죠. 하지만 닐스 보어는 이 생각에 반대했습니다. 만약 나치가 이 메달을 발견한다면 어떻게 될까요?

그래서 조르주 드 헤베시는 극단적인 방법을 생각해냈습니다. 그는 금메달을 가져다가 염산과 질산을 섞은 왕수(王水, 일반적인 산으로 녹지 않는 금속까지 다 녹이는 초강력 산성 용액으로 금을 녹일 수 있다 하여 '왕의 물'로 부른다 – 옮긴이)에 녹였는데, 왕수는 귀금속도 분해할 수 있는 물질입니다. 나치가 연구소를 샅샅이 수색하는 동안, 두 개의 노벨상은 액체 형태로 눈에 띄지 않게 놓여 있었던 것이죠.

전쟁이 끝난 후, 조르주 드 헤베시는 왕수에서 다시 금을 추출하여 스웨덴 왕립 과학아카데미에 보냈고, 아카데미는 이를 사용해 다시 메달을 주조했습니다. 이렇게 하여 막스 폰 라우에와 제임스 프랑크는 노벨상을 돌려받게 되었습니다. 그리고 그 메달에는 전쟁 전에 덴마크 동료들에게 넘겨준 원래의 금 원자가 포함되어 있었죠.

이 두 개의 노벨상은 20세기 초 물리학의 아름다운 상징이기도 합니다. 막스 폰 라우에는 파동을, 제임스 프랑크는 입자를 연구한 학자였으니까요. 막스 폰 라우에는 X선이 파동으로 구성되어 있음을 보여줄 수 있었고, 제임스 프랑크는 원자가 에너지 양자의 아주 특정한 부분에서만 에너지를 흡수할 수 있음을 보여줄 수 있었습니다. 물리학에 있어서 당시는 격동의 시대였습니다. 많은 것이 혼란스러웠고, 중요한 개념들이 다시 정의되고 있었습니다.

뒤집힌 아인슈타인

알베르트 아인슈타인은 빛의 파동 또한 입자의 속성을 가지고 있음을 보여주었습니다. 하지만 그럼에도 여전히 의문은 남습니다. 입자도 파동적 속성을 가지고 있는 것일까요? 처음부터 이것이 사실인지는 명확하지 않습니다. 만약 기차 좌석의 쿠션이 매우 푹신하다면, 어떤 의미에서 이는 소파의 속성을 가지고 있는 것일 겁니다. 하지만 그렇다고 해서 소파가 반드시 기차의 속성을 가지고 있다는 것을 의미하지는 않습니다.

하지만 적어도 한 번 생각해볼 수는 있습니다. 상상력이 충분하다면 말이죠. 젊은 프랑스 물리학자 루이 드 브로이가 바로 그런 사람이었습니다. 그는 1920년대 초에 파리의 소르본대학에서 박사 학위 논문을 준비하면서 입자에 파장과 같은 역할을 부여하는 것이 가능할지 궁금해했습니다.

처음에 드 브로이의 발상은 사실 과학적 속임수에 가까웠습니다. 알베르트 아인슈타인과 막스 플랑크를 포함한 다른 학자들이 개발한 공식을 다소 무심하게 차용했던 것이죠. 그는 그것들을 끼워 맞춰서 입자의 진동수와 파장이 나오도록 만들어 냈습니다. 수학적으로는 이것이 어려운 일은 아닙니다. 하지만 그것이 물리적으로 어떠한 의미가 있는지, 그리고 실제 세계와 어떤 관련이 있는지는 완전히 또 다른 별개의 문제인 것이죠.

당시에는 입자의 파장을 측정하는 실험이 존재하지 않았습니다. 그래서 루이 드 브로이의 박사 학위 지도교수인 폴 랑주뱅은 처음에는 학생의 논문을 확신하지 못했습니다. 그는 드 브로이에게 논문 사본을 2부 더 요청하여 그것을 알베르트 아인슈타인에게 보냈습니다.

드 브로이의 아이디어는 아주 단기간에 당시 저명한 물리학계의 인물들 사이에 널리 퍼졌습니다. 처음에는 비판이 엇갈렸습니다. 막스 플랑크는 나중에 자신이 거기에 매우 회의적이었다고 회고하기도 했죠.

"그 발상은 지나치게 대담했죠. 솔직히 말해 저는 당시에도 고개를 저었습니다."

또한 네덜란드 물리학자 헨드릭 안톤 로렌츠가 전통적인 물리학 개념을 너무 가볍게 생각하는 '이런 젊은이들'을 비판했다고, 플랑크가 밝히기도 했습니다. 하지만 알베르트 아인슈타인은 오히려 처음부터 '입자파동성'이라는 이 대담한 발상에 매료되었습니다.

드 브로이의 이론에 따르면 모든 입자는 파장을 가지고 있습니다. 광자뿐만 아니라 전자, 원자, 분자와 같이 질량을 가진 입자도 파장을 가지고 있다는 것이죠. 그렇다면 원칙적으로 토마토, 고양이, 혹은 증기선도 파장을 가질 수 있습니다. 하지만 크기가 큰 물체의 경우 파장이 너무 짧아져, 이런 물체의 파동적 특성은 그 어떠한 수를 쓴다 하더라도 그것을 증명할 방법을 찾을 희망이 없는 것이죠.

드 브로이는 파장이 입자의 운동량에 따라 달라진다고 주장했습니다. 즉 입자의 질량이 크고 더 빨리 움직일수록 파장이 짧아진다는 것이죠. 전자는 무게가 가벼울 뿐 아니라 대체적으로 인간의 기준에서 보면 아주 빠르게 움직이는 것입니다. 우리가 일반적인 가전제품을 작동하는 데 사용하는 전압은 전자를 초당 1만 km의 속도로 가속시킬 수 있을 정도죠. 루이 드 브로이의 공식을 사용하면 이러한 전자의 파장이 아주 작다는 것을 계산할 수 있습니다. 가시광선의 파장보다 훨씬 짧다는 결과가 나오는 것이죠.

이것이 정말 사실이라면, 그것을 어떻게 증명할 수 있을까요? 원칙적으로 전자나 다른 입자의 파동적 특성은 토마스 영이 빛의 파동적 특성을 연구했던 것과 같은 방식, 즉 이중 슬릿 실험을 통해 연구해볼 수 있습니다.

이중 슬릿에서의 입자

우리에게 아주 작은 이중 슬릿이 있고 그 안에 양자 입자를 쏟아 붓는다고 가정해보죠. 두 구멍 중 하나를 먼저 닫으면 입자는 다른 구멍으로만 통과할 수 있을 겁니다. 가끔 양자의 일부가 그 틈의 가장자리에서 살짝 휘어질 수도 있지만, 대부분은 열린 틈을 통해 비교적 직선 경로로 움직인다고 예상할 수 있죠. 우리가 그 뒤에서 양자 입자들이 벽에 부딪히도록 내버려 두면, 그 벽에는 입자의 자국이 아주 평범하게 생겨납니다. 그 누구도 다른 것을 예상하지 못하겠죠.

오른쪽과 왼쪽 틈을 번갈아 열어둘 수도 있는데, 그러면 흔적이 때로는 오른쪽에서 조금 더 많이 보이고, 반대로는 왼쪽에서 조금 더 많이 보일 수도 있습니다. 여기서 우리는 이 두 흔적이 겹쳐지고, 두 경우 모두 입자에 의해 타격을 받는 중간 영역이 있다고 가정합니다. 하지만 우리가 어느 틈을 막는다 하더라도 여기에는 여전히 파동 패턴의 흔적을 찾아볼 수 없습니다.

중요한 것은 '두 개의 틈을 동시에 열었을 때 어떤 일이 일어나는가'입니다. 즉 각 입자가 벽에 던진 토마토처럼 깨끗한 경로를 따라 머무르는지, 아니면 각 입자가 물결처럼 동시에 가능한 두 가지 경로를 통과하는지를 말이죠.

이러한 실험을 해보면 이중 슬릿 뒤에 실제로 밝고 어두운 줄무늬의 간섭 패턴이 발생한다는 것을 명확하게 발견할 수 있습니다. 이것은 우리가

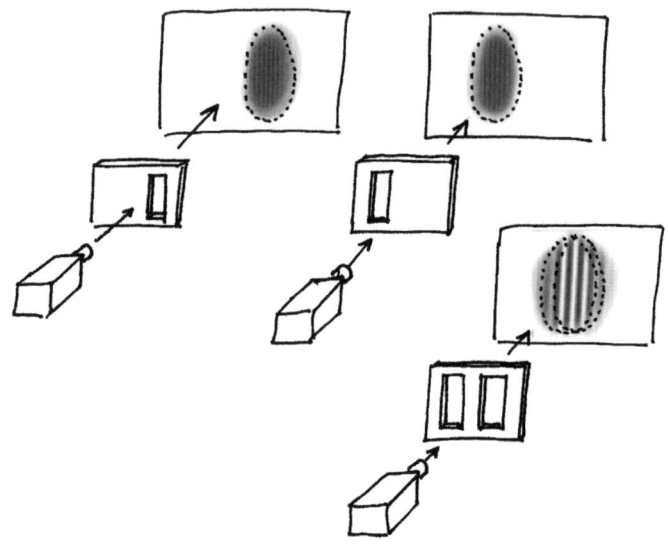

 고전적 파동 실험에서 이미 알고 있는 결과이죠. 어떤 곳에서는 많은 입자가 도착하지만, 또 다른 곳에서는 거의 도착하지 않습니다. 그렇기에 드 브로이의 추측은 옳은 것입니다. 입자는 파동의 속성을 갖습니다.
 중요한 건 이 간섭무늬가 앞서 각각의 틈을 메웠을 때 생긴 두 개의 자국이 단순히 합쳐져서 생긴 것이 아니라는 것입니다. 이것이 얼마나 이상한 일인지를 우리는 진지하게 이해해야만 합니다. 천장으로 비가 새면 카펫에 빗물 얼룩이 생깁니다. 바로 옆에 있는 천장의 채광창으로 비가 들어와 내리치면 카펫에는 또 다른 물 얼룩이 생길 것입니다. 비가 오는 동안 천장의 채광창 두 개를 모두 열어 두면, 논리적으로 카펫에 더 큰 물 얼룩이 생기겠죠. 그 얼룩은 한 번에 창문을 하나씩만 열었을 때 생기는 물 얼룩 두 개를 합친 것이니까요. 분명한 건 카펫의 어느 한 부분이 두 가지 경우 모두 젖게 된다는 것이고, 그것은 왼쪽 채광창이나 오른쪽 채광창 중 어느 한쪽만 열어두어도 마찬가지입니다. 거기다 비가 두 창문을 동시에 통과하면

카펫은 반드시 젖어 있겠죠.

그러나 이중 슬릿 실험에서 두 입자의 흔적을 겹쳤을 때 우리가 보게 되는 것은 완전히 다릅니다. 슬릿이 하나만 열려 있을 때는 그것이 왼쪽이든 오른쪽이든 항상 입자가 부딪힌 자국이 벽에 남아 있습니다. 하지만 두 개의 슬릿을 동시에 열면 갑자기 일부 지점의 벽에 입자들이 부딪히지 않는 것입니다. 이것은 두 번째 경로가 열려 있는지의 여부가 입자의 동작에 영향을 끼친다는 것을 의미합니다. 어떤 의미에서 입자는 두 경로를 모두 '알고' 있습니다.

즉 입자가 특정한 경로를 따라 움직인다는 익숙한 관념을 버려야만 하는 것이죠. 간섭무늬의 밝은 부분과 어두운 부분은 "입자가 왼쪽 구멍을 통과한다"와 "입자가 오른쪽 구멍을 통과한다"라는 두 가지 가능성이 서로 독립적으로 존재하지 않다는 것을 보여줍니다. '입자 - 파동' 또는 '파동 - 입자', 혹은 우리가 '양자보송'이라고 부르는 것이 무엇이든, 그 입자는 두 구멍을 동시에 통과합니다. 파동은 자기 자신과 겹쳐지면서 어떤 부분에서는 상쇄됩니다. 이러한 상쇄는 서로 다른 경로의 중첩으로만 설명될 수 있습니다.

→ 결정을 이용한 트릭

루이 드 브로이가 활동하던 시대에는 입자를 이용한 이중 슬릿 실험이 실제로는 불가능했습니다. 아주 작은 이중 슬릿 구조를 만드는 게 어려웠기 때문입니다. 그러나 여기에는 이런 상황을 극복하기 쉽게 만들어 주는 비결이 있었습니다. 자신의 노벨상이 코펜하겐에서 산성 액체로 변했던 막스 폰 라우에를 통해, 이 비법은 이미 예전에 알려져 있었죠.

막스 폰 라우에는 엑스선의 파동성을 증명하고자 했습니다. 그 과정에서 그는 아주 비슷한 문제에 직면했습니다. 전자와 마찬가지로 엑스선도 매우 짧은 파장을 가지고 있기 때문이죠. 그래서 폰 라우에는 '이중 슬릿' 대신 '결정'을 사용했습니다.

결정은 원자들이 아주 규칙적으로 배열된 것이며 그 원자들 사이에는 아주 미세하게 작은 공간이 있습니다. 파동은 이 공간을 여러 경로를 통해 동시에 통과할 수 있습니다. 마치 이중 슬릿의 두 구멍을 동시에 통과하는 파동처럼, 이러한 파동은 서로 겹쳐져 간섭무늬를 만들었습니다.

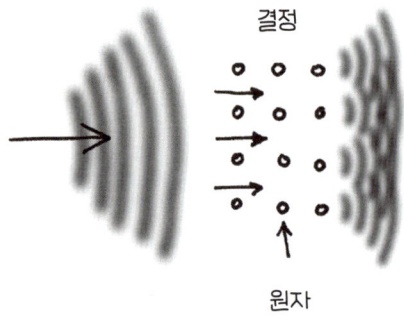

이를 통해 모든 것이 명확해졌습니다. 전자의 파동적 특성은 결정을 사용하면 가장 쉽게 입증할 수 있을 것이라는 사실 말이죠. 이런 실험은 짧은 기간 동안 개별적으로 두 번 시행되었는데, 한 번은 미국에서, 한 번은 스코틀랜드에서 이루어졌죠. 두 실험에서 모두 전자를 결정체에 쏘았고, 두 실험 모두 선명한 간섭무늬가 실제로 관찰되었습니다.

루이 드 브로이는 1929년 이러한 이론으로 노벨상을 수상하였고, 1937년에는 실험으로 이를 확인한 공로로 조지 패짓 톰슨 등(클린턴 조지프 데이비슨과 공동으로 노벨상을 받았다-옮긴이)에게 노벨상이 수여되었습니다. 이로써 흥미로운 사건이 마무리되었습니다. 조지 패짓 톰슨의 아버지는 조지프 존

톰슨이었는데, 그 역시 1906년에 노벨상을 수상했던 사람이었죠. 그의 아버지는 전자가 입자라는 사실을 발견한 공로로 그 영예를 얻었습니다. 하지만 그 아들은 전자가 파동임을 증명한 공로로 노벨상을 받은 것이죠. 그리고 두 사람은 모두 옳았습니다.

이러한 파동 효과는 전자뿐 아니라 더 큰 입자에서도 관찰될 수 있습니다. 1929년 오토 슈테른은 소금 결정에 헬륨 원자를 쏘았습니다. 헬륨 원자 역시 겹쳐진 줄무늬 패턴을 만들었는데, 이것 역시 양자 파동인 것입니다. 이는 수소 분자에서도 해당되는 것이었습니다. 따라서 파동의 특성은 기본 입자뿐만 아니라 여러 기본 입자로 구성된 더 큰 물체에서도 관찰될 수 있는 것이죠.

이중 슬릿에 존재하는 다량의 입자

하지만 아주 엄격하게 따져보면, 아직 모든 개별 입자들이 파동처럼 행동한다는 것을 한치의 의심도 없이 증명하지는 못했다는 것을 인정해야 합니다. 결국 우리는 개별 입자를 연구한 것이 아니라, 무수히 많은 입자로 구성된 광선을 연구한 것이니까요.

어쩌면 광선이 두 개의 구멍을 동시에 통과하더라도 가 입자는 히니의 구멍만 통과하는 게 아닐까요? 어쩌면 각각의 입자는 오른쪽이나 왼쪽 틈을 선택하지만, 다른 틈을 통과해온 다른 입자에 의해 휘어지는 것이 아닐까요? 혹시 어쩌면 줄무늬 무늬는 파동과는 아무런 관련이 없고, 단지 입자들 사이의 복잡한 반발 효과로 인해 나타나는 것일 수도 있지 않을까요?

이것은 고전적인 입자 이론을 구할 수 있는 마지막 기회였을 수 있겠지만, 틀린 것입니다. 일본 물리학자 아키라 도노무라가 최초의 입자 파동 실험이 있은 지 수십 년 후인 1989년에 이를 인상적인 방법으로 증명해냈기 때문입니다. 도노무라는 이중 슬릿을 통해 전자를 통과시켰지만, 많은 수의 전자를 강력한 광선으로 쏘는 대신 전자를 한 번에 하나씩 쏘았습니다. 그의 전자 광선은 너무 약한 것이라 실험 장치 내에는 언제나 단 하나의 전자만 존재했습니다. 이로 인해 서로 다른 전자들이 경로에서 서로 영향을 미치는 것은 전혀 불가능했습니다.

각각의 개별 전자는 이중 슬릿에 다다랐고, 슬릿을 통과한 후 입자검출기로 이동하여 매우 특정한 위치에 기록되었습니다. 입자검출기 지점을 기록하면 잠시 후에 별 의미가 없어 보이는 개별 지점이 합쳐진 결과물이 나옵니다. 처음 보면 그것은 질서도 없고, 논리도 없고, 구조도 없는 듯 보입니다.

그러나 실험을 계속하고 점점 더 많은 전자를 측정하다 보면 상황이 달라집니다. 입자검출기의 모든 영역이 동일한 빈도로 타격을 받지 않는다는 사실을 점차 알게 되는 것이죠. 어떤 지점에서는 많은 전자의 흔적이 기록되었지만, 다른 지점에서는 그 흔적이 거의 기록되지 않은 것입니다.

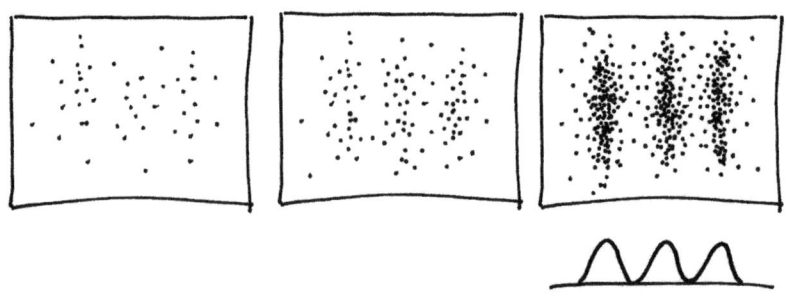

전자를 이중 슬릿을 통해 개별적으로 보내면 입자와 파동의 속성이 어떻게 얽혀 있는지 명확해집니다. 각 전자가 매우 특정한 지점에서 관측된다는 사실은, 전자의 입자적 특성을 말해줍니다. 하지만 이러한 점들의 분포는 파동 패턴을 따르는데, 이는 각 전자가 두 경로를 동시에 통과했다고 가정해야만 설명할 수 있습니다. 또한 이는 전자의 파동적 특성을 뒷받침합니다.

그러한 점 하나하나, 전자 하나하나를 살펴보면 줄무늬 패턴이 점차 나타나는 것을 볼 수 있습니다. 마치 빛 파동을 이용한 일반적인 이중 슬릿 실험에서 보이는 것처럼 말입니다. 점점 입자검출기에는 밝았다 어두웠다 하는 줄무늬가 점점 더 선명해집니다. 마치 파동 간섭의 규칙에 따라 예상했던 대로 말이죠.

그리고 아주 정확하게 측정한다면?

입자검출기에서 개별 전자가 만들어 내는 모습은 각각의 개별 전자가 두 개의 구멍을 통해 파동과 같은 방식으로 움직인다는 것을 알려줍니다. 하지만 전자가 실제로 어느 구멍을 통해 들어왔는지 알아내고 싶다면 어떻게 해야 할까요? 이중 슬릿 실험에 추가적인 측정 장치를 설치하고 전자가 비행하는 동안 무엇을 하는지 관찰하는 것을 금지할 수 있는 사람은 세상 어디에도 없습니다.

예를 들어 왼쪽 구멍 뒤에 센서를 설치하여 그곳으로 입자가 통과하는지 측정할 수 있을 것입니다. 센서가 입자를 감지하면 불빛이 켜지는 것이죠. 그 외에는 이전과 똑같은 방식으로 실험을 실행했습니다. 즉, 각 입자를 이중 슬릿에 통과시킨 후 측정하는 것입니다. 이제 우리는 입자가 어떤 경로를 거쳐 왔는지도 알게 되었습니다. 50%의 확률로 램프에 불이 들어오면 입자는 왼쪽 슬릿을 통해 들어간 것이고, 나머지 50%의 확률로 램프에 불이 들어오지 않으면 입자는 오른쪽 슬릿을 통해 들어갔다는 것이니까요.

이때 입자는 추가 센서에 의해 측정이 되든 안 되든 신경 쓰지 않는다고 생각할 수도 있지만, 사실은 그렇지 않습니다. 이 센서를 사용하자마자 간섭 패턴이 사라진 것입니다. 갑자기 우리는 더 이상 밝았다 어두웠다 하는

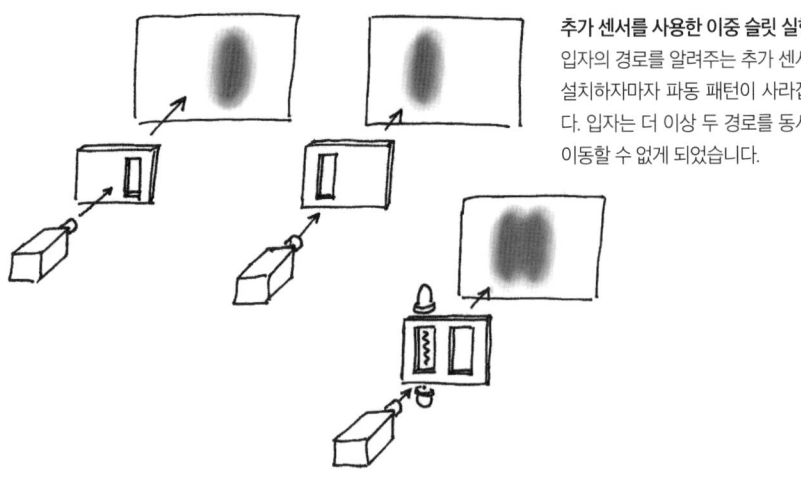

추가 센서를 사용한 이중 슬릿 실험
입자의 경로를 알려주는 추가 센서를 설치하자마자 파동 패턴이 사라집니다. 입자는 더 이상 두 경로를 동시에 이동할 수 없게 되었습니다.

줄무늬의 파동 무늬를 보지 못하고 되고, 이전에 한쪽 틈만 열려 있었을 때 보았던 두 자국이 합쳐진 모습만 보게 되는 것이죠.

언뜻 보기에는 이 현상은 몹시 놀라운 것입니다. 우리는 센서를 통과하는 입자의 경로를 결정하지 않습니다. 자연은 여전히 오른쪽 경로나 왼쪽 경로를 선택할 자유를 가지고 있다고 말할 수 있죠. 하지만 우리가 경로를 측정하기 때문에, 입자파는 더 이상 두 경로를 동시에 통과할 기회를 갖지 못하게 됩니다. 센서의 램프가 켜지거나 꺼져야 하는데, 두 가지 일이 동시에 일어날 수는 없습니다. 따라서 입자는 두 경로 중 하나를 선택해야 하며, 이로 인해 파동 무늬는 나타나지 않습니다.

입자가 두 구멍을 동시에 통과해 파동처럼 움직여서 간섭무늬를 만들어 낼 수 있는지 여부는, 우리가 추가 측정을 수행하는지의 여부에 달려 있습니다. 이것은 이상한 일입니다. 우리는 보통 우리의 관찰 여부와 관계없는 확실한 현실이 존재한다고 가정합니다. 냉장고에 치즈가 남아 있는지는 내가 냉장고 문을 열고 안을 들여다보는 것과는 관련이 없으니까요. 또 밤하늘의 달을 아무도 보지 않는다 하더라도, 달은 분명히 항상 거기에 있으니까요.

하지만 양자 입자의 파동적 특성은 다릅니다. 측정은, 필연적으로 측정 대상에 영향을 미칩니다. 이것을 혼란스럽다고 생각하는 사람은 안심해도 됩니다. 알베르트 아인슈타인도 이를 믿고 싶어 하지 않았거든요. 관찰 여부에 따라 달라지는 측정 결과는 그에게 불가능한 일로 여겨졌습니다. 그래서 아인슈타인 역시 아주 오랫동안 좀 더 정교한 측정 시스템만 만들어 낸다면 이중 슬릿에서 입자의 실제 경로가 무엇인지 명확하게 관찰할 수 있으며, 이것이 실험에 영향을 미치지 않을 것이라고 믿었습니다. 하지만, 아인슈타인은 틀렸죠.

결국 어떤 트릭이나 어떤 방식을 사용하느냐는 중요하지 않았습니다. 입자가 왼쪽 구멍으로 날아갔는지 오른쪽 구멍으로 날아갔는지 어떤 방법으로 알아내고 그것을 확인하게 되면, 입자는 동시에 두 경로를 모두 통과하지 않게 되고 파동 패턴은 사라져 버립니다.

난해한 오류

도대체 이게 무슨 뜻일까요? 측정값이 입자에 영향을 미친다면, 입자는 도대체 내가 그 입자를 측정하는지 아닌지를 어떻게 알 수 있는 것일까요? 센서가 입자를 감지했는데 램프가 고장 났다면 어떻게 되나요? 그러면 입자가 어떤 경로로 이동했는지는 영원히 알 수 없게 됩니다. 그러면 그것은 내가 측정한 것인가요, 아니면 측정하지 않은 것인가요? 만약 내가 완전히 술에 취해 있다거나 아니면 안경을 잃어버려 시야가 흐릿한 것이라면, 그것은 어떻게 되는 것이죠? 이것도 측정이라 할 수 있을까요?

바로 이러한 의문들이 보통 아주 심각한 오해로 이어집니다. 측정이 결과에 영향을 미치는 것이, 종종 아주 신비롭고 마법과도 같은 것으로 여겨지는 것이죠. 이것을 사람들은 아주 거창하고 과장되게 포장하기도 합니다. "관찰자가 관찰할지 말 것인지를 결정하면, 그것이 바로 결과를 결정하게 된다! 따라서 물리적 실존 사실은 의식적인 행위를 통해 생겨나는 것이다! 그러니 물질은 우리 마음의 영향을 받는다! 바로 우리의 의식이 현실을 창조하는 것이다!"

말도 안 되는 소리입니다. 양자 입자는 우리 인간의 의식에 전혀 관심이 없습니다. 이 지점에서 우리는 과학과 난해함의 경계선에서 걸려 넘어지지 않도록 아주 조심해야 합니다. 진실은 하나입니다. 측정 여부가 실제로 결과에 영향을 미친다는 것이죠. 하지만 "내가 관찰하느냐의 여부에 따라 결과가 달라진다"라거나, 혹은 "실험은 아무도 지켜보지 않을 때만 제대로 실행된다" 같은 말은 기껏해야 반만 맞는 말입니다. 우리는 '관찰하다'와 '보다'가 정확하게 무엇을 의미하는지 확실하게 설명해야만 합니다.

파동 무늬의 경우 측정을 사람이 하든, 로봇이 하든, 아니면 시베리아 다람쥐가 하든 아무런 차이가 없습니다. 실험 중에 제가 완전히 취해 있든, 졸고 있든, 아니면 주의 깊게 지켜보고 있든 아무런 차이가 없는 것입니다. 여기서는 '영혼' '의식' 혹은 '의식적인 관찰' 같은 개념들은 그 어떠한 역할도 하지 않습니다.

오직 측정이 실제로 이루어지는가의 여부에만 달려 있는 것이죠. 더 정확히 말하자면, 입자가 세상의 나머지 부분과 접촉하는지 여부에 달려 있는 것입니다. 바로 측정이란 이런 의미인 것입니다. 양자 입자를 측정할 때 우리는 그것을 여러 입자로 구성된 거대한 무언가, 즉 측정 장치, 혹은 우리 자신, 그리고 주변 실험실과 접촉시킵니다. 그리고 이를 통해 그 상태가 결정되는 것이죠.

입자가 어떤 경로를 택했는지에 대한 정보가 외부세계에 알려지자마자 입자의 경로는 고정되고 파동 패턴은 사라지게 됩니다. 이러한 정보가 원칙적으로 존재하는 것으로 충분합니다. 이 정보가 사람, 기계 장치, 또는 주변 공기 분자에 의해 감지되는지 아닌지는 중요한 게 아닌 것이죠.

미시세계와 거시세계의 만남

입자가 입자검출기를 향해 날아갈 때, 외부세계와의 접촉은 거의 없습니다. 입자가 이동 중에 다른 입자와 충돌하는 것을 방지하기 위해 일반적으로 이러한 실험은 진공 상자 안에서 이루어지니까요. 외부 전기장은 완전히 차단됩니다. 입자는 마치 세상에 온전히 혼자 있는 것처럼 움직입니다. 그것은 양자 이론의 법칙이 지시하는 대로 정확히 행동하는, 그 자체로 작은 양자계가 되는 것이죠.

그러다가 갑자기 입자검출기에 엄청난 힘이 솟구치고, 그 순간 입자는 다른 수많은 입자와 접촉하게 됩니다. 몇 분의 1초 만에 원자의 에너지는 수천 개의 다른 입자로 전달되고, 결국 입자의 미시적 행동은 거시적 신호가 됩니다. 이것은 어쩌면 수조 개의 원자로 구성된 기계적 센서가 측정 장치 내에서 움직이는 것일 수도 있습니다. 그렇게 되면 아마도 수백만 개의 전자에 의해 전달되는 전기적 충격이 생겨나게 될 것입니다.

따라서 입자와 측정 장치의 충돌은 두 세계의 충돌인 것이죠. 미시세계는 양자 이론의 규칙이 적용되는 세계이고, 거시세계는 우리가 경험을 통해 아는 일상의 규칙이 적용되는 세계입니다. 작은 세계에서 '파동'이나 '입자' 같은 용어는 별 의미를 가지지 않습니다. 큰 세계에서는 파동과 입자가 아주 분명하게 구분되어 정의되어 있기는 하지만, 이 두 세계는 완전히 다른 것이죠.

우리는 미시적 세계와 거시적 세계를 같은 용어, 같은 규칙, 같은 법칙으로 설명할 수 없다는 것을 알고 있습니다. 그것을 받아들여야만 합니다. 그렇기에 양자물리학이 이 두 세계가 만나는 지점에 있다는 것을, 즉 측정 과정이 복잡하고 혼란스러우며 때로는 이상하게 보일 수밖에 없다는 것도 받아들여야 합니다.

우리는 오늘날 어떠한 일이 일어나고 있는지는 상당히 잘 계산할 수 있지만, 측정 과정은 아직 완전히 이해되지 않았습니다. 어쩌면 영원히 완벽하게 이해되지 않을지도 모릅니다(이에 대해서는 뒤에 나오는 슈뢰딩거의 고양이에 관한 장에서 더 자세히 이야기하겠습니다). 바로 이 지점에서 양자 이론을 둘러싼 매우 혼란스러운 철학적 문제가 발생하는 것이죠. 이러한 문제는 알베르트 아인슈타인과 같이 천재적인 사람들조차 고민하게 만들었습니다.

전혀 신비로울 이유가 없다

20세기 초반만 해도 양자물리학은 여전히 혼란스럽고 베일에 싸인 분야였습니다. 세계 최고의 물리학자조차 시간을 들여 생각을 정리하고, 새로 발견된 양자적 특이점에 대해 고심하며 이해해야만 했으니까요.

이 시기에 온갖 명언들이 쏟아졌습니다. 물론 오늘날에는 약간 다르게 표현될 수도 있는 말들이죠. 닐스 보어는 "처음부터 양자 이론에 경악하지 않았다면, 양자 이론을 이해했다고 할 수 없다"라고 말했다고 합니다. 이 말은 헛웃음이 날 정도로 터무니없는 말처럼 들리기는 하지만, 과학적 인용문을 모아놓은 목록에 추가할 만한 말이죠. 하지만 100년이 넘도록 자연을 아주 정확하고 성공적으로 묘사하는 데 사용된 이론이라면, 이제는 더 이상 '공포'를 느낄 이유는 없습니다.

"정신은 모든 물질의 근원이다."이 말은 막스 플랑크(양자물리학의 아버지로 불리는 독일의 물리학자로, 양자론을 고안해낸 공로를 인정받아 1918년 노벨물리학상을 받았다-옮긴이)가 했다 전해집니다. 마치 인간의 마음이 입자의 행동을 결정한다는 것처럼, 아주 신비롭게 들리기도 하죠. 이 이야기가 오늘날에는 난해한 주장을 뒷받침하는 주장으로 잘못 인용되는 경우가 많습니다. 만약 막스 플랑크가 정신과 물질은 양자 이론에 따라 연결되어 있다고 말했다고 한다면, 이는 정신력만으로 물리적 대상에 영향을 미칠 수 있는 것이 가능하다는 말입니다. 하지만 이건 말이 안 되는 것이죠. 그리고 만약 의식이 실험의 결과를 바꾼 것이라면, 우리는 긍정적인 사고를 통해 우주에 명령을 내릴 수도 있을 것이고, 순전히 정신력만으로도 행복과 건강을 가져오는 것이 가능해질 테니까요!

당연하지만, 이 모든 것은 실제 양자물리학과는 아무런 관련이 없습니다. 양자 연구가 초기 단계였을 때는 지구상에서 가장 똑똑한 사람들조차 혼란스러워하면서, 이 이상한 새 이론을 어떻게 해석해야 할지 몰랐습니다. 이는 어쩌면 당연한 일입니다. 양자물리학은 오늘날까지도 여전히 혼란스러운 상태이니까요. 그렇다고 미스터리는 아닙니다. 양자 이론이 발견되었던 당시보다 오늘날의 우리가 이해하기가 훨씬 쉬워졌습니다. 우리가 아인슈타인이나 그 동시대 사람들보다 더 똑똑해서가 아니라, 그 이후로 비교할 수 없을 정도로 많은 지식이 축적되었기 때문입니다.

Chapter **3**

양자 도약,
작은 부분으로 구성된 세계

막스 플랑크가 얼마나 필사적으로 양자물리학을 발견하게 되었는지,
닐스 보어의 원자 모델은 그 훌륭함에도 불구하고 왜 완전히 틀린 것인지,
그리고 베르너 하이젠베르크의 불확정성 원리가 권총 사격과
어떤 관련이 있는지 알아봅시다. 가장 작은 단계에서
자연은 불분명하고 불안정해진답니다.

양자 이론은 입자의 파동적 특성을 고려한다는 낯설고도 이상한 생각을 떠올리기 훨씬 이전에 탄생했습니다. 모든 것은 1900년 어느 날 막스 플랑크가 쪽지에 'h'라는 글자를 쓰면서 시작되었습니다. 원래 이것은 그저 아주 사소한 수학적 가설에 불과한 것이었지만, 막스 플랑크는 이 우연으로 세상을 완전히 뒤바꿔 놓았죠. 이 작은 'h'와 함께 양자의 시대가 시작되었습니다.

당시 막스 플랑크는 열복사 현상을 연구하고 있었습니다. 금속 조각을 가열하면 거기에서 빛이 뿜어 나오는 현상이었죠. 그 빛에는 아주 다양한 파장의 빛이 포함되어 있었는데, 긴 파장의 적외선, 가시광선, 그리고 더 짧은 파장의 자외선이 동시에 방출되었습니다.

빛나는 금속 조각이 가장 많은 빛을 방출하는 파장 범위는 온도에 따라

달라집니다. 열을 가하면 처음에는 붉은색으로
빛나게 되는데, 이때 짧은 파장에 높은 에너지를
가진 파란색과 보라색 빛은 거의 보이지 않습니
다. 그러다 온도를 더욱 높이면 색상 스펙트럼이
변하면서 빛은 노란색으로 되었다가, 극도로 높은 온도에서는 마침내 청백
색 빛이 나게 됩니다.

 온도가 다르면 색도 달라집니다. 그것은 별도 마찬가지입니다. 적색거
성은 상대적으로 온도가 낮은 별이죠. 우리 태양은 표면 온도가 섭씨 약
5,500도로 적색거성보다는 약간 더 온도가 높습니다. 이는 노란색으로 보
이게 합니다. 이보다 더 뜨거운 별조차도 청백색으로 보이게 됩니다.

 하지만 열복사 현상을 만들어 내기 위해 금속 막대나 별이 될 필요는 없
습니다. 사람, 화분, 얼음을 포함한 모든 것이 열복사 현상을 보이고 있으니
까요. 물론 이러한 대상들은 별보다 훨씬 차가운 것이라, 열복사 현상은 우
리 눈으로 볼 수 없는 파장으로 이루어집니다.

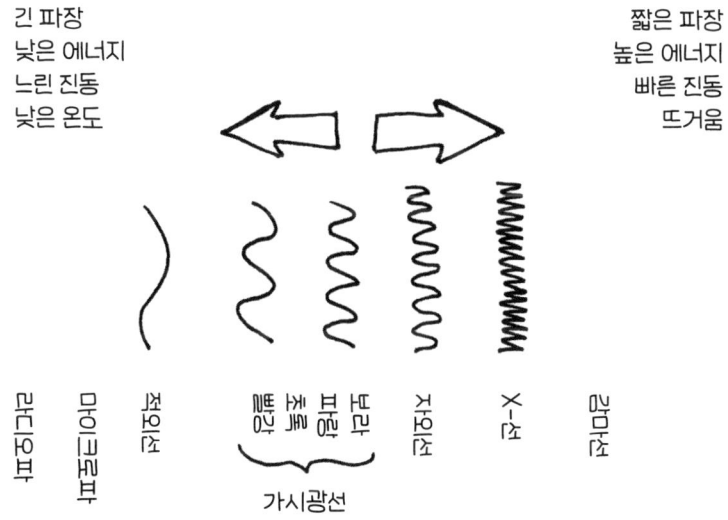

제 3 장　양자 도약, 작은 부분으로 구성된 세계　　055

흥미로운 점은 열복사는 온도에만 영향을 받고 다른 것에는 영향을 받지 않는다는 것입니다. 크기나 모양, 재질은 전혀 상관이 없습니다. 뜨겁게 빛나는 금속 막대는 별과 같은 온도가 되면, 그 별과 같은 색으로 빛납니다. 혹은 우주정거장이 폭발해 변기 뚜껑이 대기권에 재진입한다면, 마찬가지로 해당 온도에 맞는 빛이 뿜어져 나올 것이라는 말이죠.

막스 플랑크의 절망적 행동

그것이 그렇게 간단하다면, 분명 이 빛을 계산하는 아름다운 물리 법칙이 있을 거라고 막스 플랑크는 생각했죠. 이 물리 법칙은 이해하기 쉬울 것처럼 보였습니다. 당시에는 긴 파장 범위 안에서는 측정 결과에 아주 잘 들어맞는 공식이 이미 존재했기 때문이었습니다. 하지만 짧은 파장 범위에서는 완전히 터무니없는 결과가 나왔습니다. 끝없이 무한한 강렬한 복사가 생성된 것이죠.

당연히 이건 가능한 일이 아닙니다. 그 어떤 물체도 무한한 양의 열에너지를 방출할 수 없기 때문입니다. 만약 그것이 가능해진다면 다른 모든 물체에 무한한 양의 에너지가 전달될 것이고 온 우주가 뜨겁게 달궈질 텐데, 이런 말도 안 되는 가정을 세우는 것은 수치스러운 일이었죠.

막스 플랑크는 이러한 공식을 이리저리 대입하며 궁리를 하다가, 우리가 지금 '플랑크 법칙'이라고 부르는 것을 발견해냅니다. 이것은 그가 스스로 인정했듯이 운 좋게도 추측이 들어맞은 것이었죠. 그가 이런저런 시행착오를 거쳐 발견한 공식은 알려진 측정 결과와 완벽하게 일치했지만, 수학 공식만으로는 큰 의미가 없었습니다. 물리적으로도 설명이 필요했는데, 그 설명은 여전히 부족했던 것이죠. 막스 플랑크는 자신의 공식에 대한 논리적인 근거를 찾기 위해 열심히 노력했습니다.

하지만 아무리 해도 도저히 옳은 답을 찾을 수 없었기 때문에, 그는 결국 이상한 방법을 택하게 되었죠. 막스 플랑크는 실험을 위해 열복사 에너지는 임의의 양으로 방출될 수 없고 오직 매우 특정한 부분, 즉 '에너지 양자'라는 하나의 단위에 따라서만 방출되는 것이라는 가정을 세웠습니다. 뜨거운 물체는 주어진 파장에서 에너지 양자 하나를 방출할 수도 있고, 2개 심지어 879개까지 방출할 수도 있습니다. 하지만 정수로만 허용됩니다. 에너지 양자 1.5개는 허용되지 않는 것이죠.

이러한 에너지 양자의 크기는 h 곱하기 f입니다(E=hf). 여기서 f는 방사선의 진동수를 뜻하고 h는 단순히 보조량을 의미합니다. 막스 플랑크는 이 '보조량'이 어디서 나온 것인지 설명할 수 없었죠. 그냥 추측일 뿐, 실질적인 근거가 없었던 것입니다.

MAX PLANCK
막스 플랑크

막스 플랑크의 유명한 '디랙 상수'는 작용되는 양자 단위를 2π로 나눈 것으로, '환산 플랑크 상수'라고도 불립니다. 이 양자의 작용은 다소 직관적이지 않은 물리량입니다. 에너지 곱하기 시간 혹은 운동량 곱하기 길이라 할 수 있는 것이죠. 이것이 무엇을 의미하는지 이해하기 어렵지만, 그렇다고 굳이 이해하려 할 필요도 없습니다. 그저 h 또는 ℏ 크기의 '작용 단위'가 양자 이론에서 중요한 역할을 한다는 것을 아는 것만으로도 충분합니다.

"간단히 설명하자면 이 모든 것은 나의 절망에서 나온 행동이라고 표현할 수 있을 것이다"라고 그는 나중에 이에 대해 적었습니다. 하지만 에너지는 개별 양자로만 방출될 수 있다는 추가적 가정을 통해, 복사 법칙은 갑자기 수학적으로 도출될 수 있었던 것입니다.

막스 플랑크가 1900년에 그의 공식에 사용한 'h'는 그 이후 '플랑크 상수'라 불리게 되었습니다. 이는 현대 물리학에서 가장 중요한 자연 상수 중 하나가 되었습니다. h 대신 h를 2π로 나눈 값을 사용하는 것이 더 실용적인 경우가 많기 때문에, h 대신 특별한 문자인 $\hbar$('에이치 바'로 읽으며 '디랙 상수' 또는 '환산 플랑크 상수'라고 부른다 - 옮긴이)가 만들어졌습니다. 이 기호는 양자 이론에서 자주 사용됩니다.

이 문제는 수년 후 알베르트 아인슈타인이 빛이 광자로 구성되어 있다는 것을 증명한 후에야 제대로 설명될 수 있었습니다. 어떤 물체가 빛나면 광자를 방출하지만 한 번에 전체 광자 수만 방출할 수 있으므로, 매우 특정한 부분에서만 에너지를 방출하는 것이죠.

보어의 원자 모형

하지만 물질이 빛을 방출하거나 흡수할 때 정확히 어떤 일이 일어나는 것일까요? 물질을 자세히 이해하려면 '빛나는 철봉'이나 '빛나는 별'처럼 크고 복잡한 물체가 아니라 가능한 한 단순한 것을 살펴보는 것이 좋습니다. 가장 이상적인 물체는 바로 원자 한 개를 관찰하는 것이고, 그 무엇보다도 가장 간단한 원자는 수소 원자입니다.

양자물리학이 아직 본격적으로 다루어지기 전이던 19세기에는 이미 수소 원자가 빛을 흡수할 수 있다는 것이 알려졌습니다. 단, 수소 원자는 아주 특정한 파장의 빛만 흡수할 수 있었습니다. 다른 파장의 빛은 수소 원자에게는 어떤 영향도 주지 않았던 것이죠.

닐스 보어는 이를 설명하기 위해 노력했고 드디어 1913년, 그 유명한 원자 모형을 만들어 냈습니다. 당시 사람들은 이미 원자에 대해 꽤 많은 것을 알고 있었습니다. 원자는 크기가 매우 작고 양전하를 띤 원자핵과 그 주위를 도는 음전하를 띤 전자로 이루어져 있다는 사실을 말이죠. 하지만 왜 그렇게 되는 것인지에 대해서는 아무런 정보가 없었던 것입니다.

한 가지 분명한 사실은 있었습니다. 어떻게 되었든 전자와 원자핵이 서로를 끌어당긴다는 사실이었죠. 별과 행성이 서로를 끌어당기는 것과 마찬가지로 말입니다. 그렇다면 원자를 작은 태양계와 같은 것으로 상상해볼 수 있는 것 아닐까요? 행성이 태양 주위를 돌듯이, 어쩌면 전자는 원자핵 주위를 원형에 가까운 궤도로 돌고 있는 것이 아닐까요?

하지만 그렇게 간단한 것은 아니었죠. 전기역학 법칙은 그 당시에도 이미 알려진 사실이었습니다. 전기역학 법칙에 따르면, 전기를 띤 물체가 원을 그리며 운동하면 에너지를 방출해야만 했습니다. 하지만 전자가 원자핵 주변의 궤도에서 끊임없이 에너지를 방출한다면, 전자의 에너지는 아주 짧은 시간 안에 소모될 것입니다. 그렇게 되면 전자는 마치 연료가 떨어진 비행기처럼 추락하고 말 것입니다. 전자가 점점 나선형으로 원자핵 쪽으로 돌다가 순식간에 원자핵과 충돌하게 되는 것이죠

분명히 그런 일은 일어나지 않습니다. 그렇지 않았다면 우리는 아마 여기 있지 못했을 테니까요. 하지만 전자는 어떻게 그럴 수 있는 걸까요? 거기에 닐스 보어는 이렇게 생각했습니다. 어쩌면 자연은 원자핵 주위에 아주 특정한 전자의 궤도만 허용하고, 그 어떠한 다른 궤도는 물리적으로 금지되어 있는지도 모른다고 말이죠.

만약 전자가 파동의 속성을 가지고 있다는 것을 알고 있으면, 이러한 가

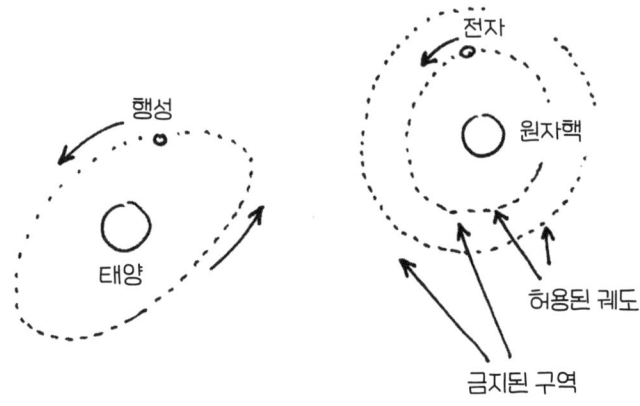

설이 근거를 가질 수 있습니다. 그러면 원자핵 주위의 원형 전자 궤도에 파동은 어떤 모양인 것일까요? 우리는 어딘가를 시작점으로 선택하고 파동을 하나의 선으로 시작하는데, 이 궤도를 한 바퀴 돌고 나면 파동의 끝은 파동의 시작 부분으로 자연스럽게 연결이 되어야만 합니다. 파동의 가장 높은 봉우리에서 시작을 했다면, 한 바퀴를 돌고 난 후에는 파동의 가장 낮은 골짜기 부분에 도달할 수 없는 것입니다. 그렇지 않으면 그 전자파는 그 시점에서 고유한 값을 갖지 않고 두 개의 다른 값을 갖게 되기 때문입니다.

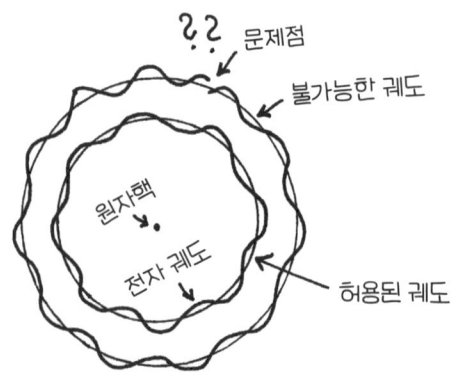

이 말은 원자핵 주위를 도는 궤도가 정확히 한 개의 정수 파장에 맞아야 한다는 것을 의미합니다. 원형 궤도는 한 파장, 두 파장, 혹은 27파장일 수도 있지만 2.4파장은 절대 될 수 없는 것이죠. 아주 특정한 길이를 가진 아주 특정한 궤도만 허용되는 것입니다. 따라서 전자 궤도의 길이는 양자화되어 있다고 말할 수 있는 것이죠.

하지만 태양을 공전하는 행성은 완전히 다릅니다. 여기서는 파장에 대해 걱정할 필요가 없는 것이죠. 이론적으로는 화성을 태양으로부터 조금 더 멀리 옮긴다 하더라도 화성은 물리적으로 허용되는 궤적을 유지할 수 있습니다. 하지만 전자의 경우에는 궤도를 아주 조금이라도 움직이는 것이 절대 불가능하다고 닐스 보어는 주장했습니다. 허용된 전자 궤도 바로 옆에는 금지된 구역이 있고, 그 구역을 지난 다음 어느 시점에서 그다음 전자의 허용된 궤도가 나타난다는 것이죠. 그렇기 때문에 전자는 점점 끝없이 줄어드는 나선형을 그리며 원자핵 속으로 뛰어 들어갈 수 없는 것입니다. 기껏해야 허용된 궤도에서 다른 궤도로 갑자기 도약할 수 있을 뿐입니다. 이를 '양자 도약'이라고 합니다.

이러한 원자 모형은 당시에는 혁명적인 것이었습니다. 닐스 보어는 이 모형을 이용해 원자가 왜 아주 특정한 파장의 빛만 방출하거나 흡수할 수 있는지를 훌륭하게 설명했습니다. 전자를 허용된 궤도에서 그다음 높은 단계의 허용된 궤도로 이동시키기에 적절한 파장의 정확한 빛 광선을 원자에 비추면, 이 빛줄기의 광자가 흡수되어 전자는 궤도를 변경하는 데 필요한 에너지를 받게 됩니다. 하지만 전자 궤도 전이와 일치하지 않는 다른 파장의 빛 광선을 원자에게 비추면 아무 일도 일어나지 않습니다. 전자는 그 광자로는 아무것도 할 수 없는 것이죠.

반대로 이 모델에 따르면 원자는 광자를 방출할 수도 있습니다. 전자가 고에너지 궤도에 있다가 자발적으로 저에너지 궤도로 이동하면, 과잉 에너

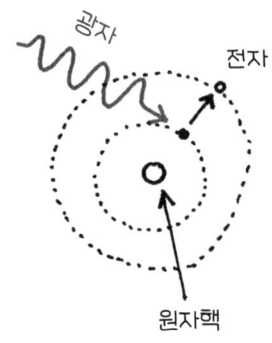 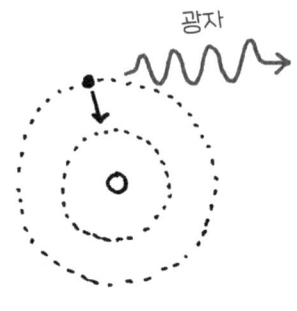

지를 제거해야 합니다. 이때 광자를 방출하는 것으로 가능해지는 것이죠.

  이 단순한 원자 모형은 아주 아름답고 굉장히 유용하기까지 합니다. 다만 문제가 있다면 이것이 사실이 아니라는 것뿐이죠. 보어의 원자 모형은 사실 굉장히 조잡하고 불완전한 것입니다. 솔직히 말해 실제 현실과도 굉장히 동떨어져 있는 것이기도 합니다.

  닐스 보어의 개념적 이미지에서 전자는 파장을 가지고 있지만, 사실 파동이 아닙니다. 음파를 예를 들어 보면 알 수 있습니다. 음파는 공간 전체로 퍼져 나가지 않고, 행성처럼 정확하게 정해진 원 안에 단단히 머물러 있습니다. 이것은 현실의 대략적인 추정일 뿐이죠. 게다가 보어의 원자 모형으로는 해답을 찾지 못하는 중요한 질문들이 많이 있습니다. 예를 들면 두 원자가 화학적 결합을 할 때, 그때 전자는 어떻게 되는가 하는 질문 같은 것들이죠.

  보어 원자 모형은 원자가 전자를 하나만 가질 때 의미 있는 결과를 도출합니다. 수소 원자가 바로 그런 경우입니다. 그러나 여러 전자를 동시에 고려한다면, 보어 원자 모형은 바로 무너져 버립니다.

양자, 현실세계의 픽셀

보어의 원자 모형이 비록 완벽하지는 않더라도, 우리에게 놀라운 통찰력을 보여 줍니다. 그것은 어떤 물리적 양은 때로 아주 구체적인 값만 가질 수 있다는 것을 말입니다. 보어 원자 모형에서 전자 궤도는 아주 특정한 길이만 가질 수 있고, 그 외의 모든 것은 금지되어 있습니다. 원자가 흡수하거나 방출할 수 있는 에너지의 허용량도 매우 한정되어 있으며, 그 이외의 것은 전부 불가능합니다.

사실 이것은 굉장히 이상한 개념입니다. 우리는 보통 자연의 크기가 원하는 대로 끊임없이 변할 수 있다는 개념에 익숙하기 때문이죠. 축구공은 초당 7m, 때로는 초당 7.5m, 혹은 그 중간의 어떠한 속도로도 공중을 날 수 있습니다. 토마토는 정원에서 끊임없이 자랍니다. 어제 37g이었던 토마토가 오늘 41g이었다면, 언젠가는 그 사이의 모든 값에 도달했을 것입니다. 자연은 훌쩍 뛰어넘지 않습니다. 적어도 우리는 그렇게 생각했습니다. 하지만 막스 플랑크와 닐스 보어는 그것이 그렇게 단순하지는 않다는 것을 보여주었습니다. 어떤 물리량은 양자화되어 있다는 것을 말이죠.

양자화 현상은 작은 입자의 세계에서 지속적으로 나타납니다. 예를 들어 작은 추시계의 진자처럼 앞뒤로 흔들리는 단일 원자에 무슨 일이 일어나는지를 생각해볼 수 있는 것입니다. 여기에서도 분명해지는 건, 아주 특정적인 진동만 허용되고 또 아주 특정적인 진동 에너지만 허용된다는 점입니다. 아니면 입자를 사방이 완전히 막힌 작은 상자에 가두고, 그 안에서 입자가 어떻게 움직이는지를 계산해볼 수도 있습니다. 그러면 분명히 알게 됩니다. 입자에는 아주 특정한 속도만 허용되고, 그 어떠한 다른 속도는 수학적으로 절대 불가능하다는 사실을 말입니다.

어떠한 물리적 양이 양자화가 되면, 방의 온도가 천천히 가열되거나 수영장의 수위가 천천히 채워지는 것처럼 연속적으로 상태가 변할 수 없습니다. 보통 이전에 수영장이 비어 있었다가 지금은 물로 가득 차 있다면, 그 사이 언젠가는 물이 절반쯤 찬 순간이 있었을 겁니다. 반면에 양자화된 양은 허용 가능한 값에서 다른 값으로 급격히 변하며, 그 사이의 값을 가정할 필요가 없습니다. 그 양은 아주 특정한 단위에서만 변합니다. 바로 양자 단위로 말이죠. 이러한 발상에서 바로 '양자 이론'이 생기게 되었습니다.

  전기를 띠고 있는 것 역시 양자화된 것입니다. 이는 항상 개별 입자의 속성으로 나타나기 때문에 이해하기 쉽습니다. 즉 전자는 음전하를 띠고 양성자는 양전하를 띠고 있죠. 전자 7개를 빼낸 원자는 7배의 양전하를 띱니다. 전자 19개를 넣은 상자는 19배의 음전하를 띱니다. 하지만 이 세상에는 12.4배의 전하를 띠거나 2의 제곱근($\sqrt{2}$)의 전하를 띠고 있는 것은 존재하지 않습니다.

  하지만 '양자'라는 개념이 반드시 입자의 수와 관련이 있는 것은 아닙니다. 그저 단지 더 일반적인 개념일 뿐인 것이죠. 우리가 '양자'를 이야기할 때는 '에너지 양자'를 의미하는 것일 수도 있습니다. 입자의 회전 운동량도 양자화될 수 있습니다. 심지어는 입자가 회전하는 원형 궤도의 길이도 양자화될 수 있습니다. 일반적인 의미에서 '양자'라는 용어는 단순히 자연의 분할성을 설명하는 개념입니다.

연속적인 세계라는 환상

하지만 자연이 분할되어 있다면, 왜 일상생활 속에서는 그렇게 연속적이고 부드럽게 보이는 것일까요? 상자 속의 전자가 특정한 속도에만 도달할 수 있다면, 왜 우리는 신발상자 속에서 테니스공을 굴리면서 우리가 원하는 속도를 낼 수 있는 것일까요? 만약 원자 단위의 진자가 아주 특정한 진동만 할 수 있다면, 왜 우리는 줄에 매달린 쇠구슬을 흔들리게 할 수도 있고 원하는 만큼 크게 진동하게 할 수도 있는 것일까요?

엄밀히 말하면, 이 모든 것은 그저 환상일 뿐입니다. 양자물리학 공식을 사용하여 쇠구슬의 진자 운동을 계산해보면, 실제로 이 경우에도 역시 아주 특정한 진동만이 허용된다는 것을 알 수 있습니다. 그 사이사이의 모든 에너지 값은 물리적으로 불가능합니다. 서로 너무 가까이 있는 에너지 값이 너무 많아서, 우리가 아예 구분을 할 수 없는 것입니다. 우리는 일반적인 방법으로는 쇠구슬의 에너지를 그렇게 정밀하게 측정하지 못하기 때문에, 그 양자화를 알아차릴 수 없는 것이죠.

우리는 양자를 알아차리지 못합니다. 이것은 양자가 너무 작기 때문입니다. 다시 말해 우리 인간이 너무 크기 때문에, 일상생활에서 특정 물리량이 연속적이지 않고 어느 한 특정 부분에만 존재한다는 사실을 알아차리지 못하는 것입니다. 이것은 마치 TV나 모니터 화면을 보는 것과 같습니다. 화면을 아주 가까이 다가가 자세히 살펴보면 이미지가 픽셀, 즉 작은 네모 박스로 구성되어 있다는 것을 알 수 있습니다.

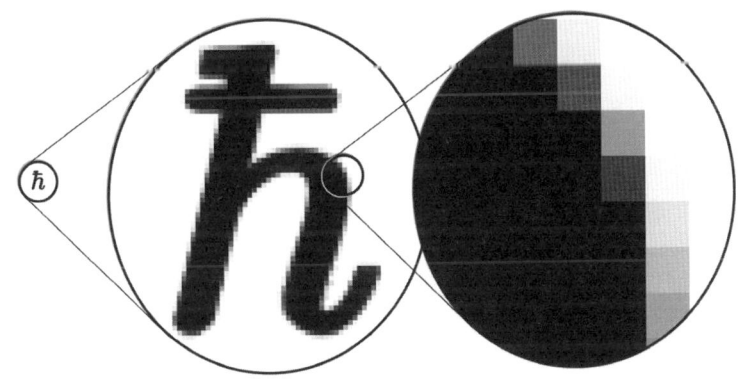

화면의 그림을 이루는 것은 2픽셀, 3픽셀, 또는 712픽셀까지 다양할 수 있지만, 4.5픽셀은 가능하지 않습니다. 그 화면의 그림에서 1픽셀보다 더 작은 세부 정보를 찾는 것은 아무 의미 없는 일입니다. 오직 온전한 픽셀만 화면에 존재하는 것이 가능한 것이죠.

하지만 어느 정도 거리를 가지고 화면을 바라보면 이러한 것을 전혀 느낄 수 없습니다. 이미지는 아주 매끄럽고 부드러워서 전혀 끊어지는 것 없이 보입니다. 즉 '이미지 양자'라고 부를 수 있는 그 픽셀들은 우리에게는 너무 작아서 중요하지 않습니다. 하지만 그것들은 분명히 존재합니다. 물리학의 양자처럼 말이죠.

하이젠베르크의 불확정성 원리

이러한 굉장히 작은 규모에서만 명확하게 드러나는 또 다른 중요한 원리는 하이젠베르크의 불확정성 원리입니다. 이는 그 어떠한 정밀함으로도 측정할 수 없는 특정한 물리적 양이 있다는 것을 알려줍니다.

예를 들어 입자의 위치와 운동량(또는 속도)을 동시에 정확하게 아는 것은 불가능합니다. 입자의 위치나 운동 속도를 정확히 알 수 있지만, 그것을 '동시'에 알 수는 없는 것입니다. 우리가 위치를 더욱 정확하게 알게 되면 운동량에 대한 정보의 부정확성이 더욱 커지게 되는데, 이것은 그 반대의 경우에도 마찬가지입니다. 유감스럽게도 불확정성의 원리는 종종 잘못 이해되고는 합니다. 베르너 하이젠베르크가 자신의 불확정성 원리를 오늘날의 관점에서 보면 다소 혼란스러운 방식으로 공식화했기 때문입니다. 아마 그는 그 당시에는 자신의 발견이 얼마나 중요한 것인지를 완전히 인지하지 못했을 것입니다.

기본 개념은 간단합니다. 아주 작은 입자가 있고 그 위치를 최대한 정확하게 측정하고 싶다고 가정해보겠습니다. 이를 측정하기 위해, 예를 들어 어느 한 지점에 아주 정밀하게 초점을 맞춘 광선을 사용할 수도 있습니다. 우리가 입자를 찾을 때까지 빛줄기를 움직이면 입자는 약간의 빛을 반사할 것이고, 그러면 입자가 정확히 어디에 있는지 알 수 있게 됩니다. 이것을 두 번 연속 빠르게 하면, 입자가 그 사이에 얼마나 이동했는지를 측정하고 속도를 계산할 수 있습니다(운동량도 마찬가지입니다. 운동량은 속도에 입자의 질량을 곱한 값입니다. 여기서는 이미 질량을 알고 있다고 가정합니다).

그런 실험 뒤에 우리는 입자의 위치를 얼마나 정확하게 측정한 것일까요? 이는 광선에 달려 있습니다. 광선을 $1\mu m$(마이크로미터) 범위에 집중시키면 측정 시점에 입자의 위치를 $1\mu m$(마이크로미터) 이내로 알 수 있습니다. 만약 이것으로 충분하지 않다면, 광선을 더욱 정밀하게 집중시켜야 하는 것입니다.

하지만 여기서 한계에 부딪힙니다. 우리는 빛의 파장보다 훨씬 작은 지점에 빛줄기를 집중시킬 수 없습니다. 마치 1m 너비의 파도를 물잔에 가둘 수 없는 것과 같은 것이죠. 입자의 위치를 더욱 정확하게 측정하려면 더 파장이 짧은 빛을 사용해야 합니다.

예를 들어 가시광선을 단파장 X선이나 더 짧은 파장의 감마선으로 대체할 수 있습니다. 파장이 짧을수록 광선을 더욱 잘 집중시킬 수 있고 측정 정확도도 더 높아집니다. 하지만 파장이 짧을수록 에너지는 더 높습니다. 입자에 X선이나 감마선을 충돌시키면, 매우 높은 에너지의 광자가 입자와 충돌하게 되는 것입니다. 이는 필연적으로 입자에 에너지를 전달하고 입자의 속도를 크게 변화시키게 됩니다.

이제 우리는 딜레마에 빠지게 됩니다. 장파장 빛을 사용하면 입자의 운동량을 거의 방해하지는 않지만, 그 위치만 대략적으로 알아낼 수 있을 뿐

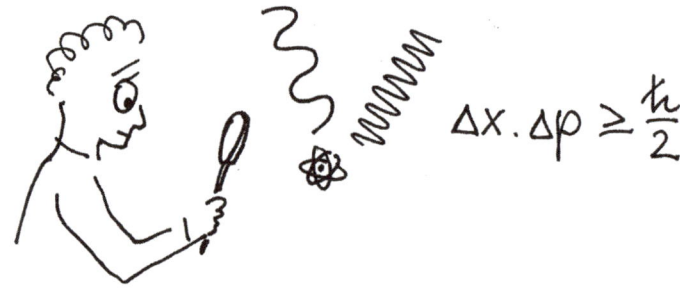

완전히 정확하게 측정하는 것은 가능하지 않습니다. 적어도 위치와 운동량을 동시에 측정하는 것은 불가능합니다. 위치 불확정성과 운동량 불확정성을 수학적으로 정확하게 기술하면 다음과 같이 증명할 수 있습니다. 둘을 곱하면 0보다 큰 값이 나옵니다. 이것이 하이젠베르크의 불확정성 원리입니다. 하나의 불확정성이 작아질수록 다른 불확정성은 커져야 합니다. 만약 하나가 정확히 0이라면, 다른 하나는 이론적으로 무한히 커야만 합니다.

입니다. 아니면 짧은 파장의 빛을 사용하면 입자의 위치를 정확하게 알아낼 수 있지만, 측정을 하는 동안 운동량이 완전히 바뀌기 때문에 운동량은 알 수 없게 됩니다.

따라서 베르너 하이젠베르크는 입자의 위치나 운동량 중 하나를 정해 그것을 정확히 측정할 것인지, 아니면 적어도 둘 다 어느 정도는 정확하게 알 수 있는 절충안을 선택할 것인지를 결정해야 한다고 설명했습니다.

휘파람과도 같은 하나의 입자

이러한 추론은 혼란스러운 것이죠. 위치와 운동량의 불확정성은 단지 측정의 결과인 것처럼 들리기도 합니다. 측정을 통해 입자의 상태가 변하지 않고는 입자를 측정할 수 없으므로 측정이 왜곡되기도 하죠. 어쩌면 희망이 있을 수도 있습니다. 더 영리하고 간편한 측정법을 생각해내고, 그러면 문제를 해결할 수 있을지도 모르니까요.

하지만 불가능합니다. 불확정성 원리는 측정 과정에서 입자의 위치나 운동량이 변한다는 사실에서 비롯되는 것이 아니라, 입자 자체에는 이러한 정보가 없다는 사실에서 시작되는 것이기 때문입니다. 위치와 운동량은 동시에 서로 독립적으로 존재할 수 없습니다. 위치를 정확하게 측정한다고 해서 운동량이 정확하게 고정된 것이 아니고, 운동량을 측정한다고 해서 위치도 정확하게 고정된 것이 아닙니다. 우리가 잘못 측정하거나 뭔가를 놓쳤기 때문이 아니라, 자연 그 자체에 그러한 정보가 없기 때문입니다.

좀 이상하게 들리겠지만, 모든 입자가 파동이라는 사실에서 아주 간단하게 추론할 수도 있습니다. 입자는 어디에 있을까요? 물론 높은 파동을 생성하는 곳입니다. 그리고 입자의 속도는 얼마나 될까요? 루이 드 브로이에 따르면, 입자의 운동량은 파장에 따라 달라집니다. 파장이 짧을수록 더 빨리 움직이는 것이죠.

입자의 위치를 가장 정확하게 파악하려면 파동이 어떤 모양이어야 할까요? 그것을 가장 잘 알아내려면 파동이 가능한 한 좁은 하나의 높은 봉우리로만 구성되어 있고 나머지는 모두 0일 때 가장 효과적으로 알 수 있습니다. 하지만 그러한 파동의 파장은 무엇일까요? 그것을 정의할 수는 없습니다. 이러한 경우 단일 파장에 대해 의미 있는 것을 이야기할 수 없는 것이죠. 다만 수학적으로는, 그러한 파동이 실제로 아주 작은 것부터 아주 큰 것까지 무한한 수의 파장으로 동시에 구성되어 있음을 증명하는 것은 가능합니다.

그렇다면 파동의 운동량을 가장 정확하게 측정하려면 파동은 어떤 모습이어야 할까요? 이것 또한 명확합니다. 매끄럽고 규칙적인 파동이어야 하며, 정확히 같은 거리에 많은 봉우리와 골짜기가 존재해야 합니다. 하지만 그러한 파동은 공간 전체로 퍼져 나가게 되므로 입자는 동시에 모든 곳에 존재하게 되며, 따라서 그 위치를 정확하게 말할 수 없게 됩니다.

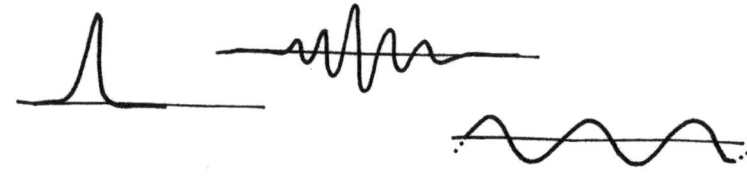

위에 나오는 각각의 파동은 모두 다른 의미가 있습니다. 왼쪽의 파동은 위치가 매우 명확합니다. 따라서 여기서는 '파장'이라고 할 수 없습니다. 오른쪽의 규칙파는 파장을 명확하게 측정할 수 있지만, 넓은 영역에 걸쳐 퍼져 있어 정확한 위치를 알 수 없고, 또한 동시에 모든 곳에 존재합니다. 중간에 있는 파동은 두 극단의 절충안으로, 위치와 파장이 다소 모호합니다.

   우리는 음향학에서도 매우 유사한 현상을 알고 있습니다. 길게 이어지는 휘파람은 여러 개의 규칙적인 진동으로 이루어져 있습니다. 이를 통해 음높이, 즉 음향파의 주파수를 아주 쉽게 결정할 수 있습니다. 그런 음표로 구성된 멜로디는 쉽게 따라 부를 수 있습니다. 하지만 총소리는 어떨까요? 굉음이 매우 짧기 때문에 길게 끄는 휘파람 소리와 달리, 타이밍을 매우 정확하게 잡을 수 있죠. 하지만 그 폭발음은 음높이(주파수)가 어떨까요? 어떤 피아노 건반에 해당하는 걸까요? 그건 알 수 없습니다. 폭발음은 일반적인 음파로 이루어져 있지 않고, 정해진 파장이 없습니다. 이를 '음높이(주파수) - 시간 불확정성'이라고 부를 수 있는데, 이론적으로는 하이젠베르크의 '위치 - 운동량 불확정성'과 정확히 같습니다.

   물론 우리 일상생활에서 하이젠베르크의 불확정성 원리는 그 어떤 영향도 주지 않습니다. 보통 불확정성 원리가 방해할 만큼 사물을 정밀하게 사물을 측정할 수 없기 때문이죠. 숲에서 버섯을 찾을 때, 본의 아니게 버섯의 위치를 너무 정확하게 파악해 속도가 흐릿해지고 버섯이 쏜살같이 사라지는 일은 일어나지 않습니다. 자전거를 잠금장치로 잠글 때도 속도를 너무 정확하게 0으로 고정해서 공간적 불확실성이 무한대로 커져서 다시는 자전거를 찾을 수 없게 되는 일도 일어나지 않는 것이죠.

양자 도약이란 무엇인가?

양자는 우리 일상생활에서 거의 사용되지 않지만, 흥미롭게도 '양자 도약'이라는 단어는 우리 일상에서 확고한 자리를 차지하고 있습니다. "이건 정말 양자 도약과도 같아!" 이 말은 누군가 위대한 업적을 달성했을 때 흔히 듣고는 하는 말이죠. 새로운 철도 노선은 지역 교통에 있어서 양자 도약과도 같은 일이고, 새로운 하수 처리 시설은 지역 하수 시스템에 있어서 양자 도약이며, 세제 개혁은 국가 전체에 있어서 양자 도약과도 같은 것이죠.

하지만 어떤 사람들은 이러한 표현을 이상하고 우스꽝스럽게 여기기도 합니다. '양자 도약'이라는 용어를 그렇게 사용하는 사람은 사실 아무것도 모르는 겁니다. 양자 도약은 사실 굉장히 크거나 중요한 것이 아니라 아주 작은 것입니다. 때때로 양자 도약은 어떤 상태에 있어서 가장 작은 변화에 불과합니다. 그런 현상을 이렇게나 큰 것에 비유하는 데 사용하는 것은 완전히 잘못된 일이 아닌가요?

꼭 그런 것은 아닙니다. 물론 실험실에서 관찰된 대부분의 양자 도약은 매우 미미한 움직임입니다. 전자가 허용된 궤도에서 다른 궤도로 이동할 때, 원자핵과의 거리는 일반적으로 1nm(나노미터) 미만으로 변화하는 것에 불과합니다. 하지만 반드시 모두 그런 것은 또 아닙니다. 원칙적으로는 아주 거대한 양자 도약도 가능하기 때문이죠. 우주 공간의 별과 별 사이 진공의 공간 속 어딘가에는, 전자가 핵에서 아주 멀리 떨어져 있는 외로운 원자들도 가끔 있습니다. 따라서 이론적으로 양자 도약은 훨씬 더 클 수 있습니다(비록 이런 일이 거의 일어나지 않긴 하지만 말이죠). 작다는 것은 양자 도약의 결정적인 특징 중 하나가 아닌 것입니다.

양자 도약의 본질은 우리에게 익숙한 일상적인 현상들, 예를 들어 뜨거운 수프가 계속 식어가는 것, 전차가 점점 빨라지는 것, 토마토가 계속 자라는 것처럼 무엇인가가 연속적으로 발생하지 않는 변화라는 점입니다. '양자 도약'이라는 단어는 갑작스러운 일이 일어나는 것을 표현하는 데 사용합니다. 즉 중간에 어떤 일정한 상태를 가정하지 않고, 하나의 상태에서 갑자기 다른 상태로 바뀌는 것입니다.

이런 관점에서 보면 양자 도약은 실제로 정치, 사업 또는 삶의 다른 분야에서의 큰 혁신을 나타내는 데 사용하는 잘못된 나쁜 비유가 아닙니다. 어떠한 상태를 오랜 시간 들여 한 방향으로 천천히 바꾸는 것이 아니라 한 번에 급격하게 바꾸는 일이 있다면, 그것을 '양자 도약'이라 부르지 말아야 할 이유는 이제 없겠죠?

Chapter **4**

새로운 종류의 우연

왜 전자는 체리가 아니며, 왜 입자파가 붕괴하며,
왜 양자 이론이 완전히 새로운 방식의 우연성을 도입하는 것일까?
우리는 단지 확률을 계산할 수만 있을 뿐,
측정의 실제 결과는 예측할 수 없습니다.

1925년 양자 이론을 완전히 바꿔놓은 것은 새로운 실험이 아니라, 휴가로 떠난 두 번의 여행이었습니다. 베르너 하이젠베르크는 원자에 관해 생각을 정리하기 위해 독일 북해에 있는 휴양지 헬골란트로 갔고, 에르빈 슈뢰딩거는 스위스 알프스로 가서 그 유명한 슈뢰딩거 방정식을 생각해냈습니다.

어떤 의미에서 양자역학은 당시에는 아직 완전히 발달한 이론이 아니었습니다. 파동-입자, 입자-파동의 이상한 이중적 특성에 대한 이해가 어느 정도 이루어졌고, 몇 가지 유용한 공식도 발견되었지만, 이 모든 것을 고려한다 하더라도 여전히 전체적인 그림을 파악하기에는 여전히 무리였죠. 양자 이론에 대한 명확한 수학적 설명, 즉 양자 실험의 결과를 확실하게 계산할 수 있는 공식이 부족한 상황이었습니다.

당시 베르너 하이젠베르크는 겨우 스물 세 살이었지만 이미 박사 학위를 마치고 괴팅겐대학에서 막스 보른(독일 출신의 물리학자로 양자역학의 수학적 기초를 정리한 공으로 1954년에 노벨물리학상을 받았다) 아래에서 일하고 있었습니다. 1925년 봄, 하이젠베르크는 심한 꽃가루 알레르기에 시달렸습니다. 얼굴이 부어오르고 일을 하기 힘든 상태가 되었던 것이죠. 그래서 보른은 그를 북해의 섬인 헬골란트로 보냈습니다. 헬골란트는 특히 꽃가루 수치가 낮아 알레르기 환자가 휴식을 취하기에 이상적인 곳이었죠.

실제로 하이젠베르크는 거기서 상태가 많이 나아졌습니다. 그래서 그는 원자에 대한 수학적 이론을 찾기 시작한 것이죠. 그는 실제로 관찰할 수 있는 것만 자신의 이론에 포함시키기로 결정했습니다. 하이젠베르크는 입자의 정확한 궤적을 실제로 관찰할 수 없다면, 그러한 궤적은 자신이 세운 이론의 수학적 공식에 나타나서는 안 된다고 생각했습니다.

원자가 흡수하거나 방출할 수 있는 에너지를 측정하는 것은 가능합니다. 그래서 하이젠베르크는 이러한 에너지 전이에 대해 특이하고 다소 복잡한 계산 체계를 만들어낸 것이죠. 그는 숫자를 무한 행렬, 즉 무한한 행과 무한한 열을 가진 숫자표로 작성했습니다. 이 무한히 큰 숫자들을 가지고 계산을 해야 하는 일이 쉽지는 않았지만, 가능한 일이었죠.

어느 날 저녁 하이젠베르크는 이러한 과정에 대해 충분한 이해를 마치고, 이 수식에 대한 결정적인 테스트를 실시했습니다. 하이젠베르크는 자신의 추론이 옳다면 그의 무한한 행렬은 에너지 보존 법칙을 따라야 한다고 믿었습니다. 즉 원자에 무슨 일이 일어나더라도 총 에너지는 증가하거나 감소해서는 안 되는 것입니다.

인내심을 가지고 그는 무한한 수의 구조를 사용하여 에너지 보존 법칙을 아주 꼼꼼하게 계산했습니다. 첫 단계에 불과했지만, 그 단계를 거친 값은 굉장히 희망적으로 보였습니다. 하이젠베르크는 너무 흥분해서 계속 실수를 했고, 완전한 결과는 거의 새벽 3시가 다 되어서야 만날 수 있었습니다. 에너지 보존 법칙은 정말로 그의 무한수 표에서 완벽한 결과로 도출되었던 것입니다. "나는 원자 현상의 표면을 통해 이상하고 아름다운 깊은 땅을 들여다보는 듯한 느낌을 받았다." 나중에 하이젠베르크는 이렇게 감상을 적었습니다.

새벽이 밝아오자 하이젠베르크는 바닷가로 걸어갔습니다. 그리고 바닷가에 있는 탑에 올라가 기쁨에 가득 찬 상태로 해가 뜨는 것을 바라보았습니다.

하지만 하이젠베르크의 '행렬역학'으로 알려진 이 새롭고도 낯선 계산 방식을 보고 기뻐하는 사람은 그리 많지 않습니다. 에르빈 슈뢰딩거는 이를 몹시 불만스럽게 생각한 물리학자 중 한 명이었습니다. 그는 하이젠베르크의 계산 방식이 틀렸다고 생각하지는 않았지만, 힘들고 직관적이지 않으며 비실용적이라고 생각했습니다. 슈뢰딩거는 "어린 학생에게 원자의 진정한 본질을 행렬 미적분으로 설명해야 한다는 일은 생각만 해도 몸서리가 쳐진다"라고 썼습니다.

슈뢰딩거의 파동함수

슈뢰딩거의 소망은 간단한 것이었습니다. 양자 입자가 파동의 형태로 해당 영역을 이동한다면, 이 이동을 계산할 수 있는 파동 방정식이 있어야 한다는 것이었죠. 이러한 파동 방정식은 다른 파동, 예를 들어 음파나 빛의 파동에 대해 적용되는 공식은 이미 오래전부터 알려져 있었습니다. 그러나 입자파의 정확한 모양을 계산하는 데 사용할 수 있는 파동 방정식은 아직 없었습니다.

당시 38세였던 에르빈 슈뢰딩거는 하이젠베르크보다 훨씬 나이가 많았습니다. 오스트리아 빈 출신이었던 그는 당시 취리히대학교에서 연구를 하는 중이었죠. 그러다가 1925년 크리스마스 휴가를 맞아 슈뢰딩거는 스위스 알프스의 스키 리조트인 아로사로 휴가를 떠났습니다. 하지만 휴가 중 스키를 즐기는 것보다는 양자 입자의 파동 방정식을 찾는 데 더 많은 관심이 있었습니다.

슈뢰딩거는 양자 입자의 파동 방정식이 다소 특이한 형태의 방정식이어야 한다는 것을 깨달았습니다. 이 방정식은 수학적으로 낯선 해답을 내놓았습니다. 마치 파동처럼 마이너스 1(-1)의 제곱근인 허수 단위 i로 설명할 수 있는 복소수로만 설명될 수 있는 정답들이 나온 것입니다. 물리학의 다른 분야에서는 대부분 이러한 현상이 거의 발생하지 않습니다. 물리학에서는 음수의 제곱근을 구하는 것이 일반적으로 금기시되어 있습니다. 전차의 속도를 계산할 때 음수의 제곱근을 구해야 한다면, 어딘가에서 큰 계산 실수를 했다는 것을 알아차릴 수 있는 것이죠.

하지만 슈뢰딩거는 자신의 계산이 수학적으로 매우 이상해 보였음에도 불구하고, 올바른 길을 가고 있다고 확신했습니다. "내가 수학을 조금만 더 잘할 수만 있다면 얼마나 좋을까!" 그는 이런 편지를 친구에게 보냈습니다. "나는 몹시 낙관적으로 이 일을 보고 있어. 그리고 내가 계산에만 좀 더 익숙해진다면 정말 좋은 결과가 올 것이라 생각해."

실제로 정말 좋은 결과가 나왔습니다. 갑자기 파동 방정식이 나타난 것이죠. 에르빈 슈뢰딩거는 이를 이용하여 수소 원자의 특성을 정확하게 계산했습니다. 닐스 보어가 단순한 '보어의 원자 모형'으로 이전에 이루었던 것보다 훨씬 더 일반적이고 상세한 방식으로 말입니다.

이것은 에르빈 슈뢰딩거가 그의 파동 방정식을 통해 세상에서 위대하고 진실한 무엇인가를 발견했다는 첫 번째 증거였습니다. 스위스 아로사에서

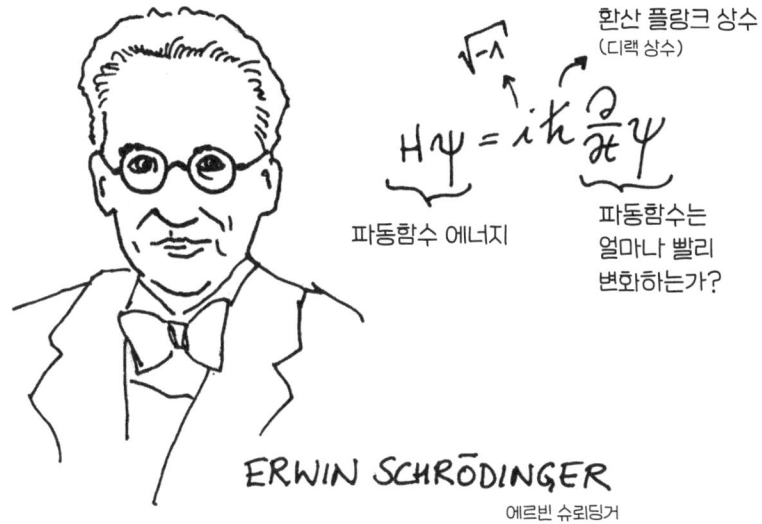

슈뢰딩거와 슈뢰딩거 방정식 ψ(프사이)는 파동함수의 기호입니다. 왼쪽의 ψ는 입자의 에너지를 나타냅니다. 오른쪽에는 i(마이너스 1의 제곱근), 환산 플랑크 상수 h, 그리고 파동함수의 시간적 변화를 나타내는 표현식이 있습니다. 슈뢰딩거 방정식은 입자-파동의 움직임을 알려주는 미분 방정식입니다.

이러한 획기적인 성과를 거둔 후, 그는 1926년에 4부로 구성된 「고유값 문제로서의 양자화(Quantisierung als Eigenwertproblem)」라는 제목의 아주 중요한 논문을 발표했습니다. 그의 입자에 대한 파동 방정식은 세계적으로 유명해졌으며, 오늘날 우리는 이를 "슈뢰딩거 방정식"이라 부릅니다.

하이젠베르크의 행렬역학은 근본적으로 맞는 것이었지만, 더 이상 원래 형태로 사용되지는 않습니다. 하이젠베르크의 아이디어를 수학적으로 더 명확하고 간단하게 표현하는 방법들이 발견되었기 때문이죠. 반면 슈뢰딩거 방정식은 오늘날에도 여전히 그때의 형태로 사용되고 있습니다. 양자 연구에서 슈뢰딩거 방정식은 마치 요리사에게 부엌칼이 필요한 것처럼, 페루 전통 플루트 연주자에게 페루 전통 플루트가 필요한 것처럼, 일종의 기본 조건이 되었습니다.

이것은 양자 이론의 새로운 시대를 열었습니다. 입자를 파동으로 간주해야 한다는 것은 이미 알려진 생각이었습니다. 이제는 입자파의 움직임을 정확하게 계산할 수 있는 수학적 도구가 등장한 것입니다. 슈뢰딩거 방정식을 풀면 소위 '파동함수'가 나옵니다. 슈뢰딩거는 이를 그리스 문자 ψ('프사이' 혹은 '사이'로 읽는다 - 옮긴이)로 표기했는데, 이 문자는 오늘날에도 여전히 널리 쓰입니다.

하지만 이것은 과연 어떤 의미일까요? 무엇이 여기서 진짜 파동을 만드는 것일까요? 음파는 공기의 진동이고, 수면파는 수면의 진동입니다. 하지만 슈뢰딩거의 입자파가 공기 중에 파동을 일으키면 무엇이 진동할까요? 사실, 아무것도 진동하지 않습니다. 입자파는 그 어떤 것의 진동이 아닙니다. 그 자체가 진동입니다. 전달되는 물질에 묶여 있는 것이 아니라 그저 존재하는 것입니다.

이 말은 이상하게 들릴 겁니다. 우리는 이런 파동함수를 어떻게 상상할 수 있을까요? 그리고 이 파동에 대한 물리적 해석은 어떤 것일까요?

전자는 체리가 아니다

어떤 공간의 각 지점에 특정한 온도 번호를 지정하여 그 공간의 온도 분포를 설명할 수 있는 것과 비슷한 방식으로, 공간의 각 지점에 특정한 전자파동의 번호를 지정하면 전자의 상태를 설명할 수 있게 됩니다. 슈뢰딩거 방정식은 이러한 공간의 어느 영역이 물결 모양을 하고 있는지, 그리고 또 어느 영역에서는 파동함수가 매우 작은 값만을 갖는지 알려줍니다.

만약 우리가 "지금 이 순간 내 전자는 어디에 있을까?"라고 묻는다면, 거기에 대한 정확한 답을 할 수는 없습니다. 우리가 확실히 말할 수 있는 건,

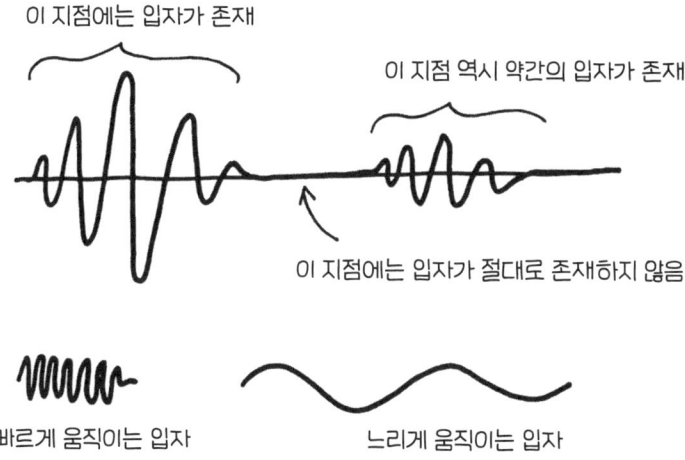

입자의 파동함수 입자파가 격렬하게 위아래로 출렁이는 경우, 입자를 측정할 확률이 매우 높습니다. 파동함수가 거의 0에 가까우면 입자는 측정되지 않을 가능성이 매우 높습니다. 입자의 운동량은 파장에 의해 결정됩니다. 따라서 파동함수로부터 입자가 특정 위치에 있을 확률뿐만 아니라 특정 운동량을 가질 확률도 도출할 수 있습니다.

전자는 파동함수가 강한 파동을 생성하는 곳이라면 어디에서나 발견된다는 것입니다. 전자는 전자의 파동함수가 0인 곳에서는 절대 발견되지 않습니다.

 일상적인 사물의 경우는 다릅니다. 예를 들어 체리의 위치는 매우 정확하게 정의할 수 있습니다. 체리가 있는 공간의 특정 위치가 존재하기 때문입니다. 그 체리는 우주의 다른 어느 곳에도 존재하지 않습니다. 체리는 그 공간에 체리 특성을 100% 지닌 영역이라고 할 수 있습니다. 체리의 가장자리에서는 체리 같은 특성이 갑자기 0으로 떨어지고, 그 주변은 체리가 없는 영역인 것이죠. 그 관점에서 체리의 우주는 체리이거나, 혹은 체리가 아닙니다. 부드러운 전이도 없고, 그 사이에 반쯤 체리인 영역도 존재하지 않습니다.

 하지만 전자는 불확정한 상태, 즉 공간에 분산된 속성을 가지고 있습니다

다. 어떤 공간에서는 상당히 전자적으로 움직이지만, 다른 곳에서는 그렇지 않습니다. 전자가 이중 슬릿을 통과할 때, 그 순간 전자가 왼쪽 슬릿을 통과하는지 오른쪽 슬릿을 통과하는지 알 수 없습니다. 두 영역 모두 전자가 똑같이 풍부하기 때문입니다. 그러나 공간에서의 전자 밀도는 바깥쪽으로 갈수록 감소합니다. 이중 슬릿에서 100m 떨어진 곳에서는 거의 정확히 0입니다. 따라서 전자는 분명히 그곳에 존재하지 않는 것입니다.

어떤 의미에서 전자는 체리 자체보다는 체리 향에 더 가깝다고 할 수 있습니다. 체리가 있는 방의 어떤 곳에서는 체리 향이 가득하며 진하게 맡아지고, 다른 곳에서는 체리 향이 희미하니까요. 체리에서 100m 떨어진 곳에서는 체리와 비슷한 냄새조차 더 이상 맡을 수 없을 거라고 확신합니다. 하지만 이 비교만으로는 본질을 완전히 포착할 수 없습니다. 체리 향이 구름처럼 방 안에 퍼져 나가더라도, 그 근원은 분명하고 국소적인 곳에 있기 때문입니다. 바로 체리이죠. 그리고 그 근원은 언제나 정확한 위치를 가지고 있습니다.

전자는 다릅니다. 공간적으로 분포된 '전자성'의 기원은 없습니다. 오직 공간적으로 분포된 전자성 그 자체만 존재합니다. 전자가 다른 곳보다 다소 더 많이 존재하는 곳이 있습니다. 그리고 이 분포된 전자성을 전자라고 하는 것입니다. 우리는 더 이상 이 문제에 대해 답할 수 없습니다. "입자는 실제로 어디에 있는 것인가요?"라는 질문에는 답이 없습니다. 마치 "숫자 4는 어떤 색을 가지고 있을까요?" 혹은 "모든 얼룩말이 액체라면 일요일의 무게는 얼마일까요?"라는 질문에 답이 없는 것처럼 말이죠.

확률 파동

하지만 전자를 측정하면 상황이 극적으로 달라집니다. 전자를 검출기에 쏘면 전자가 닿는 정확한 위치를 기록합니다. 그러나 이 검출기는 전자가 공간적으로 분포된 파동 이미지를 결코 제공하지 못합니다. 왼쪽에 전자가 조금 있고, 오른쪽에 전자가 조금 있는 것을 결코 발견하지 못할 것이기 때문입니다. 우리는 전자를 한 지점에서만 측정합니다. 다른 곳에서는 측정하지 않습니다. 하지만 전자가 체리 향처럼 흩어진 파동일 뿐이라면 어떻게 해야 하는 것일까요?

우리는 이미 알고 있습니다. 측정 자체가 바로 그 원인이라는 것을 말입니다. 측정은 필연적으로 전자의 상태를 방해합니다. 미시세계와 거시세계가 충돌하고, 입자파는 나머지 세계, 즉 측정 장치와 접촉합니다. 그리고 이것이 입자파를 근본적으로 변화시킵니다. 이전에는 전자가 넓은 공간을 파동 전자로 채웠을지 모르지만, 측정을 하면 그 결과에서 전자 분포가 갑자기 좁아집니다. 파동함수가 갑자기 단일 지점으로 축소되는 것입니다. 전자가 측정된 지점에서 파동함수는 이제 매우 높은 값을 가지게 되지만, 다른 모든 지점에서는 사실상 0이 됩니다. 넓은 파동이 하나의 좁은 봉우리가 되는 것이죠. 측정 과정에서 입자는 고유한 위치를 가지게 되는데, 이를 '파동함수의 붕괴'라고 합니다.

이는 파동힘수 자체를 완선히 변화시키지 않고는 직접 측정할 수 없다는 것을 의미합니다. 입자의 위치를 결정하는 순간 파동함수는 붕괴되고, 파

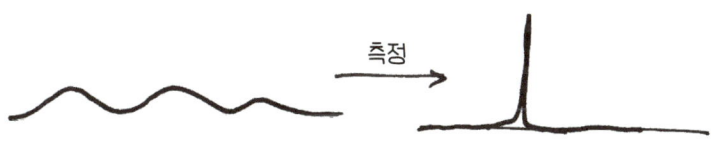

동과 같은 위치의 분포가 사라지며, 하나의 아주 특정한 지점으로 축소되는 것이죠.

이것은 처음에는 굉장히 불만족스러운 결과로 들립니다. 마치 마술사가 모자에서 살아있는 토끼를 꺼내는 것과 비슷하죠. 안타깝게도 아무도 보지 않을 때만 가능한 일이지만 말입니다. "신사 숙녀 여러분, 제 말을 믿으셔야 합니다! 여러분이 전부 눈을 감았을 때, 토끼는 정말 거기에 있었습니다. 정말이에요! 하지만 자세히 들여다보려고 하면, 안타깝게도 토끼는 보이지 않는 한 점으로 뭉개져 버립니다!"

아마도 이 마법사는 큰 인기를 끌 수 없을 것입니다. 우리는 파동함수에 대해서도 다음과 같은 질문을 던져야만 하죠. "측정할 수 없다면, 그것이 우리에게 무슨 소용이 있는 걸까요? 어쩌면 그것은 상상의 산물일 뿐일까요?" 아니, 그렇지 않습니다. 파동함수는 실제로 존재하며, 실험적으로 검증할 수 있는 명확한 논거를 제시합니다.

에르빈 슈뢰딩거가 파동 방정식을 발표한 직후, 막스 보른은 이것이 어떻게 작동하는지 설명했습니다. 보른은 슈뢰딩거의 파동함수를 단순한 확률 파동으로 해석할 것을 제안했습니다. 입자가 파동으로 입자검출기에 부딪히면, 검출기가 어느 지점에서 입자를 기록할지 알 수 없습니다. 하지만 파동함수는 각 지점에서 검출기가 정확히 그 위치에서 입자를 감지할 확률을 결정합니다. 수학적으로 표현하면, 각 지점에서 파동함수의 제곱을 계산하고 그 절댓값을 빼면 확률 분포를 얻을 수 있습니다.

그리고 이러한 확률 분포는 실험을 통해 검증할 수 있습니다. 적어도 실험을 한 번이 아니라 여러 번 한다면 말이죠. 많은 입자들이 정확히 같은 방식으로 차례로 방출되므로 매번 같은 파동함수를 가지게 되고, 동일한 확률 분포로 입자검출기의 다른 지점에 도착합니다. 매번 입자검출기는 아주 특정한 지점에서 입자를 기록하지만, 파동함수가 높은 영역에서는 파동함수가 거의 0인 영역보다 입자가 훨씬 더 자주 측정됩니다.

이것은 측정 중에 파동함수가 불가피하게 붕괴되더라도 그 효과는 여전히 연구가 가능하다는 것을 의미합니다. 파동함수를 계산한 뒤, 실험으로 검증하여 계산이 정확한지를 확인할 수 있다는 것이죠. 바로 이것이 과학의 핵심이라 할 수 있는 것입니다.

중첩 원리

이 모든 것은 입자의 위치뿐만 아니라 다른 모든 속성에도 적용됩니다. 입자의 에너지, 속도, 회전 등 무엇이든, 오직 측정만이 명확한 결과를 만들어 내는 것입니다. 측정 전에 입자는 여러 가지 측정 결과에 동시에 대응하는 상태에 있었을 수 있습니다.

이것은 양자 이론의 가장 중요한 기본 원리 중 하나입니다. 물리적으로 허용되는 상태가 여러 개라면, 원칙적으로(아무것도 측정되지 않는 한) 이러한 상태들의 그 어떠한 조합이라 할지라도 그것은 물리적으로 허용되는 상태에 있습니다. 이것을 '중첩 원리'라고 부릅니다.

입자가 이중 슬릿의 오른쪽이나 왼쪽 슬릿을 통과할 수 있을까요? 그렇다면 두 가지를 동시에 통과할 수도 있습니다. 원자 속이 전자는 매우 특징한 에너지 상태를 가질 수 있을까요? 그렇다면 이 상태들의 어떤 조합이든 존재할 수 있는 것입니다. 분자는 시계 방향이나 반시계 방향으로 회전할 수 있나요? 그렇다면 동시에 양방향으로 회전할 수도 있습니다. 이런 경우를 '양자 중첩' 또는 '중첩 상태'라고 합니다.

하지만 측정을 시작하는 순간, 이러한 현상은 멈춥니다. 측정 중에는 중첩 상태가 항상 붕괴됩니다. 양자 중첩 대신, 우리는 명확한 측정 결과를 얻습니다. 분자는 시계 방향 또는 반시계 방향으로 회전한다는 것이죠. 그러면 전자는 특정한 에너지 상태에 있거나 다른 에너지 상태에 있게 됩니다. 하지만 동시에 여러 상태에 있을 수는 없습니다.

측정은, 양자 물체가 가능한 측정 결과 중 하나를 선택하도록 강제합니다. 따라서 측정은 양자 물체에 대한 정보를 제공할 뿐만 아니라, 애초에 이 정보를 결정하기도 합니다.

이것을 인간의 무지와 혼동되어서는 안 됩니다. 양자 입자가 측정되기 전까지 동시에 여러 상태에 있을 수 있다고 말할 때, 그것은 단순히 입자가 어떤 상태인지 아직 모른다는 것을 의미하지 않습니다. 이 진술은 훨씬 더 광범위한 영향을 미칩니다. 그 결과는 고정되어 있는 것이 아니죠. 자연은 아직 결정을 내리지 못했습니다. 입자 자체는 자신이 왼쪽으로 날아가는지 오른쪽으로 날아가는지, 시계 방향으로 회전하는지 반시계 방향으로 회전하는지, 현재 어떤 에너지 상태에 있는지 알지 못한다고 할 수 있습니다. 우주는 이러한 정보를 제공하지 않습니다. 오직 측정을 통해서만 이 정보가 고정되는 것입니다.

슈뢰딩거 방정식은 이러한 중첩 상태를 계산하는 아주 훌륭한 방법입니다. 이를 통해 어떤 측정 결과가 어떤 확률로 발생할지 정확하게 알 수 있습니다. 하지만 슈뢰딩거 방정식은 이러한 여러 측정 가능한 결과 중 어떤 특정 측정이 실제 현실이 되는지는 알려줄 수 없습니다. 그것은 순전히 우연일 뿐이죠.

따라서 우리는 입자파의 행동을 완벽하게 예측하는 슈뢰딩거 방정식을 쓸 수 있습니다. 하지만 이는 측정이 이루어지지 않는 경우에만 가능합니다. 원칙적으로 슈뢰딩거 방정식은 측정 자체에 대해서는 아무것도 알려줄 수 없습니다. 왜냐하면 측정에는 어쩔 수 없이, 반드시 슈뢰딩거 방정식에 나타나지 않는 다른 입자(예: 측정 장치의 입자)가 포함되기 때문입니다.

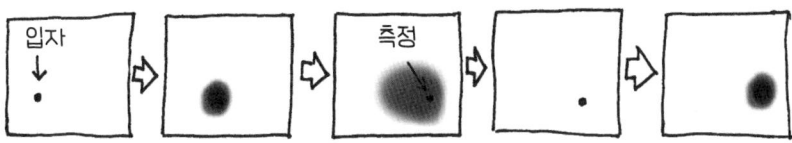

우리가 입자를 측정하면, 입자는 아주 특정한 위치에 있게 됩니다. 그런 다음 입자는 파동처럼 점점 더 넓은 공간으로 퍼져 나갑니다. 이것은 다음 측정이 이뤄져 입자의 위치가 다시 결정될 때까지 계속됩니다.

입자의 운명은 어떠한 측정과 그 사이 측정이 없는 기간으로 설명할 수 있습니다. 각 측정을 통해 입자의 상태가 고유하게 결정됩니다. 그리고 측정이 없는 때가 찾아옵니다. 이 단계에서 슈뢰딩거 방정식은 입자의 다음 움직임을 정확하게 예측합니다. 즉 방금 측정된 상태에서 다른 상태로 변할 수도 있고, 여러 가능성의 중첩이 나타날 수도 있으며, 시간이 지남에 따라 이러한 가능성 중 하나는 더 가능성이 높아지고 또 다른 하나는 더 가능성이 낮아질 수도 있습니다. 그러다가 어느 시점에서 다음 측정이 이루어지고 상태가 다시 결정되는 것입니다.

입자를 연구할 때 우리는 아주 이상한 상황을 만나게 됩니다. 입자가 측정되지 않는 단계에서는 슈뢰딩거 방정식을 사용하여 입자의 움직임을 매우 정밀하게 계산할 수 있지만, 입자를 관찰할 수는 없습니다. 반면 측정 중에는 입자의 상태를 정확하게 관찰할 수 있지만, 그 결과를 계산할 수는 없게 되는 것입니다.

측정의 순간은 세상에서 가장 뛰어난 방정식조차도 무슨 일이 일어날지 예측할 수 없는 순간이 됩니다. 바로 그 순간, 자연은 완전히 자의적으로 가능성을 선택합니다. 우리는 그것에 영향을 미치거나 예측할 수 없습니다.

고양이 분포 함수

그래서 때로는 확률 예측에 만족해야 합니다. 이것은 우리에게 완전히 새로운 일은 아닙니다. 우리는 일상생활에서도 확률 분포를 다루지만, 보통은 별 생각 없이 직관적으로 다룹니다. 고양이를 찾고 있다고 가정해보죠. 제가 아는 사실은 이렇습니다. '집이나 정원 어딘가에 있을 것이다. 분명 어딘가에 있을 것이다.' 바로 이런 것들이죠. 하지만 직접 보기 전까지는 추측만 할 뿐입니다. 아마 높은 확률로 소파에 있을 것이라 생각하기도 합니다. 고양이가 거기 눕는 것을 좋아한다는 것을 알고 있기 때문입니다. 타일 난로 뒤에 있을 가능성도 꽤 높습니다. 하지만 고양이가 앞마당에 있을 가능성은 거의 없습니다. 앞마당은 이웃집 고양이와 싸움이 생길까봐 피하는 장소이기 때문이죠.

이렇게 하면 머릿속에 '고양이 분포 함수'가 생성됩니다. 각각의 위치에 고양이가 존재할 가능성의 확률을 할당할 수 있는 것입니다. 제 머릿속에 있는 이 모델이 맞는지는 단 한 번의 관찰로 판단할 수 없습니다. 이번에는 빵 바구니에 있는 고양이를 찾을 가능성이 꽤 있습니다. 하지만 실제로는 고양이가 빵 바구니에 앉아 있을 수 없기 때문에 그 확률은 매우 낮아야 합니다.

하지만 만약 내가 고양이를 한 번만 찾는 것이 아니라 수백 번 찾아보고, 얼마나 자주, 어디에서 고양이를 발견했는지 기록한다면, 제가 처음에 생각했던 고양이 확률 분포가 옳은 것인지 아닌지를 알 수 있는 것입니다.

이는 입자의 위치에 대한 확률로 해석될 수 있는 슈뢰딩거의 파동함수와 거의 비슷한 것으로 들립니다. 하지만 여기서 주의해야 할 점이 있습니다. 이 둘은 근본적으로 다르다는 것이죠. 고양이의 경우, 어디에 있는지에 대한 확률을 이야기하는 것은 단지 제가 세상에 대한 지식이 부족하기 때

문입니다. 고양이는 늘 아주 구체적인 위치에 있는데, 그 위치는 수색 중에 이미 결정되어 있습니다. 다만 제가 모를 뿐입니다. 누군가가 고양이에게 추적 장치를 달아 놓았다면, 내가 정원을 돌아다니며 수색하고 가능성을 숙고하는 동안 그 사람은 고양이가 어디에 숨어 있는지 정확히 알 수 있을 것입니다.

하지만 입자검출기에 닿기 직전의 입자를 양자 확률 분포를 사용하여 설명한다면 이야기는 완전히 달라집니다. 우리는 입자를 어디에서 찾을 수 있을지 모릅니다. 다만 이 경우는 우리 지식의 공백이 아니라, 그 정보가 아직 존재하지 않을 뿐입니다. 파동함수를 안다면 입자에 대해 알 수 있는 모든 것을 알게 되지만, 실험 결과는 예측할 수 없습니다. 자연이 아직 결정하지 않았기 때문이죠.

고전적 무작위성과 양자적 무작위성

이것은 정말 대단하고 중요한 개념입니다. 양자 이론이 우리에게 제시하는 것은 완전히 새로운 종류의 무작위성입니다. 양자 이론이 등장하기 전까지 '무작위성'은 단순히 '세상을 충분히 정확하게 알지 못하기 때문에 정확히 말할 수 없다'라는 것을 의미했습니다. 아마 우리가 충분히 자세히 살펴보지 않았거나, 충분히 정확하게 측정하지 않았거나, 아니면 자연의 법칙을 아직 충분히 이해하지 못했기 때문이라는 것이죠.

더 나아가 이렇게 말할 수도 있을 것입니다. 과학의 임무는 우연을 점진적으로 제거하는 것입니다. 그렇기 때문에 오늘날 우리에게 무작위처럼 보이는 것도 내일은 더욱 발전된 과학을 통해 점점 더 설명 가능한 것이 될 수 있다고 말이죠. 허리케인이 바다에서 해안을 강타하는 것은 예전에는 우연에 불과했지만, 요즘은 며칠 전이라면 꽤 정확하게 예측할 수 있는 것처럼 말입니다.

동전을 던지면 앞면이 나오거나 뒷면이 나오는데, 제 눈에는 완전히 무작위로 보입니다. 하지만 고성능 카메라로 동전의 움직임을 포착하고 컴퓨터가 순식간에 어느 면이 나올지 계산하게 한다면 어떨까요? 그러면 동전 던지기 결과를 꽤 높은 정확도로 예측할 수 있을 겁니다.

더 정확하게 측정할수록 더 자주 들어맞을 것입니다. 정밀도가 높아질수록 '우연'의 역할은 덜 중요해집니다. 어떤 의미에서 동전 던지기의 결과는 동전이 땅에 떨어지기 전에 이미 결정되어 있는 것입니다. 우리는 아직 결과를 알 수 없지만, 자연의 법칙은 이미 그 결과를 정해놨습니다. 자연은 이미 결과가 어떻게 될지 알고 있다고 말할 수 있습니다.

이러한 근본적인 결론을 곰곰이 생각해보면 점점 더 많은 과학, 점점 더 정밀한 측정, 점점 더 나은 계산 방법을 통해 결국 '우연'을 완전히 배제할 수 있게 될 것이라는 결론에 도달하게 됩니다. 어쩌면 세상은 거대한 시계 장치와 같을지도 모릅니다. 하나의 톱니바퀴가 다른 톱니바퀴와 맞물려 돌아가고, 모든 작은 움직임에는 명확한 원인이 있습니다. 그런 우주에서는 진정한 우연이란 존재하지 않는 것이죠. 어떤 일도 확실한 이유 없이는 일어나지 않습니다. 우연이란 지식이 부족해서 만들어진 환상일 뿐입니다.

시계 장치로서의 세상

앞에서 설명한 세계관은 계몽주의 시대에 중요한 역할을 했습니다. 과학은 엄청난 발전을 이루었고, 마법적인 사고방식은 이성적인 사고방식으로 대체되었으며, 사람들은 최초로 전기 실험을 했고, 증기기관은 산업혁명을 일으켰습니다. 이러한 발전은 무한히 계속될 것처럼 보였습니다. 마치 처음으로 축구공을 제대로 차 본 아이가 그 순간 빛나는 자신감으로 세상에서 가장 유명한 축구 스타가 되겠다고 결심하듯이, 과학자들 또한 다소 이른 자신감으로 이러한 '우연'을 없앨 수 있을 것이라는 꿈을 꾸었습니다.

이런 시대정신은 18세기 말 물리학자 피에르 시몽 라플라스가 발표한 '라플라스의 악마'라고 불리는 사고실험(thought experiment)에 잘 요약되어 있습니다. 자연의 모든 법칙을 알고, 무한한 속도로 복잡한 계산을 수행할 수 있으며, 우주의 현재 상태를 완벽한 정확도로 아는 초인적인 지능을 상상해봅시다. 라플라스의 악마는 우주 전체에 있는 모든 입자의 위치와 속도를 완벽한 정확도로 알고 있습니다.

만약 온 세상이 하나의 거대한 시계 장치처럼 작동한다면, 모든 결과에는 확실한 원인이 있고 그 모든 원인은 필연적으로 반드시 어떤 결과로 이어진다면, 이 악마는 미래가 어떻게 될지 완벽하게 알 수 있을 것입니다.

이 경우 더 이상 미래에 대해 말할 수 없게 됩니다. 라플라스는 그러한 존재는 미래의 어느 시점에서든 우주의 상태를 완벽하고 명확하게 볼 수 있어야 한다고 믿었기 때문입니다.

왜냐하면 우주의 현재 상태가 필연적으로 다음 순간에 무슨 일이 일어나야 하는지를 결정하기 때문입니다. 그리고 이것으로부터 다음 순간에 무슨 일이 일어나는지가 뒤따릅니다. 라플라스의 악마에게는 어떠한 순간이든 다른 순간과 다를 바 없을 것입니다. 시간은 사라지고, 온 우주는 단지 순간들의 논리적인 사슬일 뿐일 것입니다. 모호함이나 우연의 여지는 존재하지 않는 것이죠.

자연 현상을 더 자세히 설명할 수 있는 새로운 물리 이론은 전부 이러한 생각을 강화하는 듯 보였습니다. 모든 것이 본질적으로 미리 결정되어 있고 '우연'이라는 인상은 단지 지식의 부족에서 비롯되는 결정론적 우주라는 개념을 말이죠. 그러다가 갑자기 양자 이론이 중요한 예외사항이 되었습니다. 에르빈 슈뢰딩거의 파동함수와 막스 보른의 확률 해석(확률파)을 진지하게 받아들인다면, 라플라스의 악마는 이미 패배한 것입니다. 양자 입자에 관해서라면, 라플라스의 악마 역시 능력의 한계에 부딪힐 것입니다.

양자 측정의 결과가 이용 가능한 지식에 전혀 의존하지 않는다면, 라플라스의 악마가 이용 가능한 모든 지식을 아는 것은 아무런 소용이 없습니다. 측정 중 입자의 위치가 이전 세계의 상태를 논리적으로 따르는 것이 아니라 순전히 측정 과정의 우연에 의해 자발적으로 발생한다면, 무한히 발전된 컴퓨터와도 같은 능력을 가진 악마는 아무것도 할 수 없을 것입니다. 입자검출기가 다음 전자를 어디에서 감지하는지에 따라, 우리 인간이 놀라는 것만큼이나 아마 악마도 놀라게 될 것입니다.

코펜하겐 해석

이렇게 혼란스럽게 여겨지는 이유는 우리 인간이 모든 결과에 대한 원인을 찾는 데 익숙하기 때문입니다. 유리잔이 테이블에서 떨어져 깨진 이유는, 고양이가 유리잔을 넘어뜨려 테이블에서 떨어졌기 때문이죠. 또 고양이는 창문에 있는 공격적인 새 때문에 겁을 먹어 유리잔을 쓰러뜨린 것이죠. 우리는 우주의 시작으로 거슬러 올라가는, 논리적인 원인의 사슬을 따라 쫓을 수 있습니다.

그런데 이제 양자 이론은 양자 측정의 결과가 실제적인 이유 없이 순전히 우연일 수 있다고 말합니다. 입자는 '여기' 있지만, '거기'에도 마찬가지로 쉽게 존재할 수 있습니다. 우리가 관찰한 결과는, 우리가 측정할 수 있는 다른 어떤 결과와 마찬가지로 논리적으로나 물리적으로 허용 가능합니다. 둘 다 가능한 것이죠. 하지만 오직 한 가지 가능성만이 측정된 현실이 되었고, 다른 가능성은 그렇지 않은 것뿐입니다.

알베르트 아인슈타인은 이러한 절대적 우연이라는 개념을 받아들일 수 없었습니다. 그는 중요한 무언가가 간과되었다고 확신했습니다. "신은 주사위 놀이를 하지 않는다!"라는 것이 아인슈타인이 고수했던 원칙이었습니다. 그러자 닐스 보어는 이렇게 대꾸했죠. "신에게 세상을 어떻게 다스려야 하는지를 말하는 것이 우리의 일이 될 수는 없다오."

사람들은 어떤 것들은 순간적으로 이해하면서 배우기도 하고, 어떤 것들은 천천히 익숙해지면서 배우기도 하는데, 양자적 무작위성은 아마도 후자에 속할 것입니다. 1920년대 물리학계의 위대한 천재들이 양자 이론의 본질에 대해 논쟁을 벌인 이후, 그들 대부분은 결국 양자의 무작위성을 받아들이고 살아가는 법을 배워야 한다는 결론에 도달했습니다.

닐스 보어는 코펜하겐에서 연구를 계속했고, 베르너 하이젠베르크도 그의 아래에서 잠시 연구를 하며 양자물리학 해석에 중요한 공헌을 했습니다. 당시 등장한 양자 이론 해석을 '코펜하겐 해석'이라고 불렸습니다.

안타깝게도 '코펜하겐 해석'이 정확히 무엇을 의미하는지에 대한 명확한 정의는 없습니다. 거기에는 여러 가지 해석이 존재합니다. 하지만 중요한 점은 당시 양자 이론의 필수적인 부분인 '우연'을 인정하기로 결정했다는 것이죠. 파동함수는 단순한 보조량이 아니라 입자에 대한 '실제' 설명입니다. 중첩 상태는 우리 인간의 무지에 대한 수학적 설명일 뿐만 아니라, 측정되기 전 입자의 실제 상태입니다. 측정하는 동안 파동함수는 붕괴되고 중첩 상태는 여러 개(또는 무한히 많은 수)의 측정 결과 중 하나가 됩니다.

여기서도 양자 이론을 잘못 해석할 위험이 있습니다. 양자 이론은 영적인 깨달음의 경험을 통해서만 접근할 수 있는 심오한 철학적 통찰력이기 때문이죠. 물론, 정말 원한다면 파동함수를 '확률의 마법세계'라고 묘사하고 내면의 감정을 이렇게 표현할 수도 있을지 모릅니다. "입자는 순수한 가능성으로 이루어져 있으며, 아직 실제 현실적 가치가 부여되지 않았다. 물질은 초월적인 우연성, 즉 측정을 통해서만 사실로 결정화되는 가설의 안개에 불과하다."

하지만 그런 표현은 쓸모없는 것입니다. 동원 가능한 한 많은 추상적인 단어로 문장을 만들었다고 자랑스러워할 수는 있겠지만, 그 누구에게도 도움이 되지 않는 것입니다. 누군가 문장을 이해한다 하더라도 이전보다 더 나아질 수 없을 것입니다.

실제 현실

우리는 알베르트 아인슈타인처럼, 파동함수가 단지 유용한 확률적 예측을 가능하게 하는 보조량일 뿐인 것인지, 아니면 그 뒤에 모든 입자가 명확한 경로와 운명을 가지는 '더욱 현실적인 현실'이 있을지에 대해 골머리를 앓을 수도 있습니다. 하지만 이러한 낡은 개념들을 완전히 무시하고, 근본적으로 파동함수 뒤에 더 깊은 현실이 반드시 존재할 필요는 없다는 사실을 받아들이는 것이 더 쉬운 일입니다.

파동함수는 단순히 전자를 설명하는 수학적 도구가 아닙니다. 그렇다고 단순히 전자의 움직임을 알려주는 파동도 아닙니다. 또한 단순한 전자의 속성도 아닙니다. 파동함수는 전자, 그 자체입니다. 그리고 전자는 파동함수, 그 자체입니다. 파동함수는 입자의 진정한 본질입니다. 또한 자연이 입자에 대해 말하는 모든 것입니다. 파동함수를 알면 전자에 대해 알아야 할 모든 것을 알게 됩니다. 마치 삼각형의 세 꼭짓점을 알면, 삼각형의 모든 것을 알 수 있는 것처럼 말이죠.

전자, 광자, 원자는 우리가 일상생활에서 알고 있는 파동도 입자도 아니지만, 근본적으로 다른 그 무엇, 즉 양자 파동입니다. 일반적인 파동처럼 중첩 패턴을 형성할 수 있지만, 입자처럼 특정 부분에서만 세상과 상호작용합니다. 입자검출기는 전자를 1개, 2개, 7개까지 흡수할 수 있지만, 4.5개나 0.6개는 흡수할 수 없습니다.

그리고 우리가 '측정'이라고 부를 수 있는 환경과의 특정한 상호작용 중에 입자파는 극적으로 변화합니다. 이전에는 넓은 공간 영역을 채웠을지도 모르는 파동함수가, 훨씬 더 국소화되고 좁은 공간의 영역에 집중된 새로운 파동함수로 붕괴됩니다. 하지만 입자는 여전히 양자 파동입니다. 그저 단지 다른 파동일 뿐이죠. 이것이 비밀의 전부입니다. 양자물리학의 규칙은 바로 이러한 언어로 쓰여 있는 것입니다.

Chapter 5

전자는 행성이 아니다

왜 전자를 회전하고 있는 작은 행성으로 상상해서는
안 되는 것일까요? 왜 입자가 중첩 상태에 있는지 아닌지의
문제가 그저 하나의 의견에 불과한 것일까요?
그리고 영화관의 3D안경은 어떻게
반전과 회전, 편광을 통해 작동하는 걸까요?

지구가 태양을 공전한다는 것은 당연한 일이 아닙니다. 그 결과가 아주 달랐을 수도 있습니다. 여러 행성이 별을 공전할 때 그 중력 때문에 서로 궤도를 이탈할 수도 있고, 그중 하나가 광활한 우주로 튕겨져 나가기도 합니다. 이른바 '떠돌이 행성'이라 불리는 행성, 즉 고립된 이 행성은 대체적으로 직선 궤도를 따라 우주를 이동합니다. 이러한 떠돌이 행성을 망원경으로는 찾기는 어렵지만, 우리 은하에서는 매우 흔할 것입니다.

다행히 지구에는 그런 일이 일어나지 않았습니다. 우리 주변 행성들은 우리를 내버려 둘 만큼 충분히 멀리 떨어져 있습니다. 지구는 안심할 수 있는 안정된 궤도를 따라 매년 태양 주위를 거의 원형에 가까운 궤도로 공전합니다. 동시에, 하루에 한 번씩 자전합니다.

공전과 자전, 두 원운동은 매우 안정적이고 멈추기 어렵습니다. 무언가

가 회전하면 그 회전을 유지하려는 경향이 있는데, 각운동량 보존 법칙(질량이 있는 물체가 회전하거나 궤도를 그릴 때 생기는 운동량을 각운동량이라고 하는데, 각운동량 보존 법칙은 이러한 움직임이 일정하게 유지된다는 법칙이다 - 옮긴이)이 이를 유지하는 것입니다. 이것은 놀이터에서 잘 알 수 있습니다. 회전목마가 크고 무거울수록 그리고 더 빨리 회전할수록, 각운동량이 커지고 멈추려면 더 많은 힘이 필요합니다.

따라서 지구는 두 가지 유형의 각운동량을 갖습니다. 하나는 태양 주위를 도는 궤도와 관련된 궤도 각운동량이고, 다른 하나는 지구 자전축을 중심으로 하는 자전과 관련된 고유 각운동량입니다.

이것은 전자도 마찬가지입니다. 전자는 원자핵 주위를 돌 때 궤도 각운동량을 가질 수 있고, 다른 하나는 소위 '스핀(회전)'이라고 하는 고유 각운동량을 가질 수 있습니다.

따라서 전자를 원자핵 주위를 공전하며 자체 축을 중심으로 회전하는 작은 구체, 즉 소형 행성으로 상상하기 쉽습니다. 하지만 우리는 보어의 원자 모형을 통해, 원자를 행성계와 비교하는 것을 아주 조심해야 한다는 것을 이미 알고 있습니다. 엄밀히 말하면 전자는 원자핵 주위를 원형 궤도로 운동하지도 않고 자체 축을 중심으로 회전하지도 않습니다. 이는 단순화된 이미지일 뿐이므로 너무 심각하게 받아들일 필요가 없습니다. 전자와 행성은 서로 매우 다른 존재입니다. 비록 여기저기에 일종의 유사점이 있기는 하지만 말이죠.

점은 어떻게 회전하나요?

지구는 3차원의 물체이므로 '자신의 축을 중심으로 한 회전'에 대해 이야기할 때 의미하는 바는 아주 명확합니다. 지구 표면의 어느 지점이든(북극이나 남극은 제외) 선택하고, 그 지점이 처음 있던 위치로 돌아왔을 때 지구는 자신의 축을 중심으로 한 바퀴 회전한 것입니다. 하지만 전자의 경우는 어떨까요?

전자는 내부 구조도 없고, 점을 찍을 표면도 없습니다. 실제적인 확장도 없습니다. 우리는 전자를 파동으로 볼 수도 있고, 점처럼 생긴 무한히 작은 입자로 볼 수도 있습니다. 어떤 경우든 전자의 '자신의 축을 중심으로 한 회전'이 무엇을 의미하는지는 불분명합니다. 어쨌든 점은 모든 면에서 항상 똑같아 보입니다. 그렇다면 이 점을 회전시키면 어떤 일이 일어날까요? 아무 일도 일어나지 않습니다. 그러한 점의 '고유 각운동량'을 어떻게 상상할 수 있는 것일까요? 우리는 알지 못합니다.

어쩌면 가끔은 아무것도 상상하지 않는 것이 최선일 수 있습니다. 스핀(회전)을 그저 입자가 특정 질량이나 특정 전하를 갖는 것처럼, 입자가 갖는 추가적인 속성으로 받아들이는 것이 더 생산적인 것이죠. 스핀은 그저 스핀일 뿐이니까요.

물론 그 어떠한 경우든 스핀은 기술적 관점에서 매우 중요합니다. 전자의 스핀은 자기(磁氣)와 관련된 현상을 설명하는 데 필요합니다. 원자핵의 스핀은 의학에서 자기공명영상(MRI) 스캐너를 사용하여 신체 내부 영상을 촬영하는 데 사용됩니다(12장에서 이에 대해 이야기할 것입니다). 광자의 스핀('편광'이라고 함)은 양자 얽힘과 양자 암호(이에 대해서는 9장에서 자세히 다룰 것입니다)와 관련된 수많은 실험을 가능하게 하며, LCD 화면부터 영화관에서 착용하는 3D 안경에 이르기까지 수많은 발명품의 기반이 됩니다.

스핀과 그 방향

스핀은 매우 특정한 부분, 즉 환산 플랑크 상수 ℏ(에이치 바)의 정수배 또는 반정수배로만 발생합니다. 광자는 항상 ℏ의 스핀을 가지고, 전자는 항상 ℏ의 절반의 스핀을 가집니다. 간단히 하기 위해 ℏ는 보통 생략하고, "광자는 스핀 1 입자, 전자는 스핀 $\frac{1}{2}$ 입자"라고 말하기도 합니다.

2012년에야 발견된 입자 '힉스 보손'은 스핀이 0입니다. 이론적으로는 $\frac{3}{2}$ 또는 2와 같은 더 특이한 스핀을 가진 입자도 가능했지만, 아직 발견되지는 않았습니다. 여러 입자가 결합하여 원자와 같은 더 큰 입자를 형성할 때, 총 스핀은 정수 또는 반정수가 될 수 있습니다.

→ 이러한 입자의 대칭성을 수학적으로 살펴보면 아주 이상한 결과와 만나게 됩니다. 스핀 1 입자는 우리에게 익숙한 동작 방식을 따릅니다. 360도 회전하면 처음과 같은 상태로 돌아가는 것입니다. 스핀 2 입자(중력을 담당할 수 있는 가상의 입자인 중력자도 이러한 입자 중 하나입니다)는 다른 대칭성을 갖습니다. 처음과 같은 모양으로 보이려면 180도만 회전하면 됩니다. 이는 문자 H의 대칭성과 같습니다. 예를 들어 H를 뒤집으면 H로 돌아가는 것처럼 말입니다.

하지만 스핀 $\frac{1}{2}$ 입자의 경우는 조금 이상합니다. 이러한 입자는 처음과 같은 상태로 돌아가려면 원을 두 번 회전해야 합니다. 720도 회전한 후에야 비로소 초기 상태로 돌아갑니다. 이를 시각화하기는 어렵습니다. 하지만 이는 입자의 회전이 행성이나 테니스공의 고전적인 회전과 정확히 같지 않다는 것을 분명히 보여줍니다.

각운동량은 방향을 가집니다. 지구가 어떻게 자전하는지 설명하려면 단순히 "하루에 한 번 자전축을 중심으로"라고 말하는 것만으로 충분하지 않습니다. 지구가 자전하는 방향, 더 정확히 말하면 자전축이 가리키는 방향도 설명해야 합니다.

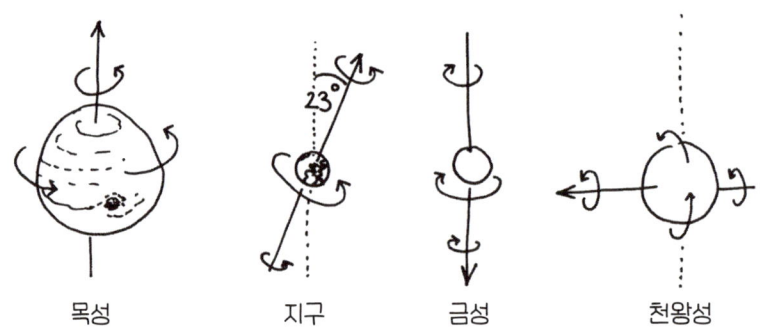

행성과 자전 행성의 자전축은 매우 다른 방향을 가리킬 수 있습니다. 자전축을 180도 돌리면, 반시계 방향으로 회전하는 행성(목성처럼)은 시계 방향으로 회전하는 행성(금성처럼)이 됩니다. 천왕성은 더 특이한 경우입니다. 자전축이 위아래를 가리지 않고, 거의 누워 있기 때문이죠.

우주에는 위아래가 없지만, 우리 태양계 행성들은 모두 태양과 거의 정확히 같은 평면, 즉 '수평(궤도면)'으로 공전합니다. 목성의 자전축은 목성과 거의 정확히 직각을 이룹니다. 이 방향을 '위'라고 할게요. 지구의 자전축도 비슷한 방향을 가리키지만, 약 23도 정도 기울어져 있습니다.

금성은 다릅니다. 목성과 비교했을 때 금성의 자전축은 약 177도 기울어져 있어 반대 방향을 가리킵니다. 목성의 자전축이 위로 향하면, 금성의 자전축은 아래로 향합니다. '목성은 반시계 방향으로 자전하고, 금성은 시계 방향으로 자전한다'라고 말할 수도 있습니다('자전축이 위 또는 아래를 가리킨다'는 말은 '행성은 시계 반대 방향으로 자전한다' 또는 '시계 방향으로 자전한다'와 정확히 같은 의미입니다. 이는 같은 것을 다르게 표현하는 방식의 차이일 뿐입니다).

슈테른-게를라흐의 실험

하지만 입자는 어떨까요? 입자의 회전(스핀)에도 방향이 있는데, 이는 자석을 통해 측정할 수 있습니다. 1920년대는 사람들이 입자의 스핀 방향에 대해 처음 생각하기 시작했을 때입니다. 그때 이미 두 개의 특수한 모양의 자석 사이로 입자를 보내면 전기역학 법칙에 따라, 입자가 그 스핀 방향으로 약간씩 휘어져야 한다는 것을 알고 있었습니다. 스핀이 위를 향하면 자기장에 의해 위쪽으로 휘어지고, 스핀이 아래를 향하면 자기장에 의해 아래쪽으로 휘어지는 것입니다.

이러한 스핀 방향 측정 장치를 '슈테른-게를라흐 장치'라고 부릅니다. 이는 장치를 만들어 낸 오토 슈테른과 실험실에 장치를 설치한 발터 게를라흐의 이름을 딴 것입니다. 이 장치는 은 원자를 자기장 속으로 하나씩 쏘아 보내는 것이었습니다. 원자들이 유리판에 부딪히면 달라붙게 되는데, 이를 통해 입자들이 자기장에 의해 얼마나 휘어졌는지 관찰할 수 있었습니다.

실험은 극도로 어려웠습니다. 의미 있는 결과를 얻으려면 엄청나게 정밀해야 했기 때문입니다. 발터 게를라흐는 은 원자가 판에 부딪히는 미세한 지점이 거의 보이지 않는다는 문제에도 직면해야 했습니다. 그러다가 어느 날 슈테른이 게를라흐의 연구실에 왔을 때, 게를라흐는 그에게 이 과정이 얼마나 복잡한지 보여주었습니다. 그런데 슈테른이 판을 보는 순간 기적적으로 작은 은색 점들이 칠흑처럼 검게 변하더니 갑자기 또렷하게 보였습니다. 나중에 알고 보니, 이는 오토 슈테른의 입김 때문이었습니다. 그는 시가를 피웠지만, 조교수의 보잘것없는 월급으로는 유황이 함유된 싸구려 시가만 살 수 있었습니다. 그래서 그가 판을 볼 때 유황을 내뿜었고, 유황이 은과 화학적으로 반응하여 칠흑 같이 검은 황화은으로 변한 것입니다. 그렇게 문제가 해결되었습니다.

하지만 이 장치에 은 원자를 쏘면 어떻게 될까요? 입자들을 매우 다른 회전축을 가진 작은 행성이라고 상상해보면, 모든 입자가 매우 다르게 휘어질 것이라고 예상할 수 있습니다. 어떤 입자들은 우연히 위를 향하는 회전축을 가지고 있어서 최대로 위쪽으로 휘어질 것입니다. 또 어떤 입자들은 우연히 아래를 향하고 있어서 최대로 아래쪽으로 휘어질 것입니다. 하지만 대부분의 입자들은 그 중간 어딘가에, 지구처럼 약간 기울어진 회전축을 가지고 있을 것이라고 생각할 수 있습니다. 그렇다면 유리판 위의 은 원자들은, 가장 큰 지점인 위쪽부터 가장 큰 지점인 아래쪽까지 넓게 분포할 것이라고 예상할 수 있습니다.

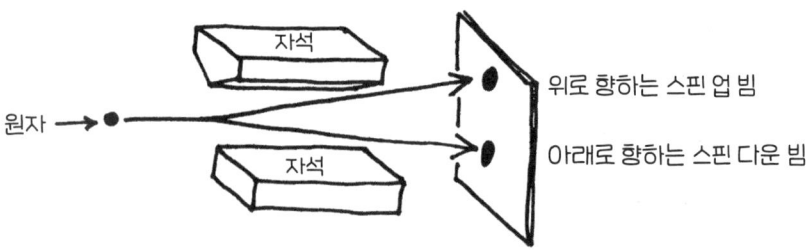

1922년에 스핀 $\frac{1}{2}$ 입자의 스핀 방향을 연구하기 위해 슈테른-게를라흐 장치가 사용되었습니다. 이 실험에는 은 원자가 사용되었습니다. 전자와 마찬가지로 은 원자도 스핀 값을 갖습니다. 그러나 전자와 달리 은 원자는 전하를 띠지 않아 실험이 훨씬 간단합니다.

하지만 발터 게를라흐가 1922년 2월에 실험을 했을 때 관찰한 것은 이와 달랐습니다. 오히려 더 놀라운 현상을 발견했습니다. 유리판 위에 은 원자가 연속적으로 분포하는 것이 아니라, 오직 두 개의 분리된 은으로 된 점만 존재한 것입니다. 원자가 모두 표면의 가장 극단적인 위치에 가서 충돌을 한 것입니다. 절반은 최대한 위쪽으로 휘어지고, 나머지 절반은 최대한 아래쪽으로 휘어졌습니다. 그 사이의 값은 전혀 나타나지 않았습니다.

닐스 보어를 포함한 몇몇 사람들은 이를 의심했습니다. 하지만 게를라흐는 슈테른에게 전보를 보냈고 그 내용을 보면, "보어 선생님이 옳았습니다"라고 했습니다. 이로써 증명의 토대가 마련된 것입니다. 스핀 방향은 양자화되어 있습니다. 행성의 자전 방향처럼 원자의 스핀은 임의의 값을 가질 수 없습니다. 슈테른-게를라흐 장치를 사용하여 스핀 $\frac{1}{2}$ 입자의 스핀 방향을 측정하면, 정확히 위 또는 정확히 아래, 두 가지 다른 답만 얻을 수 있습니다. 이러한 상태는 종종 '스핀 업'과 '스핀 다운'이라고 부릅니다.

두 개의 연속 스핀 측정

슈테른-게를라흐 장치는 스핀 방향에 따라 입자를 분류합니다. 완전히 다른 스핀 방향을 갖는 입자 빔을 쏘면 두 개의 다른 빔이 생겨납니다. 위쪽 빔은 '스핀 업'인 입자로 구성되고, 아래쪽 빔은 '스핀 다운'인 입자로 구성됩니다.

이제 우리는 이것으로 흥미로운 일들을 할 수 있습니다. 예를 들어 스핀 업 입자를 포함하는 위쪽 빔을 두 번째 슈테른-게를라흐 장치로 보낼 수 있는 것입니다. 이때 스핀(회전) 방향을 다시 측정하면 어떻게 될까요? 처음에는 특별히 놀라운 일이 아닙니다. 우리는 이미 이것들이 '스핀 업' 입자라는 것을 알고 있습니다. 따라서 두 번째 슈테른-게를라흐 장치를 사용해도 같은 결과가 나올 것입니다. '스핀 업'은 여전히 '스핀 업'으로 유지됩니다. 모든 입자는 자신의 스핀 값을 기억합니다.

하지만 두 번째 슈테른-게를라흐 장치를 회전시키면 어떻게 될까요? 아무도 수직 방향으로만 입자의 스핀을 측정할 수 있다고 정하지 않았습니다. 수평 방향으로도 마찬가지로 측정할 수 있는 것입니다. 다시 말해 첫 번째 장치에서 나오는 '스핀 업' 입자 빔을 두 번째 장치로 보냅니다. 하지만 이번에는 '위로 회전할 것인가, 아래로 회전할 것인가?'를 묻는 것이 아니라, '왼쪽으로 회전할 것인가, 오른쪽으로 회전할 것인가?'를 묻습니다.

입자 빔은 다시 두 부분으로 나뉘는데, 이번에는 입자의 절반은 왼쪽으로, 나머지 절반은 오른쪽으로 굴절됩니다. 우리가 보낸 '스핀 업' 입자들

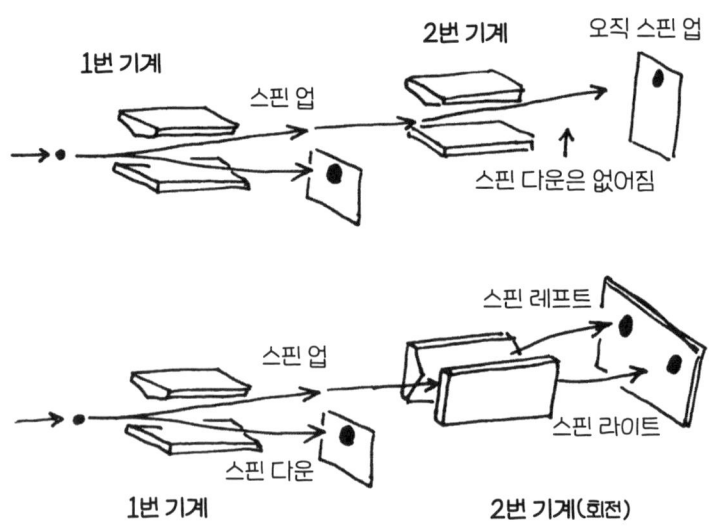

슈테른-게를라흐 실험을 두 번 연속으로 진행했습니다. 두 개의 슈테른-게를라흐 장치가 같은 방향으로 향하고 있다면, 두 번째 측정에서는 아무런 변화가 없습니다. 첫 번째 측정과 정확히 같은 결과가 나옵니다. 그러나 두 번째 장치를 회전시키면 완전히 다른 현상이 관찰됩니다. 명확하게 정의된 방향(스핀 업)을 가진 입자들이 장치 안으로 발사되어 두 개의 서로 다른 빔, 즉 '스핀 레프트' 빔과 '스핀 라이트' 빔이 생성됩니다.

은 이제 '스핀 레프트' 입자와 '스핀 라이트' 입자가 되었습니다.

　대체 무슨 일이 벌어진 것일까요? 입자들을 회전하는 작은 행성이라고 생각하면 혼란스러울 수 있습니다. 하지만 다행히 우리는 이미 양자물리학의 가장 중요한 법칙들을 알고 있습니다. 입자는 측정되지 않는 한, 여러 상태가 혼합된 상태로 존재할 수 있다는 것입니다. 측정은 상태를 변화시키고, 입자가 가능한 측정 결과 중 하나를 선택하도록 강제하는 것입니다. 이러한 기본적인 개념들을 통해 이 모든 것을 훌륭하게 설명할 수 있습니다.

　맨 처음에 첫 번째 장치에 보내는 입자는 '스핀 업' 상태이거나 '스핀 다운' 상태이거나, 두 상태가 동시에 중첩된 상태일 수 있습니다. 슈테른-게를라흐 장치는 각 입자의 스핀을 측정합니다. 입자는 유리판에 매우 특정한 지점, 즉 위쪽에서 '스핀 업' 입자로, 아래쪽에서 '스핀 다운' 입자로 충돌합니다. 이러한 측정을 통해 각 중첩 상태가 고유한 결과로 변환됩니다.

　이제 첫 번째 장치에서 나오는 '스핀 업' 입자들을 두 번째 슈테른-게를라흐 장치로 보냅니다. 여기서 이전과 똑같은 질문, 즉 '위로 회전할 것인가, 아래로 회전할 것인가?'를 묻는다면, 이전과 똑같은 답을 아주 명확하고 확실하게 얻을 수 있을 것입니다. 그러나 두 번째 장치를 회전시키고 갑자기 다른 질문을 던진다면, 즉 '위로 회전(스핀 업) 혹은 아래로 회전(스핀 다운)'이 아니라 '왼쪽으로 회전할 것인가, 오른쪽으로 회전할 것인가?'라고 질문한다면, 답은 더 이상 명확하지 않게 됩니다. 오히려 극단적으로 불확정적이 되는 것입니다.

　여기서 '스핀 업' 상태는 '스핀 레프트'와 '스핀 라이트'의 중첩 상태입니다. 첫 번째 장치에서는 이는 명확하게 정의된 상태지만, 두 번째 장치에서는 이는 완전히 불확정적인 중첩 상태입니다. 이중 슬릿에 있는 입자가 왼쪽 슬릿과 오른쪽 슬릿을 동시에 통과하는 것처럼, 이러한 '스핀 업' 입자는 '스핀 레프트'와 '스핀 라이트' 상태에 동시에 존재합니다.

→ 만약 원한다면 세 번째 측정을 수행할 수도 있습니다. 예를 들어 '스핀 레프트' 입자가 있는 빔을 다른 장치로 보낼 수도 있는 것입니다.

이 빔의 모든 입자는 지금까지 두 번 측정되었습니다. 첫 번째 장치에서는 '위로 회전할 것인가, 아래로 회전할 것인가?'라는 질문에 '스핀 업'이라고 답했습니다. 두 번째 장치에서는 '왼쪽으로 회전할 것인가? 오른쪽으로 회전할 것인가?'라는 질문에 '스핀 레프트'라고 답했습니다. 이제 첫 번째 측정과 같은 질문, 즉 '위로 회전할 것인가, 아래로 회전할 것인가?'을 다시 한다면 어떨까요? 입자는 첫 번째 측정 당시 자신이 '스핀 업' 상태였다는 것을 기억할까요?

아니요, 그렇지 않았습니다. 세 번째 슈테른-게를라흐 장치에서는 두 개의 입자 빔이 나왔습니다. 입자의 절반은 스핀이 위로 향하고, 나머지 절반은 스핀이 아래로 향했습니다. 두 가능성 모두 확률이 높습니다. 첫 번째 측정에서 모두 스핀이 위로 향했던 입자들이지만 말입니다.

두 번째 장치가 각 입자에게 '스핀 레프트' 또는 '스핀 라이트' 중 하나를 선택하도록 강제하는 경우, 입자가 '스핀 업'인지 '스핀 다운'인지에 대한 정보는 삭제됩니다. 일반적으로 다음과 같이 말할 수 있습니다. 특정 측정 방향에 대한 스핀을 정확히 알고 있다면, 그 방향과 직각을 이루는 다른 측정 방향에 대한 스핀은 절대적으로 불확정적입니다.

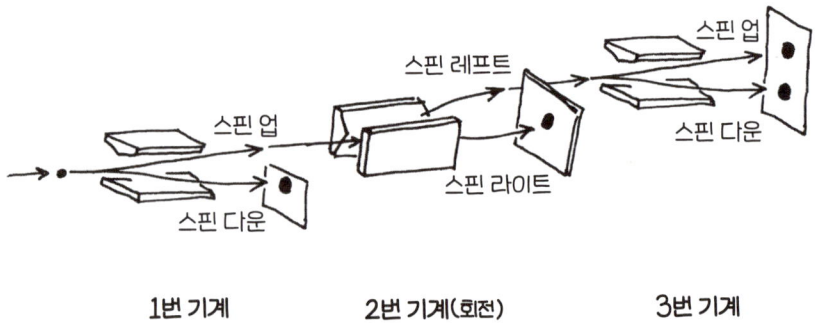

1번 기계   2번 기계(회전)   3번 기계

여기서 우리는 불확정성 원리를 다루고 있는 것을 알 수 있습니다. 하이젠베르크가 '입자의 위치와 운동량을 동시에 정확히 알 수 없다'는 것을 발견했듯이, 스핀 상태에도 동일한 원리가 적용됩니다. 우리는 어느 방향으로든 스핀을 정확하게 측정할 수 있습니다. 하지만 그 회전과 직각을 이루는 다른 방향에 대해서는 완전히 불확정적입니다. 하나를 더 정확하게 알수록 다른 하나에 대한 정보는 덜 정확해지는 것입니다.

중첩은 관점의 문제

서로 다른 상태로 동시에 존재하는 입자를 우리는 이미 알고 있습니다. 서로 다른 상태의 중첩을 허용한다는 사실은, 양자 이론의 가장 중요한 원리 중 하나입니다. 입자가 왼쪽 슬릿이나 오른쪽 슬릿을 통과할 수 있다면, 두 슬릿을 동시에 통과할 수도 있습니다. '스핀 업' 또는 '스핀 다운' 상태에 있을 수 있다면, 두 상태를 동시에 가질 수도 있습니다.

우리는 여기서 매우 특별하고 신비로운 종류의 상태를 다루고 있다는 인상을 받을 수도 있습니다. 명확하게 측정할 수 있는 고전적이고 일반적인 상태 외에도, 양자물리학에는 다양한 가능성을 결합한 마치 정신이 나간 것 같은 중첩 상태도 존재합니다. 입자가 시계 방향으로 회전할 때 완벽하게 정상적인 것처럼 보입니다. 시계 반대 방향으로 회전할 때도 미친 기지로 완벽하게 정상적인 것처럼 보입니다. 하지만 '시계 방향'과 '시계 반대 방향'이 중첩될 때, 우리는 놀라움을 느끼며 근본적으로 다른 상태를 경험한 듯한 느낌을 받습니다.

그러나 슈테른-게를라흐 장치를 이용한 실험은 이것이 전적으로 사실이 아님을 보여줍니다. 중첩 상태와 측정 결과가 명확한 상태 사이에는 근본적인 차이가 없습니다. 중첩 상태를 다루고 있는지 여부는 개인의 판단에 달려 있습니다. 하나의 슈테른-게를라흐 장치에서 중첩 상태는 다른 장치에서는 100% 고정된 것일 수 있으며, 그 반대의 경우도 마찬가지입니다.

이는 서로 다른 기본 방향과 비슷하다고 상상해볼 수 있습니다. 시카고는 매우 정밀한 도로망을 가진 도시입니다. 도로는 동서남북으로 뻗어 있습니다. 시카고 도심은 동서남북 방향으로 이동할 수 있지만, 다른 방향으로는 이동할 수 없습니다. 몇 세기 전에는 상황이 달랐습니다. 도로가 없어서 어느 방향으로든 이 지역을 통과할 수 있었습니다. 예를 들어 남서쪽은 남쪽과 서쪽이 겹쳐진 형태였을 것입니다.

남서쪽과 북쪽 사이에는 근본적인 차이가 없습니다. 둘 다 완벽하게 허용되는 방향입니다. 도로의 격자가 확립되면서 방향이 겹치는 것이 더 이상 불가능해졌을 뿐입니다. 하지만 우리는 남북으로 이동할지 동서로 이동할지 결정해야 합니다. 마치 슈테른-게를라흐 장치에서 측정할 때 입자들이 '스핀 업'을 할지 '스핀 다운'을 할지 결정해야만 하는 것처럼 말입니다.

서로 다른 방향으로 회전하는 슈테른-게를라흐 장치가 있는 것처럼, 도

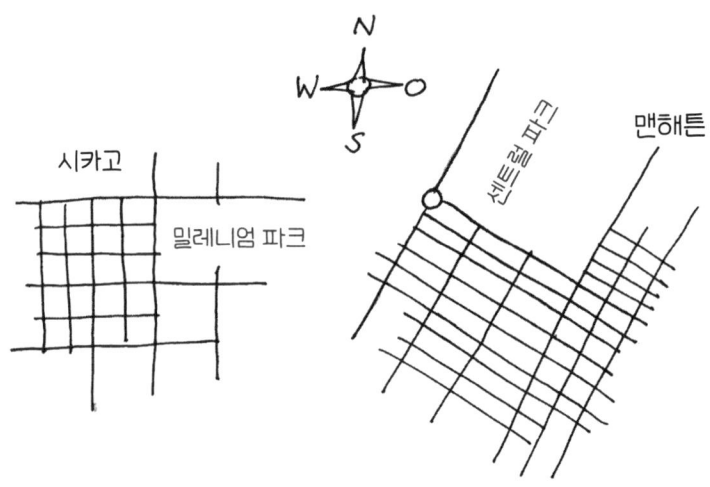

시마다 도로망이 다르게 배치되어 있습니다. 예를 들어 맨해튼은 직사각형 도로망을 가지고 있지만, 남북과 동서로 뻗어 있는 대신 거의 30도 정도 기울여(회전) 있습니다. 맨해튼에서도 도시를 이동할 수 있는 방향은 두 개의 서로 다른 축을 따라서만 가능합니다. 이동 방향이 '양자화'되어 있다고 할 수 있죠. 물론 시카고와는 다른 방식으로 말입니다.

맨해튼에서 허용되는 방향을 시카고에서는 선택할 수 없으며, 그 반대의 경우도 마찬가지입니다. 시카고의 도로 격자에 맞는 방향은 맨해튼의 도로 격자에 대한 '중첩 방향'이라고도 할 수 있습니다. 마치 하나의 슈테른-게를라흐 장치에서 나오는 회전 상태가, 두 번째 회전하는 슈테른-게를라흐 장치의 중첩 상태인 것처럼 말입니다.

엄밀히 말하면, 입자가 '동시에 두 가지 상태'를 가질 수 있다고 말하는 것은 다소 오해의 소지가 있습니다. 이는 틀린 것은 아니지만, 완전히 맞는 것도 아닙니다. 입자는 매우 특정한 하나의 상태를 가질 뿐, 동시에 두 가지 상태를 가지는 것은 아닙니다. 단지 이 상태가 특정 측정 결과와 일치하지 않고, 오히려 동시에 가능한 두 가지 측정 결과와 일치할 수 있다는 것입니다.

빛의 진동

전자의 스핀과 매우 유사하게, 빛의 파동에서 '편광'이라고 알려진 현상은 다음과 같이 작용합니다. 빛 입자는 여러 방향으로 파동처럼 진동할 수 있습니다. 상하 또는 좌우로, 또는 동시에 두 방향으로, 그 어떠한 조합으로든 진동할 수 있습니다.

→ 수평 진동과 수직 진동은 다양한 방식으로 결합될 수 있습니다. 가장 간단한 변형은 두 진동이 결합하여 대각선 진동을 형성하는 것입니다. 예를 들어 왼쪽 위에서 오른쪽 아래로 이동했다가 다시 왼쪽으로 이동하는 것입니다. 또는 왼쪽 아래에서 오른쪽 위로 이동했다가 다시 왼쪽으로 이동하는 것입니다. 이는 두 파동(수직 파동과 수평 파동)이 정확히 같은 위상으로 진동할 때, 즉 파동의 봉우리와 골짜기가 정확히 일치할 때 발생합니다. 그러나 파동의 봉우리와 골짜기의 위상이 서로 어긋나면, 원을 그리며 회전하는 전체적인 진동이 발생할 수 있습니다. 마치 나사처럼 진동은 앞으로 휘어지게 됩니다.

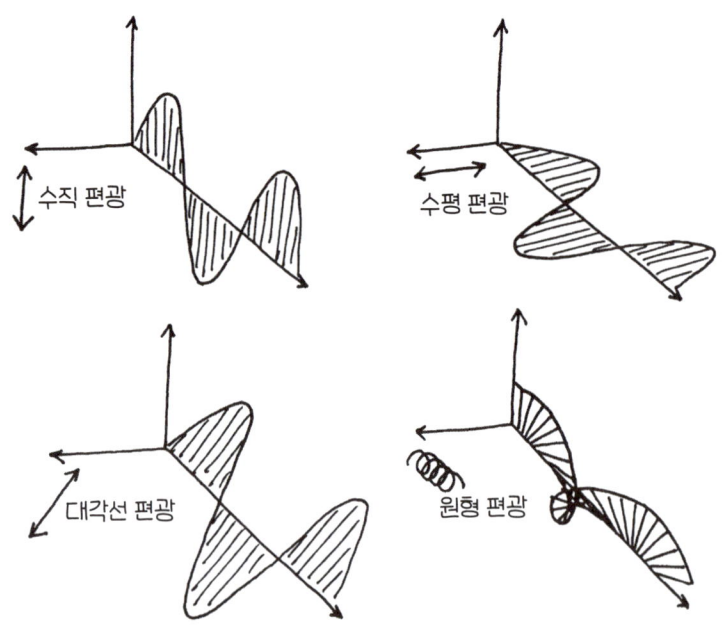

이 나사는 시계 방향이나 반시계 방향으로 회전할 수 있습니다. 이를 '우원형 편광파' 혹은 '좌원형 편광파'라고도 합니다. 회전하지 않고 상하, 좌우 또는 대각선 등 특정 방향으로 진동하는 파동을 '선편광파'라고 합니다.

다행히 빛의 진동 방향을 측정하는 것은 전자의 스핀 방향을 측정하는 것보다 훨씬 쉽습니다. 필요한 것은 편광필터뿐입니다. 특정 결정이나 플라스틱으로 만든 판을 사용하면 편광 방향이 맞는 빛만 통과시킬 수 있습니다. 반대 편광 방향의 빛은 흡수됩니다. 이러한 편광필터가 많이 사용되는 것이 바로 선글라스입니다.

태양이나 양초와 같은 일반적인 광원은 편광되지 않은 빛을 생성합니다. 광자는 수평과 수직의 알려지지 않은 중첩으로 특정 방향으로 진동합니다. 이제 수직으로 진동하는 광자만 통과시키는 편광필터를 통해 이 광자들을 보낸다면, 각 광자는 결정을 내려야 합니다. 수직으로 진동하면 통과할 수 있고, 수평으로 진동하면 흡수되어 사라질 것입니다. 편광되지 않은 빛을 이러한 필터에 통과시키면, 정확히 빛의 절반만 통과하고 나머지 절반은 흡수됩니다.

편광 방향이 서로 90도를 이루는 두 개의 편광필터를 직렬로 연결하면 빛이 전혀 통과하지 않습니다. 예를 들어 첫 번째 필터는 수직 편광된 빛만

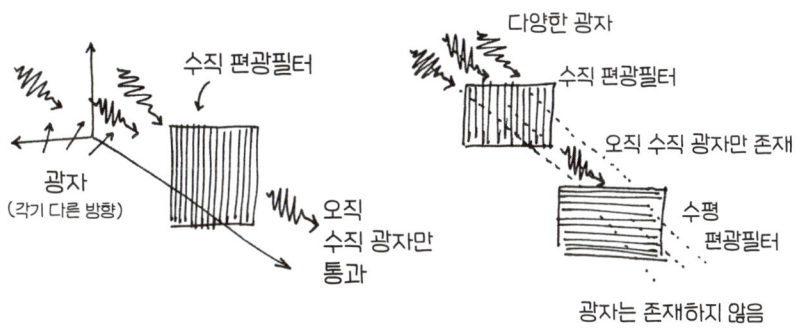

통과시키는 반면, 두 번째 필터는 수직 편광된 빛을 전혀 통과시키지 않습니다. 이처럼 수직 편광필터와 수평 편광필터를 직렬로 연결하면 모든 광자에게 통과 불가능한 장벽이 형성됩니다.

편광 선글라스가 두 개 있다면 이걸 쉽게 테스트해볼 수 있습니다. 하나를 쓰고 다른 선글라스를 90도 돌려서 들여다보세요. 그러면 오직 칠흑같은 검은색만 보이게 될 것입니다. 두 편광필터가 완벽하게 맞물려 한 필터가 다른 필터가 통과시키는 광자를 그대로 흡수하는 것입니다.

하지만 세 번째 편광필터를 두 필터 사이에 끼우면 놀라운 효과를 얻을 수 있습니다. 예를 들어 45도 각도로 끼우면 됩니다. 이제 어떤 일이 벌어질까요?

이제 이 필터들은 더 이상 서로 일치하지 않습니다. 첫 번째 필터를 통과하는 광자는 두 번째 필터에 대해 중첩 상태에 있고, 두 번째 필터를 통과하는 광자는 세 번째 필터에 대해 중첩 상태에 있습니다. 따라서 각 필터는 이제 이전 필터가 통과한 빛의 일부만 흡수합니다. 완전한 소멸은 더 이상 발생하지 않는 것이죠.

→ 첫 번째 필터는 수직 편광 광자와 수평 편광 광자를 구분합니다. 수평 편광 광자는 흡수되고, 수직 편광 광자는 통과합니다. 두 번째 필터는 대각선 방향으로 편광된 광자는 통과시키고, 그 반대 대각선 방향으로 진동하는 광자는 흡수합니다. 이는 수직 편광 광자에게 무엇을 의미할까요? 두 번째 필터와 관련하여, 수직 편광 광자는 '대각선'과 '반대각선'의 중첩 상태에 있습니다. 절반은 흡수되고 나머지 절반은 통과하는 것이죠.

세 번째 필터에서도 똑같은 현상이 다시 일어납니다. 두 번째 편광필터는 대각선 방향으로 편광된 광자를 통과시켜 수평으로 배열된 세 번째 필터에 도달합니다. 이 필터

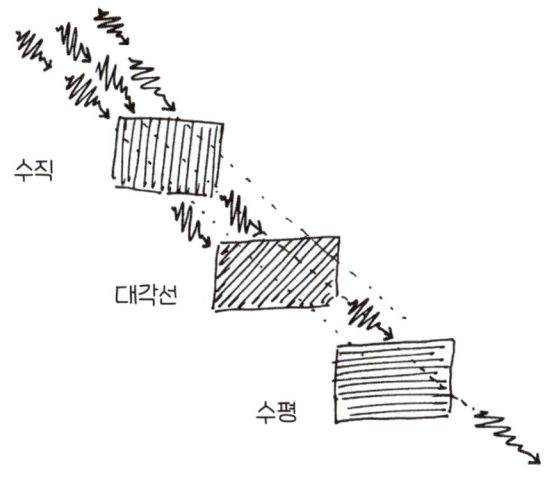

와 관련하여, 대각선으로 편광된 광자는 이제 다시 수직 편광과 수평 편광이 중첩됩니다. 따라서 이들 중 절반이 세 번째 필터를 통과합니다.

이제 세 개의 필터는 각각 정확히 빛의 절반만 통과시켰습니다. 즉 절반의 절반의 절반은 8분의 1입니다. 따라서 원래 빛의 8분의 1이 세 개의 필터를 모두 통과합니다.

언뜻 보기에는 말도 안 되는 이야기처럼 들립니다. 이전에는 빛을 전혀 통과시키지 못하는 두 개의 편광필터로 구성된 시스템이 있었습니다. 그런데 거기에 필터를 하나 더 추가했더니 갑자기 밝아졌습니다. 모든 필터는 빛을 제거하지만, 결코 빛을 더할 수 없습니다. 그런데도 필터를 추가하면 전체 광량을 증가시킬 수 있습니다. 편광 방향의 모든 측정이 광자의 상태에 영향을 미치기 때문입니다.

영화 속 광자

3D 안경은 편광 광자라는 개념을 사용합니다. 우리가 영화관에 앉아 3D 영화를 볼 때, 서로 다른 편광을 가진 두 개의 서로 다른 이미지가 화면에서 동시에 우리에게 도달합니다. 두 렌즈에는 서로 다른 편광필터가 내장되어 있어, 이미지 중 하나는 왼쪽 눈에만, 다른 하나는 오른쪽 눈에만 도달하는 것입니다.

  이론적으로는 수평 및 수직 편광을 사용할 수 있지만, 한 가지 큰 단점이 있었습니다. 영화관에서는 항상 머리를 똑바로 해야 한다는 점입니다. 고개를 살짝 돌리면 편광필터의 방향이 필름 이미지의 방향과 정확히 일치하지 않게 됩니다. 두 렌즈 모두 두 이미지의 일부를 통과시켜 이상한 이중 이미지가 나타나게 되는 것이죠.

  하지만 원편광을 사용하면 이러한 현상을 피할 수 있습니다. 한 이미지는 시계 방향으로 회전하는 광자에 의해 생성되고, 다른 이미지는 시계 반

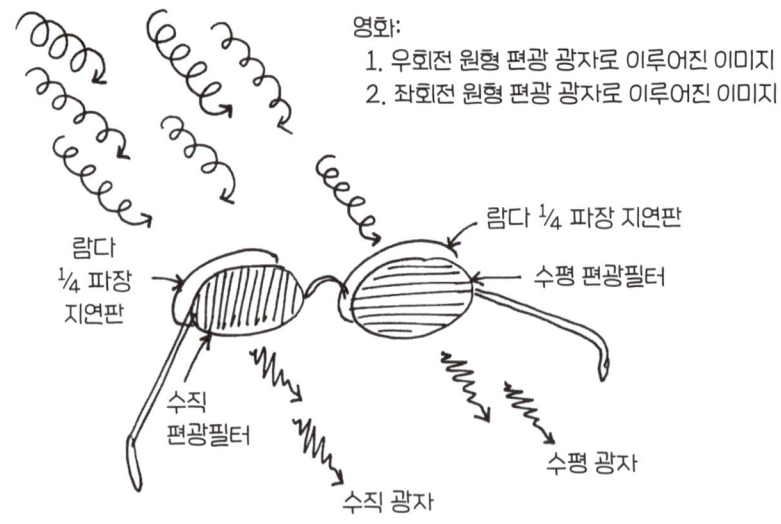

대 방향으로 회전하는 광자에 의해 생성되는 것이죠.

어쨌든 영화관에서 3D 안경을 거꾸로 쓰거나, 좌우 또는 앞뒤를 바꿔서 써 보세요. 아마도 영화가 지루한 것이라면, 광자물리학을 통해 또 다른 재미를 느낄 수 있을 겁니다.

→ 불행히도 원형 편광 광자는 선형 편광 광자만큼 쉽게 걸러지지 않습니다. 하지만 요령이 있습니다. 특정 소재로 만든 특수 층, 말하자면 '¼ 파장 지연판'을 사용하면 원형 편광 광자를 일반 선형 편광 광자로 변환할 수 있으며, 그 반대의 경우도 가능합니다.

오른손잡이용과 왼손잡이용 두 필름 이미지가 $\frac{1}{4}$ 파장판에 닿으면 수직 편광 이미지와 수평 편광 이미지가 생성됩니다. 이제 표준 편광필터를 사용하여 한쪽 눈에는 수평 편광필터를, 다른 쪽 눈에는 수직 편광필터를 선택할 수 있습니다.

이제 원하는 대로 머리를 돌릴 수 있습니다. $\frac{1}{4}$ 파장판과 편광필터가 단단히 결합되어 있으며, $\frac{1}{4}$ 파장판은 항상 뒤에 있는 편광필터와 일치하는 선형 편광을 정확하게 전달합니다. 이렇게 하면 똑바로 앉아 있든, 고개를 기울이든, 영화관 좌석에서 물구나무서기를 하든 각 눈은 원하는 이미지를 볼 수 있습니다.

편광 선글라스를 착용하고 다양한 LCD 디스플레이를 살펴보는 것도 흥미롭습니다. LCD 디스플레이에서 방출되는 빛은 선형 편광됩니다. 편광필터가 화면의 편광 방향과 정확히 일치하면 디스플레이를 쉽게 볼 수 있습니다. 하지만 편광필터나 화면을 90도 회전하면 디스플레이가 갑자기 완전히 검은색으로 보입니다.

영화관에서 3D 안경을 LCD 화면 앞에 대고 보면 상황은 더 복잡해집니다. 안경을 똑바로 세우든, 거꾸로 세우든, 안경다리가 화면을 향하게 해야 합니다. 자신이 무엇을 보고 있는지, 그리고 왜 보는지 정확히 생각해보는 정신적 연습인 것이죠.

Chapter **6**

양자 지우개와
양자폭탄

왜 양자물리학은 과거를 바꿀 수 없는 것일까요?
양자 지우개는 어떻게 파괴된 파동 패턴을 복구하는 것일까요?
그리고 어떻게 양자 기술을 이용해 폭탄을 해체하는 걸까요?
양자 이론을 신비롭게까지 생각할 필요는 없지만,
조금은 정말 이상하게 들리기도 합니다.

볼프강 파울리는 천재였습니다. 그의 나이는 양자 이론만큼이나 오래 되었습니다. 그가 태어난 해인 1900년은 막스 플랑크가 '양자'에 대한 자신의 생각을 처음으로 기록한 해였습니다. 볼프강 파울리는 빈에서 학창 시절을 보내는 동안에도 천재로 여겨졌습니다. 졸업 직후 아인슈타인의 상대성 이론에 대한 논문을 발표했고, 몇 년 후에는 이미 이론 물리학계에서 인정받는 엘리트 중 한 명이 되었습니다.

하지만 볼프강 파울리는 물리학적 아이디어에는 뛰어났지만, 실험에는 실패했습니다. 파울리 앞에서는 물리적 기계 장치가 이상하게 자주 고장 나는 경향이 있다는 말이 있을 정도였습니다. 실험실 근처에만 있어도 아무것도 작동하지 않았던 것입니다. 함부르크 천문대에서는 파울리가 와인 한 잔을 마시던 중 망원경이 고장 났고, 프린스턴대학교를 방문했을 때는 입자가속기에 불이 붙었습니다.

파울리의 동료들 중 많은 사람들은 이것이 단순한 우연임을 알았지만, 어떤 사람들은 그 어떤 위험도 감수하고 싶어 하지 않았습니다. 슈테른-게를라흐 실험을 발명한 오토 슈테른은 예방 차원에서 친구인 볼프강 파울리의 연구소 출입을 금지했습니다. 파울리 자신도, 자신의 존재와 실험의 성공 사이의 기묘한 부조화가 실제로 존재하는 현상이라고 믿었다고 합니다.

이탈리아 물리학자 주세페 오키알리니는 파울리의 믿음을 강화하기 위해 농담조로 이런 일을 벌이기도 했습니다. 파울리가 문을 열고 들어오면 그 위에 달린 램프가 떨어지는 장치를 천장등에 설치한 것이죠. 하지만 파울리가 들어와도 아무 일도
일어나지 않았습니다. 장치가 고장난 것이죠. 볼프강 파울리 앞에서 실험이 실패했음을 증명하려던 실험조차 그의 앞에서는 실패한 것입니다.

물론 이 모든 것은 아주 간단하게 설명할 수 있습니다. 실험은 종종 실패하기 마련입니다. 파울리 같은 사람이 대학 연구소를 끊임없이 돌아다니다 보면, 필연적으로 실패하는 실험들을 접하게 됩니다. 나머지는 이야기를 조금씩 왜곡하는 우리 인간의 습관에 의해 이루어지는 것이죠. 어기서 우리는 우리 주제에 맞는 이야기만 할 것입니다. 우리의 이야기와 맞지 않는 것은 그냥 생략할 겁니다.

하지만 단순한 설명이 존재한다고 해서 불필요하게 복잡한 설명을 만들어 내는 것을 막을 수는 없습니다. 만약 오키알리니의 준비된 문을 통해 들어온 사람이 볼프강 파울리가 아니라 다른 사람이었다면, 램프 충돌 메커니즘이 작동했을까요? 이 메커니즘은 파울리인지 아니면 다른 사람인지 어떻게 알 수 있을까요? 아니면 시공간의 논리적 구조가 깨진 걸까요? 파울리가 그 순간 문을 통해 들어오기로 한 결정이 과거로 신호를 보냈을까요? 인과관계가 뒤바뀌어 주세페 오키알리니가 그 메커니즘에 결함을 만들어 낸 것일까요?

물론 이건 완전히 말도 안 되는 소리입니다. 이런 가정들은 우리에게 아무런 도움도 주지 못합니다. 그저 진짜 문제에서 주의를 돌리는 데만 집중할 뿐입니다. 이런 가정들로부터 우주의 법칙에 대해 아무것도 배울 수는 없지만, 다른 사람들에게 인상적인 이야기를 하고 혼자 도취감에 빠져서 스스로를 우월하다고 과시할 수는 있습니다.

안타깝게도 이러한 전략은 양자 실험을 설명하는 데서 끊임없이 발견됩니다. 흔히 문제는 그렇게 복잡하지 않지만, 완전히 이상하게 보이고, 혹은 마법 같기도 하며, 압도적으로 느껴지도록 하는 의도를 가지고 설명되는 것입니다. 이는 안타까운 일입니다. 우주의 법칙은 인위적으로 더 복잡하게 만들지 않더라도 이미 충분히 매혹적이기 때문입니다.

휠러의 사고실험: 먼 은하의 광자

양자물리학에 대한 이러한 불필요한 신비화의 한 예로 소위 '지연된 선택' 실험이 있습니다. 이것은 마치 과거로 메시지를 보내는 듯한 느낌이 들지만, 그런 느낌은 설명이 잘못되었을 때만 그렇습니다.

예를 들어 물리학자 존 아치볼드 휠러가 한 사고실험(thought experiment)이 유명합니다. 그는 광자가 파동의 속성과 입자의 속성을 모두 가지고 있다는 것이 무엇을 의미하는지에 대해 생각했습니다.

이중 슬릿 실험을 통해 우리는 광자가 동시에 두 개의 다른 경로를 거쳐

자기 자신과 중첩될 수 있다는 것을 알고 있습니다. 이는 간섭무늬를 만들어 내고, 광자의 파동성을 증명하는 것입니다. 하지만 광자가 지나간 경로를 살펴보면 항상 명확한 답을 얻을 수 있다는 것도 알고 있습니다. 광자의 절반이 여기 있고 나머지 절반이 저기 있는 경우는 없습니다. 광자는 전체로만 존재합니다. 이는 광자의 입자성을 증명하는 것입니다.

하지만 존 아치볼드 휠러는 이런 실험을 대규모로 수행한다면 어떤 일이 일어날지 궁금해했습니다. 먼 은하계의 별에서 시작된 광자가 지구를 향해 날아가는 것을 상상해보는 것이죠. 이제 이 광자가 다른 은하를 지나가는 것을 상상해봅시다. 은하의 강력한 중력은 광자의 궤적을 약간 휘게 할 수 있습니다. 마치 유리 렌즈를 통과할 때 빛의 방향이 바뀌는 것과 비슷하게, 약간 변합니다. 이것이 바로 '중력 렌즈'라고도 불리는 이유이기도 합니다.

빛줄기의 이러한 곡률은 아인슈타인의 상대성 이론에서 비롯됩니다. 여기서 세부 사항은 걱정할 필요가 없습니다. 중요한 것은 머나먼 별에서 온 빛이 두 가지의 매우 다른 경로를 통해 지구에 도달할 수 있다는 것입니다.

원칙적으로는 은하계 단위 규모의 이중 슬릿 실험을 구성할 수 있습니다. 광자가 두 개의 다른 경로로 동시에 파동처럼 공간을 이동한다면, 이 두 부분 파를 중첩하여 간섭무늬를 만들 수 있어야 합니다.

다른 방법으로 두 개의 다른 망원경을 하늘로 향하게 할 수도 있습니다. 하나는 은하의 왼쪽 가장자리에, 다른 하나는 오른쪽 가장자리를 바라보게

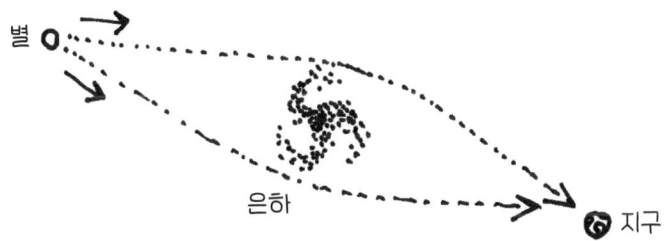

합니다. 광자가 이동하는 경로에 따라, 저는 두 망원경 중 하나에만 광자를 기록할 뿐, 두 망원경 모두에서 광자를 측정하지는 않습니다.

따라서 우리는 다음의 것들을 결정할 수 있습니다. 파동 중첩 실험을 수행하는지, 방향 측정 실험을 수행하는지입니다. 이에 따라 광자의 파동 속성이나 입자 속성을 가시화할 수 있는 것이죠.

이 중에서 그 어느 것도 특별히 이상하거나 혼란스럽거나 특이한 것은 아닙니다. 하지만 다음과 같은 질문을 통해 이 문제를 인위적으로 미스터리하게 만들 수 있습니다. 광자는 자신이 입자처럼 행동해야 하는지 파동처럼 행동해야 하는지 어떻게 알 수 있을까요? 지구에서는 제가 어떤 실험을 할지를 결정합니다. 즉 광자의 파동적 특성과 입자적 특성 중 어떤 것을 볼 수 있는지 선택하는 것입니다. 하지만 제가 측정하는 광자는 이미 수십억 년 동안 여행을 했습니다! 광자가 여행을 시작했을 때, 논리적으로는 자신이 파동 실험에 참여할지 입자 실험에 참여할지 알 수 없었을 것입니다.

은하계를 한 방향으로 지나가는 걸까요, 아니면 수십만 광년 떨어진 두 개의 다른 경로로 동시에 지나가는 걸까요? 분명 광자는 인간이 존재하기도 훨씬 전부터 이런 결정을 내렸을 겁니다! 그렇다면 제가 어떤 실험을 하기로 선택함으로써 광자의 과거를 소급적으로 바꾼 것일까요?

'역인과성'은 현재의 결정이 과거에 영향을 미칠 수 있다는 생각입니다. 일반적으로 원인이 먼저 오고 그다음에 결과가 옵니다. 그런데 양자 이론이 이 원리를 깨뜨린다면 정말 흥미로울 것입니다. 우리는 양자 실험을 통해 과거를 결정하고 있는 걸까요? 그렇다면 인과성의 논리적 구조를 교란하고 있는 걸까요? 역사적 사실은 고정된 걸까요, 아니면 영원히 소급해서 형성될 수 있는 것일까요?

너무 흥분되어서 심장이 두근거리기까지 하는 이야기입니다. 하지만 여기서는 전혀 적절한 내용이 아닙니다. 그저 허황된 이야기일 뿐이니까요.

오류는 광자가 파동이거나 입자이며, 어쩌면 생성되는 순간부터 이 두 가지 가능성 중 하나를 어떻게든 선택해야 한다는 가정에 있습니다. 물론 이는 사실이 아닙니다. 광자는 '둘 다'입니다. 이는 양자적 변덕일 뿐입니다. 양자화된 파동. 혹은 물결치는 양자. 적절한 단어를 찾는 어려움 때문에 이것을 혼란스러워해서는 안 됩니다.

물론, 광자가 나중에 어떻게 측정될지 처음부터 '알' 필요는 없습니다. 광자는 파동처럼 전파됩니다. 궁극적으로 광자의 입자성을 증명하고 싶더라도 말입니다. 그리고 측정될 때 광자는 입자처럼 매우 특정한 지점에서 끝납니다. 측정 순간까지, 파동으로서 동시에 다른 장소에 쉽게 존재할 수 있습니다. 그것은 은하계의 서로 다른 쪽을 향하는 두 개의 다른 망원경에 파동으로 떨어질 수 있습니다. 그리고 나서 그것은 측정된 망원경 중 하나에 흡수되고, 즉시 다른 망원경에는 더 이상 존재하지 않습니다. 그게 전부인 것이죠.

어떤 철학적 왜곡으로든 '역인과성'을 정당화할 필요는 없습니다. 과거까지 영향을 미치는 원인이란 없습니다. 세계의 인과 구조는 양자물리학에서도 여전히 완벽하게 정상인 것입니다.

광자 표시: 어떤 경로 정보를 이용한 트릭

불필요하게 신비로운 것으로 해석되는 또 다른 실험은 소위 '경로 측정'입니다. 광자를 이용한 이중 슬릿 실험을 자세히 살펴보겠습니다. 우리는 이미 무슨 일이 일어나는지 알고 있습니다. 먼저 평소처럼 이중 슬릿을 통해 빛을 보냅니다. 광자들은 두 경로를 동시에 통과하며 서로 중첩되어 파동 패턴을 형성합니다.

하지만 이제 우리는 광자가 아직 고려하지 않은 또 다른 중요한 특성, 즉 편광 방향을 가지고 있다는 것을 알게 되었습니다. 이제 이 특성을 활용해 보겠습니다. 이중 슬릿의 두 구멍 뒤에 서로 다른 편광필터를 배치합니다. 왼쪽 구멍 뒤에는 수평 편광필터를, 오른쪽 구멍 뒤에는 수직 편광필터를 배치합니다.

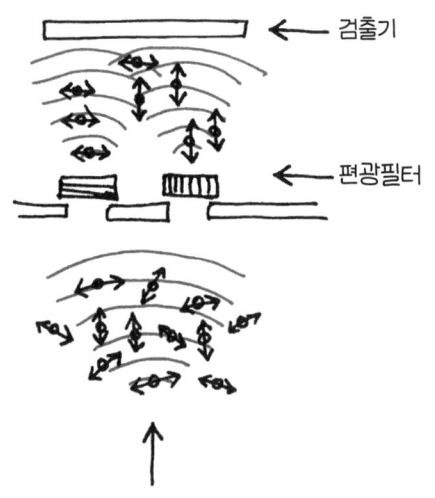

'표시'를 이용한 이중 슬릿 실험
광자는 아래에서 매우 다른 편광 방향을 가지고 나옵니다. 광자가 왼쪽 슬릿을 통과하면 수평 편광필터를 만나고, 오른쪽 슬릿을 통과하면 수직 편광필터를 만납니다.

이제 놀라운 일이 벌어집니다. 편광필터를 설치하자마자 파동 패턴이 사라집니다. 보이는 것은 지루한 빛 조각뿐입니다. 왼쪽과 오른쪽 구멍을 모두 닫고 그 결과로 생긴 두 개의 겹치는 빛 조각을 합쳤을 때 나타나는 바로 그 조각입니다.

여기서 정확히 무슨 일이 일어난 것일까요? 정확하게 표현하려면 매우 신중해야 합니다. 우리의 언어가 양자 현상에 맞춰 설계되지 않았기 때문에, 말로 정확하게 설명하는 것은 불가능할 것입니다. 하지만 세상에는 더 정확한 표현과 덜 정확한 표현들이 있습니다. 우리는 다음과 같은 설명을

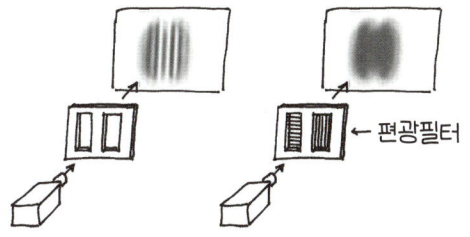

이중 슬릿은 간섭무늬를 만듭니다. 그러나 광자를 두 개의 서로 다른 편광필터에 통과시키면 간섭무늬가 사라집니다.

종종 접하게 됩니다.

편광필터는 각 광자를 표시합니다. 왼쪽 경로를 따르는 광자는 수평 편광을, 오른쪽 경로를 따르는 광자는 수직 편광을 받습니다. 이를 통해 각 광자가 어느 경로를 선택했는지 알 수 있습니다. 그러나 파동 간섭 효과는 각 광자가 두 경로를 동시에 선택한다는 사실에 기반합니다. 근본적으로 광자가 어느 경로를 선택했는지 알 수 없습니다. 따라서 광자에 경로 표시가 생기면 파동 간섭은 사라져야 합니다. 검출기에서 광자의 편광 방향을 실제로 측정하는지 여부는 중요하지 않습니다. 개별 광자가 어느 경로를 선택했는지 이론적으로 결정할 수 있다는 가능성만으로도 파동 간섭 효과는 소멸됩니다.

앞의 설명이 완전히 틀린 것은 아니지만, 뒤에서 살펴볼 바와 같이 그렇다고 옳은 것도 아닙니다. 단, 중요한 부분 하나는 맞습니다. 어떤 방법을 사용하든 입자가 실제로 어떤 경로를 따라갔는지 확인하면 간섭이 사라진다는 것입니다. 이 경우 우리는 '어떤 경로 정보'에 대해 이야기합니다. 어떤 실험을 행하든, 두 경로를 어떻게 구분하든, 어떤 트릭을 생각해내든, 이러한 '경로 정보'가 원칙적으로 어떤 방식으로든 사용 가능해지는 즉시, 이 정보가 우주 어딘가에 존재하는 즉시, 파동 중첩 현상은 더 이상 볼 수 없는 것이죠.

하지만 실험을 좀 더 신중하게 생각해보도록 하죠. 광자가 두 개의 서로 다른 경로를 동시에 통과하게 하면, 그 광자는 '왼쪽'과 '오른쪽'의 중첩 상태에 놓이게 됩니다. 두 경로에 서로 다른 편광필터 두 개를 설치하더라도 상태는 변하지 않습니다. 이는 광자를 두 경로 중 하나에만 제한하는 것이 아니라, 여전히 중첩 상태에 있기 때문입니다. 이제 편광도 영향을 미치는 중첩 상태일 뿐입니다. 즉 '왼쪽 경로와 수평 편광'과 '오른쪽 경로와 수직 편광'의 중첩 상태인 것입니다. 이 두 가지가 광자 파동함수의 두 구성 요소가 됩니다.

이론적으로는 '왼쪽 경로와 수직' 또는 '오른쪽 경로와 수평'이라는 요소도 가능하지만, 이 경우에는 적용되지 않습니다. 이 두 옵션은 편광필터에서 제거되었기 때문입니다. 따라서 두 속성의 명확한 역할 부여가 존재합니다. '왼쪽'은 필연적으로 '수평'에 해당하고, '오른쪽'은 필연적으로 '수직'에 해당되는 것입니다.

그럼에도 불구하고 "왼쪽 경로를 취하는 광자는 수평 편광이고, 오른쪽 경로를 취하는 광자는 수직 편광이다"라고 말하는 것은 완전히 정확한 말이 아닙니다. 오른쪽 경로나 왼쪽 경로만 선택하는 광자는 없기 때문입니다. 모든 광자는 두 경로를 동시에 취합니다.

편광필터가 없다면, 왼쪽 슬릿과 오른쪽 슬릿에서 나온 파동 성분은 검출기에서 단순히 합쳐져서 서로 강화(보강)되거나 소멸(상쇄)될 수 있습니다. 그러나 이제 왼쪽 경로에서 나온 수평 편광 파동과 오른쪽 경로에서 나온 수직 편광 파동이 검출기에 도달합니다. 이 두 가지는 서로 다른 것입니다. 마치 사과와 배를 합칠 수 없는 것처럼, 더 이상 단순히 더할 수 없게 된 것이죠. 둘 다 존재하지만, 더 이상 서로 간섭할 수 없습니다. 마치 빛과 음파가 간섭할 수 없는 것처럼 말입니다.

엄밀히 말해 편광필터 사용이, 각 광자가 오른쪽 경로를 따라갔는지 왼쪽 경로를 따라갔는지에 대한 정보를 각인하는 것은 아닙니다. 모든 광자는 두 경로를 모두 거치기 때문입니다. 오히려 '두 경로에 편광 정보'를 각인하는 것입니다. 광자는 두 개의 서로 다른 파동 성분으로 이루어지고, 각 성분에는 편광 방향이 지정됩니다. 이 성분들의 합이 바로 광자입니다.

→ 파동이 같은 유형일 때만 겹칠 수 있다는 사실은 양자물리학에서만 볼 수 있는 것은 아닙니다. 여러 개의 스프링으로 고정된 금속 구슬이 있다고 상상해보세요.
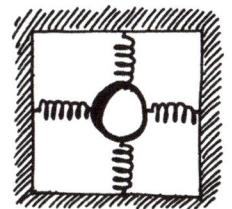

이제 손으로 아래쪽 스프링을 흔들어 그 진동으로 공을 움직일 수 있습니다. 다른 손으로는 위쪽 스프링을 동시에 같은 주파수로 흔들 수도 있죠. 금속 공의 움직임은 두 진동 운동의 중첩에 따라 달라집니다. 양손으로 동시에 위쪽으로 힘을 가하고 그다음 양손으로 동시에 아래쪽으로 힘을 가하면, 금속 공은 격렬하게 진동합니다. 두 진동 운동은 그 위상이 일치하여 합산됩니다. 그러나 위쪽과 아래쪽을 정확히 반대 방향으로 흔들면, 즉 두 스프링을 압축하거나 혹은 양쪽 스프링을 당기면 금속 공은 항상 서로 상쇄되는 두 개의 반대되는 힘을 받게 되어 움직이지 않습니다.

하지만 이 방법은 같은 방향으로 흔들리는 움직임을 중첩할 때만 효과가 있습니다. 한 손으로 수직 진동을 만들고 다른 손으로 수평 진동을 만들면, 이 두 진동은 서로 상쇄될 수 없고, 하나의 매우 큰 진동으로 합쳐질 수도 없습니다. 이제 우리는 수평 진동과 수직 진동, 두 가지 진동만 갖게 됩니다. 둘 다 존재하지만, 서로 간섭하지는 않습니다.

양자 지우개

이제 우리는 두 경로를 '어떤 경로 정보'로 표시하면 파동 간섭이 사라진다는 것을 알고 있습니다. 이제 한 걸음 더 나아가 이 '표시'를 다시 없애면 어떻게 될까요? 소위 말하는 '양자 지우개'를 통해 이러한 일을 합니다.

두 개의 편광필터가 있는 이중 슬릿을 다시 사용합니다. 그러면 수평과 수직으로 편광된 광자들이 검출기를 향해 날아갑니다. 하지만 광자들이 검출기에 도달하기 전에 또 다른 편광필터를 설치하고, 이 필터는 대각선 45도 방향으로 편광되어 있습니다.

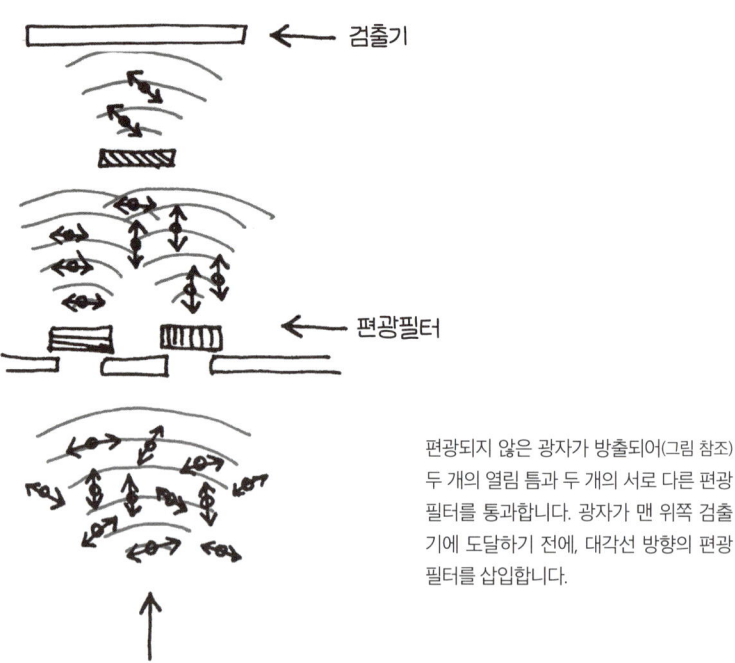

편광되지 않은 광자가 방출되어(그림 참조) 두 개의 열림 틈과 두 개의 서로 다른 편광필터를 통과합니다. 광자가 맨 위쪽 검출기에 도달하기 전에, 대각선 방향의 편광필터를 삽입합니다.

수평 및 수직으로 편광된 광자는 모두 추가된 대각선 편광필터를 통과할 확률이 50%입니다. 그리고 편광필터를 통과해 검출기에 도달하는 모든 광자는 동일한 방식, 즉 대각선으로 편광됩니다. 따라서 광자 파동의 이전 경로에 대한 정보는 검출기에 도달하지 않습니다. 추가 편광필터가 이 정보를 지운 것이죠. 이로 인해 두 경로가 다시 구분이 불가능해지고, 결국 파동 패턴이 생성됩니다. 양자 지우개는 이전에 '어떤 경로 정보'를 통해 막혀 있던 파동 중첩을 복원합니다.

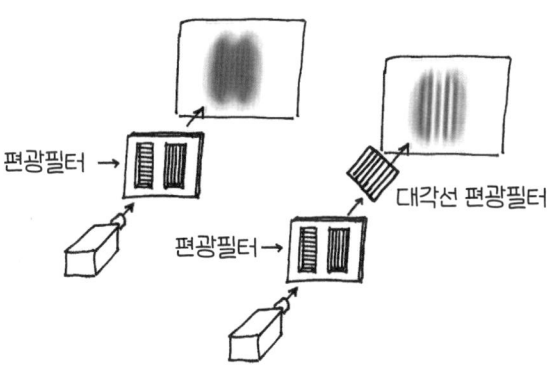

양자 지우개 실험을 실제보다 더 마법 같은 것으로 묘사해서는 안 됩니다. 예를 들어 "이중 슬릿 뒤의 편광필터에 의해 광자는 한 경로를 선택하도록 강제되었지만, 추가 필터는 광자가 두 경로를 동시에 선택하도록 했습니다"라고 이야기한다면, 흥미롭고 경외심을 불러일으키는 것처럼 들립니다. 그러나 안타깝게도 이는 사실이 아닙니다.

양자 지우개는 지연 선택 실험과 같습니다. 측정을 통해 입자의 현재 상태를 결정하는 것입니다. 과거를 결정하는 것과 혼동되어서는 안 됩니다.

→ 그렇다면 '왼쪽 슬릿에서 수평 편광'과 '오른쪽 슬릿에서 수직 편광', 두 파동 성분을 대각선 편광필터에 통과시키면 실제로 어떤 일이 일어날까요? 우리는 이미 다른 편광필터 실험을 통해 '대각선'은 '수평'과 '수직'의 혼합이라는 것을 알고 있습니다. 또는 반대로 '수평'과 '수직'은 '대각선'과 '반대각선'의 두 가지 다른 혼합인 것입니다.

따라서 '좌측 수평'과 '우측 수직'을 총 네 가지 성분, 즉 '좌측 대각선', '좌측 반대각선', '우측 대각선', '우측 반대각선'으로 분해할 수 있습니다. 대각선 편광필터는 두 개의 대각선 성분을 흡수하여 '좌측 대각선'과 '우측 대각선'만 남게 됩니다. 이 두 성분은 이제 검출기에 도달하게 됩니다.

하지만 이제 두 경우 모두 편광이 동일합니다. 더 이상 사과와 오렌지를 더하는 것이 아니라, 사과와 사과를 더하는 것이 됩니다. 편광은 더 이상 '어느 쪽을 향하는지'를 나타내는 지표가 아니며, 이로 인해 파동의 간섭이 다시 가능해지는 것입니다.

양자폭탄

오래 생각할수록 더 명확하고 간단해지는 실험들이 있습니다. 이중 슬릿 실험과 양자 지우개가 바로 그런 경우입니다. 입자가 중첩 상태에 있을 수 있다는 생각만 받아들이면, 나머지는 큰 문제가 되지 않습니다. 하지만 아무리 생각해봐도 여전히 어처구니없고 이해하기 어려운 실험들도 있습니다. 이러한 실험에도 나름의 매력이 있습니다. 자, 이번에는 그런 실험 중 하나를 살펴보겠습니다. 이른바 '양자폭탄'입니다. 이는 양자물리학에서 가장 이상한 아이디어 중 하나라고 할 수 있습니다.

누군가 극도로 민감한 폭탄을 만든다고 가정해봅시다. 단 하나의 광자라도 폭탄에 닿으면, 광자가 흡수되어 폭탄이 폭발합니다. 하지만 가짜 폭탄도 있습니다. 가짜 폭탄은 광자를 통과시킬 뿐 아무 일도 일어나지 않습니다. 그러면 우리가 다루는 것이 진짜 폭탄인지 가짜 폭탄인지 어떻게 알 수 있을까요?

이 놀라운 현상을 자세히 살펴보기 위해 아직 언급하지 않은 측정 기구를 사용하겠습니다. 바로 '마흐젠더 간섭계'입니다. 이중 슬릿 실험과 마찬가지로 마흐젠더 간섭계에서는 광자가 두 개의 서로 다른 경로를 동시에 이동한 후, 두 경로가 다시 결합됩니다.

먼저 마흐젠더 간섭계는 빔 분할기가 필요합니다. 빔 분할기는 빛의 절반을 투과시키고 나머지 절반은 반사시키는 반투명 거울입니다. 이러한 빔 분할기에 부딪히는 광자는 '반사'와 '투과'의 중첩 상태가 됩니다. 이렇게 빛을 두 개의 다른 경로로 분할한 후, 일반 거울을 사용하여 이 두 경로를 일치시킵니다.

두 경로가 교차하는 지점에 두 번째 빔 분할기를 설치합니다. 이제 두 경로 모두, 이 빔 분할기를 직선으로 통과하거나 반사될 수 있습니다. 두 경로는 서로 다른 두 검출기 중 하나에서 끝납니다. 각각을 '검출기 A'와 '검출기 B'라고 하겠습니다.

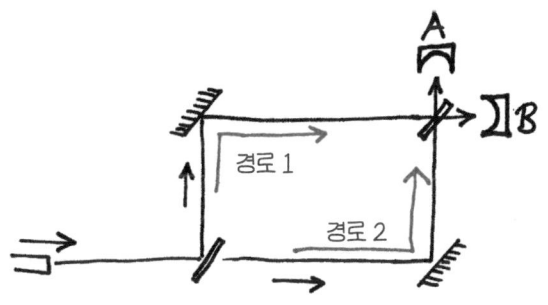

이제 두 경로 중 하나, 예를 들어 첫 번째 빔 분할기를 처음 통과하는 경로를 차단할 수 있습니다. 이렇게 하면 광자는 다른 경로로만 이동할 수 있습니다. 이 경로를 '경로 1'이라고 부르겠습니다. 광자는 두 번째 빔 분할기에 부딪히면 부분적으로 반사되어 검출기 A로 전송되고, 동시에 부분적으로 투과되어 검출기 B로 전송됩니다. 두 검출기 중 하나가 광자를 측정합니다. 어떤 검출기에 측정될지는 순전히 무작위입니다. 두 경우 모두 확률은 50%입니다.

경로 1을 차단하고 광자가 경로 2를 통과해야 하는 경우에도 마찬가지입니다. 이 경우에도 광자는 두 번째 빔 분할기에 도달하여 동시에 반사되고 투과된 후 검출기 A 또는 검출기 B에서 50% 확률로 측정됩니다.

하지만 두 경로 모두 차단하지 않으면 광자는 두 경로를 동시에 통과합니다. 두 경로는 동시에 두 번째 빔 분리기에 닿아 중첩됩니다. 마흐젠더 간섭계를 올바르게 조정하면 검출기 A에 도달하는 두 경로가 서로 상쇄(소멸)되고, 검출기 B에 도달하는 두 경로가 서로 보강(강화)되는 상황을 만들 수 있습니다. 이 경우 모든 광자는 항상 검출기 B에서 측정되고, 그 어떤 광자도 검출기 A에 도달하지 않습니다. 검출기 A에서는 광자가 자기 간섭을 일으키기 때문입니다.

→ 왜 모든 광자가 검출기 B에서 측정되는 걸까요? 정확히 알려면 조금 복잡합니다. 검출기 A로 가는 경로는 두 가지이고, 검출기 B로 가는 경로도 두 가지입니다. 마흐젠더 간섭계가 완벽하게 정렬되어 있다면, 특정 검출기로 이어지는 두 경로의 길이는 항상 정확히 같습니다. 광자는 두 경로에서 정확히 같은 횟수의 진동을 합니다. 따라서 두 경로에서 나온 광자 파동은 항상 같은 위상, 즉 파동의 봉우리에서 봉우리로, 파동의 골짜기에서 골짜기로 검출기에 도달해야 합니다.

하지만 고려해야 할 작은 세부 사항이 하나 더 있습니다. 파동이 빔 분할기에서 반사될 때, 빔 분할기를 직접 통과하는 파동에 비해 $\frac{1}{4}$만큼만 이동한다는 것입니다. 즉 위상이 90도만큼 이동합니다. 이것은 검출기 B로 이어지는 두 경로에는 문제가 되지 않습니다. 두 경로 모두 하나의 빔 분할기에서 투과되고 다른 빔 분할기에서 반사되므로, 둘 다 같은 양만큼 이동하기 때문입니다. 따라서 여전히 보강간섭이 발생합니다. 즉 파동의 꼭대기는 파동의 꼭대기에, 파동의 골짜기는 파동의 골짜기에 존재합니다.

그러나 이제 검출기 A로 이어지는 두 경로 사이에 갑작스러운 차이가 발생합니다. 광자는 두 빔 분할기를 모두 통과하거나, 두 빔 분할기 모두에서 반사되어 검출기 A에 도달합니다. 각 빔 분할기에서 한 경로는 다른 경로에 비해 90도 위상 편이가 쌓여 총 180도의 위상 차이가 발생합니다. 180도 위상 변화는 파동의 봉우리가 만약 위상 변화가 없었다면 파동의 골이 있었을 위치로 밀려났음을 의미하며, 그 반대의 경우도 마찬가지입니다. 두 경로는 상쇄적으로 중첩됩니다. 파동의 봉우리는 골짜기와 만나고, 골짜기는 파동의 봉우리와 만나게 되는 것입니다. 그러면 광자 파동은 소멸됩니다.

이는 검출기 A에서는 단 하나의 광자도 측정될 수 없다는 것을 의미합니다. 각 광자는 서로 중첩되어 완전히 상쇄됩니다. 모든 광자는 검출기 B에 도달합니다. 광자가 두 경로 중 하나만을 통해 전송되면 검출기 A 또는 검출기 B에서 측정될 확률은 50%입니다. 하지만 두 경로가 동시에 열려 있다면 모든 광자가 검출기 B에 도달할 것이 확실합니다. 이는 분명히 파동 현상이며, 광자의 파동적 특성 때문에만 가능합니다.

다시 폭탄 이야기로 돌아가 보겠습니다. 이 폭탄은 단 하나의 광자만 맞아도 즉시 폭발합니다. 이 폭탄을 가짜 폭탄과 어떻게 구별할 수 있을까요? 어쩌면 전혀 희망이 없는 일처럼 들립니다. 물론 폭탄에 광자를 시험 발사할 수는 없겠죠. 하지만 '광자'와 '광자 없음'의 중첩 상태는 어떨까요?

폭탄을 마흐젠더 간섭계의 두 경로 중 하나에 놓고 단일 광자를 보냅니

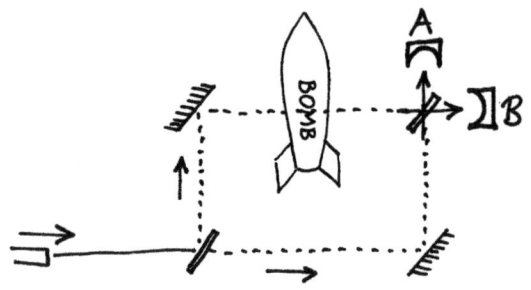

다. 광자는 빔 분할기에 닿아 중첩 상태에 놓입니다. 즉 폭탄이 있는 경로와 폭탄이 없는 경로 중 하나를 동시에 통과합니다. 이제 어떠한 일이 일어날까요?

우리가 진짜 폭탄을 얻지 못하고 가짜 폭탄만 얻었다면, 문제는 명확합니다. 가짜 폭탄은 단지 광자를 통과시킬 뿐, 결과에는 아무런 영향을 미치지 않습니다. 앞서 설명했듯 이 경우에는 검출기 B의 광자를 측정합니다.

하지만 우리가 진짜 폭탄을 얻었다면 상황은 좀 더 복잡해집니다. 폭탄은 광자검출기, 즉 측정 장치이고, 측정은 광자의 상태에 개입합니다. 측정은 광자가 가능한 경로 중 하나를 선택하도록 강제합니다. 우리의 광자가 폭탄이 이동하는 경로로 이동할 확률은 50%입니다. 이때 광자는 흡수되어 폭탄이 폭발하고 실험실은 폐허가 될 것입니다. 광자가 반대 경로로 이동할 확률도 50%입니다. 또 이때 광자는 폭탄과 접촉하지 않고 측정기에 도달할 것입니다.

광자는 어떤 검출기에서 측정될까요? 우리는 모릅니다. 우리가 이전에 알고 있던 것은 광자가 두 경로를 모두 통과할 경우, 두 경로가 겹쳐 검출기 B에서는 측정되고 검출기 A에서는 절대 측정되지 않는다는 것입니다. 하지만 폭탄 때문에 이제 경로는 단 하나뿐입니다. 즉 서로 다른 경로가 겹칠 수 없습니다. 따라서 이 광자가 빔 분할기에 의해 투과되는지 반사되는지는 순전히 우연인 것입니다. 검출기 A에 도달할 확률은 50%이고, 검출기 B에 도달할 확률도 50%입니다. 광자가 검출기 B에서 감지된다고 해도 별 도움이 되지 않습니다. 가짜라 해도 그런 결과가 나올 테니까요. 따라서 이 경우에는 진짜 폭탄을 감지했는지, 아니면 가짜를 감지했는지는 알 수 없습니다.

하지만 이 실험에서 정말 놀라운 점은 광자가 검출기 A에 기록될 가능성이 있다는 것입니다. 폭탄이 가짜라면 이런 일이 일어날 수 없습니다. 따라서 검출기 A의 측정값은 이번에는 진짜 폭탄이라는 것을 명확하게 알려줍니다. 폭탄을 터뜨리지 않고도 정보를 얻은 것입니다.

이 사실은 오래 생각하면 생각할수록 어처구니없게 느껴지기도 합니다. 광자와 폭탄 사이에 실질적인 상호작용이 없었음에도 불구하고 우리는 폭탄을 감지했습니다. 광자는 결국 다른 경로, 즉 폭탄으로 들어가는 경로가 아니라 폭탄이 없는 다른 경로로 가기로 결정했습니다. 진짜와 가짜의 유일한 차이점은 폭탄이 광자를 흡수하여 폭발할 수 있다는 것입니다. 그런데도 우리는 단 하나의 광자도 흡수하지 않고도 폭탄을 식별하는 데 성공한 것입니다.

이를 '상호작용 없는 양자 측정'이라고 합니다. 폭탄은 광자를 흡수하지 않더라도 양자 측정을 수행합니다. 폭탄이 존재한다는 사실만으로도, 광자 외 경로가 두 가지 측정 가능한 가능성 중 하나로 결정됩니다. 이는 광자의 파동함수가 붕괴되도록 합니다. 즉 '경로 1과 경로 2'의 중첩 상태가 '경로 1' 또는 '경로 2' 중 하나가 되는 것입니다. 마흐젠더 간섭계는 이 두 가지 상태를 구분할 수 있기 때문에 폭탄을 찾을 수 있습니다.

적어도 특정한 경우에는 찾을 수 있을 것입니다. 안타깝게도 이 실험 설정으로는 이를 완전하게 보장할 수 없죠. 우리가 마주친 모든 가능성을 다시 한번 정리해보자면 절반의 경우, 실험은 실패로 끝났고 폭탄이 폭발합니다. $\frac{1}{4}$의 경우, 검출기 B에서 광자를 발견했지만 진짜 폭탄인지 가짜 폭탄인지 알 수 없었습니다. 나머지 $\frac{1}{4}$의 경우에만, 다행히도 실제 폭탄이 손상 없이 진짜 폭탄임을 확인할 수 있었습니다. 엄청난 성공 같지는 않지만, 양자 기술을 사용하지 않고 달성할 수 있었던 것보다는 훨씬 나은 성과입니다. 그러니 불평하지 말아야 겠죠!

→ 좀 더 복잡하게 실험을 설정하면 결과를 더욱 개선할 수 있습니다. 예를 들어 빛의 50%가 아닌 극히 일부만 통과시키는 빔 분할기를 사용할 수 있습니다. 이를 보완하기 위해 광선을 한 번만 통과시키는 것이 아니라 반복적으로 통과시킵니다. 예를 들어 빔 분할기를 두 개의 거울 사이에 배치하여, 광자가 그 사이를 여러 번 왕복하도록 할 수 있습니다.

2022년 노벨물리학상 수상자인 안톤 차일링거가 있던 오스트리아-미국 연구팀은, 이렇게 설계된 실험 장치를 사용하여 폭발 없이 폭탄을 정확하게 감지할 확률을 100%

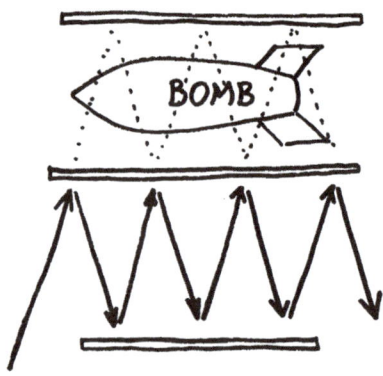

거울 내 폭탄 탐지 광자가 빔 분할기(중간선)로 보내지면, 빛 파동의 극히 일부만 통과하고 나머지는 반사됩니다. 빔 분할기 위아래에 거울이 위치하여 투과된 빛과 반사된 빛이 반복적으로 빔 분할기로 되돌아오도록 합니다. 광자파의 극히 일부만이 양자폭탄에 닿기 때문에 폭발 확률은 극히 낮습니다. 빔 분할기가 통과하는 빛이 적을수록 성공 확률은 100%에 가까워집니다.

에 거의 근접시킬 수 있음을 입증했습니다. 실제로 그들은 높은 신뢰성으로 상호작용 없는 양자 측정을 수행하는 데 성공했습니다.

그 누구든 실험이 실패로 끝나는 경향이 있는 볼프강 파울리가, 앞에서 말한 실험 장치를 만드는 것을 원하지 않을 것입니다. 적어도 생명을 위협하는 폭탄이 실제로 관련된 경우에는 말입니다.

하지만 이 모든 사고실험은 폭탄을 해체하는 것과는 전혀 다른 것입니다. 양자 이론의 규칙을 이해하고 이를 영리하게 활용한다면, 고전적인 방법(양자 이론이 없을 경우)으로는 찾지 못할 숨겨져 있을 것들을 발견할 수 있게 해줍니다. 그러므로 양자 이론은 우리가 전혀 접하지 못했을 가능성들을 열어줍니다. 양자 이론이 탄생한 지 100년이 넘은 오늘날에도 우리는 끊임없이 새로운 것을 배우고 있습니다.

Chapter **7**

왜 우리는
벽을 통과하지 못할까?

**왜 전자 사이에 공간이 결코 비어 있지 않는 걸까요?
왜 파울리의 배타 원리가 고양이를 쓰다듬는 데 도움이 될까요?
어째서 중성자로만 구성된 별이 존재할까요?
이렇듯 양자 이론은 물질의 특성을 설명해줍니다.**

우리 은하는 사실 미래가 없는 곳입니다. 바로 이웃 은하와 충돌할 궤도에 있기 때문이죠. 약 40억 년 후에 우리 은하와 안드로메다 은하는 충돌할 것이며, 지구상의 어떤 힘도 이를 막을 수 없습니다.

40억 년은 긴 시간처럼 들리지만, 우주의 관점에서 보면 이 은하 충돌은 거의 임박한 것이나 다름없습니다. 그때쯤에도 우리 지구는 여전히 존재할 가능성이 높고, 태양과 함께 완전히 다른 은하계 이웃, 어쩌면 오늘날 수백만 광년 떨어져 있는 새로운 이웃 별들 사이에 위치하게 될 가능성이 높습니다.

은하 충돌은 생각보다 극적이지 않습니다. 은하는 주로 빈 공간으로 이루어져 있습니다. 은하 내의 별과 행성은 은하 부피의 극히 일부만을 차지하기 때문에, 두 은하의 충돌은 별이나 행성의 충돌 없이 서로를 통과할 수도 있습니다. 두 은하는 중력으로 인해 서로를 변형시키며, 하나의 거대한 은하로 합쳐지기도 합니다. 하지만 두 은하의 개개의 별들과 행성에는 별다른 위험이 없습니다.

더 작은 규모에서 보면 어떨까요? 원자도 주로 빈 공간으로 이루어져 있지 않나요? 원자 질량의 거의 대부분은 핵에 있지만, 핵은 전체 부피의 아주 작은 부분만을 차지합니다. 그 주변을 전자 영역이 감싸고 있는데, 그 크기는 수십억 배나 더 큽니다. 이 크기 비율에 대한 인상적인 비유가 있습니다. 만약 핵이 체리만 하다면 전체 원자는 축구 경기장만 하고, 전자는 축구 경기장 바깥쪽 관중석 어딘가에서 궤도를 돌고 있다고 말이죠.

하지만 인간이 그렇게 텅 빈 원자로 이루어져 있다면, 왜 우리는 앞에서 말한 두 은하처럼 서로를 그냥 통과할 수 없는 걸까요? 벽을 뚫고 옆방으로 들어가려고 하면 왜 아픈 것일까요? 그리고 왜 붐비는 기차에서는 이미 다른 사람이 차지하고 있는 자리에 그냥 앉을 수 없는 걸까요?

언뜻 보기에 이 문제는 약간 혼란스럽습니다. 전자는 기본 입자이기 때문에 원칙적으로 어떤 크기의 구멍이든 통과할 수 있습니다. 따라서 전자는 어떤 의미에서 무한히 작다고 할 수 있습니다. 이는 흔히 '점입자'라고 불립니다. 원자핵은 일정한  크기를 가지고 있고, 양성자와 중성자로 구성되어 있으며, 각 양성자와 중성자는 다시 세 개의 쿼크로 구성됩니다. 이 쿼크는 전자처럼 일정한 크기가 없는 기본 입자입니다.

이렇게 보면 모든 물질은 '무한히 작은' 물체들로만 이루어져 있습니다. 근본적으로는 점입자만 존재하는 것이죠. 그렇다면 우주의 모든 입자는 전체 부피의 정확히 0%를 차지한다는 말인가요? 나머지 100%는 물질 입자가 없는 공간이라는 뜻인 걸까요?

  물론 이러한 관점은 별로 도움이 되지 않습니다. 물질을 이런 식으로 본다면, 우리는 다시 한번 양자 현상을 일상적인 고전적 직관으로 설명하는 오래된 실수를 저지르는 셈입니다. 똑똑하다고 할 수 없죠.

양자보송이와 에너지 떨림

전자는 점입자일 수 있지만, 이제는 그것이 파동 형태로 분포되어 있다고 상상해야 한다는 것을 알고 있습니다. 이것은 다른 모든 기본 입자에도 동일하게 적용됩니다. 그것들은 공간의 특정 지점에 위치하는 것이 아니라, 어떤 장소에서는 더 두드러지고 또 다른 장소에서는 덜 두드러지는 공간의 속성이라 할 수 있습니다.

  우리는 슈뢰딩거의 파동함수를 통해 이미 이 사실을 알고 있습니다. 체리는 특정 위치를 가지고 있습니다. 그 자리는 체리와 같은 공간이며, 바로 옆은 전혀 체리와 같지 않습니다. 반면 전자는 공간의 분포된 속성으로, 위치에 따라 다양한 정도로 나타납니다. 원자핵에 가까운 영역은 전자 밀도가 매우 높고, 더 멀리 있는 공간은 전자 밀도가 낮으며, 전자가 거의 없는 아주 먼 곳의 밀도는 0에 가깝습니다. 이는 우리 우주 전체를 채우는 '전자장(electron field)'이라고 할 수 있습니다.

  하지만 그게 전부는 아닙니다. 공간 전체에 분포하는 이 물결치는 전자들은 서로 끊임없이 상호작용을 합니다. 음전하를 띠고 있기 때문에 서로 밀어냅니다. 이는 광자로 구성된 전기장을 생성함으로써 가능합니다. 전자들은 끊임없이 서로 광자를 교환하며, 공간을 격렬하게 반짝이는 입자파와 힘의 에너지 흐름으로 채웁니다. 이는 원자의 기본 입자들 사이의 공간이

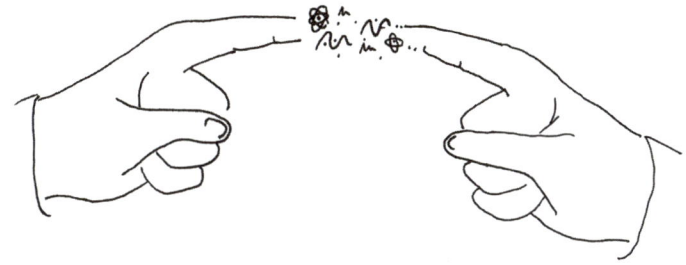

결코 비어 있지 않음을 의미하는 것입니다. 우주 어딘가에 있는 빈 공간과는 아주 다릅니다. 그곳에서는 힘이 거의 작용하지 않습니다.

우리가 만들어 낸 물질은 빈 공간이 있는 작은 구체들의 집합으로 생각되어서는 안 됩니다. 물질은 두 자석 사이에 존재하는 상태, 즉 반짝이며 진동하는 힘과 에너지의 장(場)과 같습니다.

중성미자는 우리를 쫓지 않는다

하지만 고체 물질이 실제로는 거의 공허한 것처럼 느껴지는 입자들도 있습니다. 예를 들어 중성미자에게 벽은 심각한 장애물이 아닙니다. 중성미자는 콘크리트 벙커를 가시광선이 깨끗이 닦은 유리창을 통과하는 것보다 더 쉽게 통과합니다.

중성미자는 특이한 종류의 기본 입자입니다. 매우 흔해서 우리는 끊임없이 중성미자에 둘러싸여 있지만, 인지하지 못합니다. 우리 몸의 모든 $1cm^2$는 매초 수십억 개의 중성미자에 부딪히지만, 대개 우리에게 아무런 영향을 미치지 않습니다. 태양에서 생성되어 지구로 날아온 중성미자는 단 하나의 원자와도 충돌하지 않고, 지구 전체를 관통할 가능성이 높습니다.

원자에서 결정적인 역할을 하는 힘이 중성미자에는 영향을 미치지 않기 때문입니다. 중성미자는 전자기장에 반응하지 않습니다. 전자의 전하는 중성미자에게 전혀 영향을 미치지 않습니다. 전차 운전사가 국제 해역에서의 항해 규칙에 전혀 영향을 받지 않는 것처럼, 중성미자는 아무런 영향을 받지 않습니다. 또한 중성미자는 원자핵에서 결정적인 역할을 하는 강한 상호작용을 느끼지 못합니다. 중성미자와 원자는 쉽게 공존할 수 있는 것이죠.

어쩌면 괴상한 생각입니다. 우리는 서로 다른 두 가지가 공존할 수 있다는 생각에 익숙하지 않습니다. 하지만 근본적으로는 그런 생각 자체가 잘못된 것은 아닙니다. 공간의 특정 지점은 전자와 핵이 동시에 존재할 수 있고, 광자와 중성미자로 동시에 채워질 수도 있습니다. 마치 특정 시점에 수요일과 10월이 동시에 공존할 수 있는 것처럼 말입니다.

설명이 필요한 것은 입자들이 같은 장소에 있을 수 있다는 사실이 아니라, 때로는 그럴 수 없다는 사실입니다. 물질이 구조를 가지고 있고, 물체가 서로 침투하거나 겹칠 수 없다는 사실은, 많은 입자들이 끊임없이 주고받는 엄청난 힘의 흐름과 관련이 있습니다.

다양한 입자로 이루어진 다양성의 동물원

우리가 벽을 통과할 수 없는 이유를 완전히 설명하려면 또 다른 중요한 사실, '파울리 배타 원리'라 부르는 사항을 고려해야 합니다. 이를 위해 다양한 유형의 입자의 스핀을 자세히 살펴보겠습니다.

존재하는 모든 입자는 두 가지 유형으로 나눌 수 있습니다. 반정수 스핀을 갖는 입자를 '페르미온'이라고 합니다. 물질은 이것들로 이루어져 있습니다. 전자는 페르미온에 속하며, 양성자와 중성자를 구성하는 '쿼크'도 페르미온에 속합니다. 페르미온은 모두 스핀 $\frac{1}{2}$을 갖습니다.

반면 정수 스핀을 갖는 입자는 '보손'이라고 합니다. 예를 들어 스핀 1을 갖는 광자가 이 부류에 속합니다. 보손은 물질 입자 간의 상호작용을 담당하는 힘 입자입니다.

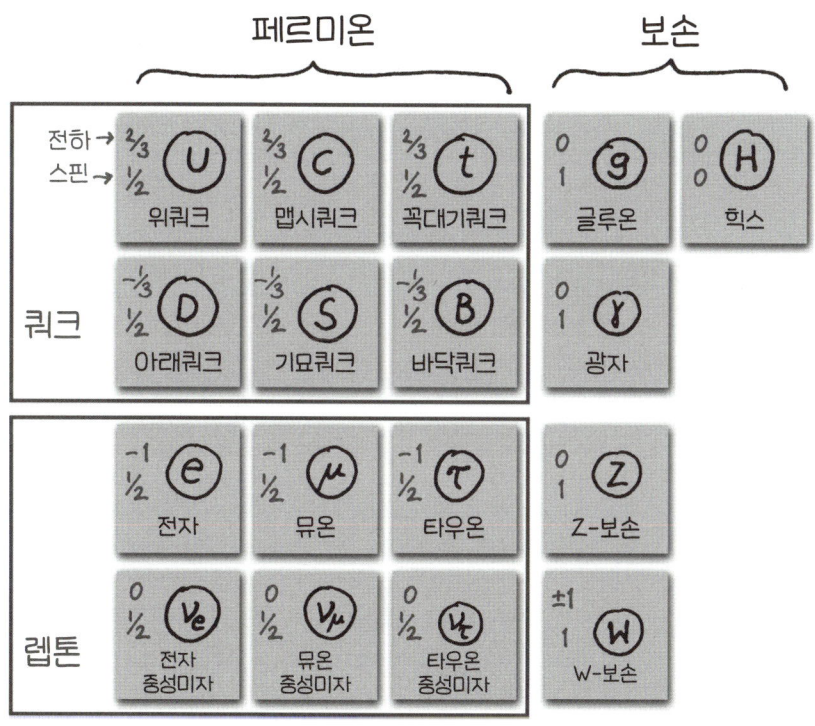

→ 오늘날 우리는 수많은 기본 입자들을 알고 있습니다. 이러한 입자들의 집합은 언뜻 보기에는 다소 혼란스러울 수 있지만, 스핀이나 전하 같은 특성별로 분류해보면 더 명확해집니다. 이러한 입자들에 대한 이론을 '입자물리학의 표준 모형(입자물리학의 기본 입자)'라고 합니다.

앞에 나오는 그림의 왼쪽은 페르미온입니다. 페르미온은 쿼크와 렙톤, 두 그룹으로 나눌 수 있습니다. 이 두 그룹은 전하가 다릅니다. 렙톤은 정수 전하를 갖습니다. 전자는 마이너스(-)의 전하를 가지고 있으며, 뮤온과 타우온도 마찬가지입니다. 이 입자들은 각각 중성미자를 가지고 있으며, 중성미자는 모두 0의 전하를 갖습니다.

반면에 쿼크는 '$\frac{2}{3}$' 또는 '$-\frac{1}{3}$'과 같은 $\frac{1}{3}$ 단위의 전하를 가집니다. 쿼크는 여섯 가지 종류가 있으며, 세 쌍으로 분류됩니다. 위-아래, 맵시-기묘, 꼭대기-바닥입니다. 이것들은 단지 상상 속의 이름일 뿐이며, 물리적 의미를 가지지는 않습니다. 이 쿼크 쌍은 각각 전하가 $\frac{2}{3}$인 쿼크 하나와 전하가 $-\frac{1}{3}$인 쿼크 하나가 있습니다.

이는 처음에는 이상하게 들립니다. 일반적으로 전하는 기본 전하의 정수배로만 존재하기 때문입니다. 하지만 이는 쿼크들이 단독으로 존재하는 것이 아니라, 항상 조합되어 존재한다는 사실로 설명할 수 있습니다. 예를 들어 중성자는 두 개의 바닥쿼크(각각 $-\frac{1}{3}$ 전하를 가짐)와 하나의 위쿼크($\frac{2}{3}$ 전하를 가짐)로 구성되어 있습니다. 이들은 서로 균형을 이루므로 중성자의 총 전하가 0입니다. 반면 양성자는 두 개의 위쿼크(각각 $\frac{2}{3}$ 전하를 가짐)와 하나의 아래쿼크($-\frac{1}{3}$ 전하를 가짐)로 구성되어, 총 전하가 1입니다.

보손은 상호작용을 담당합니다. 광자는 전자기적 상호작용을 담당하고, 글루온은 중성자와 양성자의 쿼크를 유지하는 강한 상호작용을 담당합니다. 그리고 소위 약한 상호작용이 있는데, 이는 일상생활에서 특별한 역할을 하지는 않지만 특정 핵붕괴를 일으키는 원인입니다. 약한 상호작용은 Z-보손과 W-보손의 교환으로 발생합니다. 광자 보손이나 글루온 보손과 달리, W-보손과 Z-보손은 질량을 가지고 있습니다.

마지막으로 '힉스 보손'이 있습니다. 오랫동안 힉스 보손은 입자물리학의 기본 입자에서 이론적으로만 예측되었을 뿐 아직 측정되지 않은 유일한 입자였습니다. 2012년에 유럽입자물리연구소(CERN)에서 발견되기 전까지는 말입니다.

이제 기본 입자에서 빠진 것은 모두가 알고 있는 마지막 남은 힘, 즉 중력의 상호작용 입자입니다. 지금까지는 중력을 기본 입자에 통합하는 것이 불가능했습니다. 하지만 이제 우리는 이 입자, 즉 '중력자(graviton)'가 스핀 2를 가진 질량이 없고 전기적으로 대전

되지 않은 보손이어야 한다는 것을 알게 되었습니다.

모든 입자는 구별할 수 없습니다. 우주의 모든 전자는 우주의 다른 모든 전자와 같습니다. 마치 꼬투리 안의 두 완두콩처럼 서로 다르지 않습니다. 근본적으로 동일한 것이죠.

이것은 아주 중요한 구별입니다. 달걀 두 개, 같은 가치의 지폐 두 장, 또는 새로 인쇄된 같은 책 두 권은 우리에게는 똑같아 보일지 모르지만, 여전히 각각 고유한 정체성을 가지고 있습니다. 두 개의 지폐 사이에는 항상 미세한 차이점이 있습니다. 책 역시 각각을 구분하기 위해 표지를 조금 구겨도 되니까요. 하지만 전자에 표시를 하거나 다른 전자와 구별할 방법은 없습니다. 전자는 전자일 뿐입니다. 이것은 다른 모든 유형의 입자도 마찬가지입니다.

파울리의 배타 원리

전자 간의 차이는 전자가 서로 다른 상태에 있을 때만, 예를 들어 속도, 회전, 또는 원자핵에 결합되어 있을 때만 말할 수 있습니다. 하지만 두 개의 동일한 입자가 같은 위치, 정확히 같은 상태에 있을 때는 어떻게 될까요? 그런 일이 가능하기는 한 걸까요? 아니면 양자물리적 동일성 위기를 겪게 될까요?

이는 전적으로 이와 관련된 입자의 유형에 따라 달라집니다. 물질 입자, 즉 반정수 회전을 가진 페르미온은 이 경우에 힘 입자, 즉 정수 회전을 가진 보손과 완전히 다르게 행동합니다. 힘 입자는 쉽게 같은 상태에 있을 수 있습니다. 힘 입자가 더 많다면, 우리는 단순히 더 강한 힘을 다루고 있는 것입니다.

하지만 물질 입자의 경우는 다릅니다. 페르미온의 경우 다음 규칙이 적용됩니다. 각 입자 상태는 최대 하나의 입자만 차지할 수 있습니다. 두 개의 페르미온, 예를 들어 두 개의 전자가 정확히 같은 상태에 있을 수는 없습니다. 이것이 바로 유명한 '파울리의 배타 원리'로, 볼프강 파울리는 이 원리를 발견하여 1945년 노벨물리학상을 수상했습니다.

파울리의 배타 원리는 원자물리학에 매우 중요합니다. 우리는 이미 원자 안에 매우 특정한 전자 상태들이 있다는 것을 알고 있습니다. 전자가 핵에 결합되려면 이러한 상태들 중 하나에 속해야 합니다. 이제 원자 안의 이러한 전자 상태들은 사다리의 가로대처럼 번호를 매길 수 있습니다. 즉 에너지가 가장 낮은 첫 번째 상태부터 시작하여 점점 더 높은 에너지가 있는 상태로 나아가는 것이죠. 만약 원자에 전자가 하나만 있다면, 이 전자는 핵에 매우 가까운 가장 낮은 에너지 상태에 있을 가능성이 높습니다. 이 상태를 마치 그릇에 굴린 공과 같다고 생각해보세요. 굴러간 공은 가장 낮은 에너지가 있는 상태, 즉 그릇의 가장 아래에 있게 됩니다.

하지만 원자에 전자를 더 추가하고 싶다면 어떻게 될까요? 파울리의 배타 원리에 따르면, 전자는 이미 다른 전자가 위치한 곳에는 존재할 수 없습니다. 각 전자는 고유한 상태를 가져야 합니다. 두 번째 전자의 경우에는 상대적으로 간단합니다. 두 번째를 첫 번째 전자가 있는 위치에 정확히 두면서도 다른 회전을 하게 만드는 것이죠. 하나의 전자가 '스핀 업'이라면 다른 전자는 '스핀 다운'의 상태로 만듭니다. 이렇게 하면 두 전자는 서로 다른 상태에 놓이게 되고, 파울리의 배타 원리가 적용됩니다. 하지만 세 번째 전자는 그 위치에 놓을 수는 없습니다. 따라서 세 번째 전자는 더 높은 에너지 상태가 되어야 합니다.

이런 식으로 우리는 더 많은 전자를 가진 더 큰 원자를 만들 수 있습니다. 원자핵에 매우 가까운 원자 중심 영역은 끊임없이 채워지고, 새로운 전자는 핵에서 더 먼 거리에 있는 상태를 되어야 하죠. 이렇게 하여 원자의 화학적 특성을 결정하는 전자껍질이 생성됩니다. 두 원자가 만나면 최외각 전자들이 서로 접촉하게 되고, 경우에 따라 원자는 이러한 전자를 공유할 수 있습니다. 즉 화학 결합이 형성됩니다.

파울리의 배타 원리가 없었다면 모든 것이 완전히 달라졌을 것입니다. 대다수 전자는 핵에 매우 가까이 모여 있을 것이고, 에너지가 가장 낮은 상태는 수많은 전자가 동시에 자리를 차지하고 있었을 것입니다. 복잡한 화학 반응은 불가능했을 것이고, 흥미로운 분자도 없었을 것이며, 생명체는 결코 진화하지 못했을 것입니다. 우주는 별것 아닌 작은 원자들로만 가득 차 있을 것이고, 아무도 그 이유를 궁금해하지 않았겠죠.

이처럼 파울리의 배타 원리는 우리가 벽에 부딪히거나, 누군가와 악수하거나, 고양이를 쓰다듬을 때도 중요한 역할을 합니다. 우리가 무언가를 만지면 전자들이 서로 접촉합니다. 그러나 파울리의 배타 원리에 따르면 전자들은 같은 상태를 가질 수 없기 때문에, 같은 위치로 밀어 넣으려고 하면 저항합니다. 이는 대전된 입자의 전기적 반발과 결합되어 물질을 통과할 수 없게 만듭니다. 입자들 사이의 힘과 파울리의 배타 원리가 우리가 벽을 통과할 수 없는 이유인 것입니다.

찬드라세카르와 별들의 죽음

파울리의 배타 원리는 특히 수명을 다한 별에서 흥미로운 결과를 만들어 냅니다. 우리 태양과 같은 일반적인 별에서는 두 가지 상반되는 힘이 균형을 이루고 있습니다. 하나는 별의 모든 원자를 안쪽으로 끌어당기는 중력이고, 다른 하나는 별의 뜨거운 내부의 엄청난 압력에 의해 생성되는 바깥쪽으로 향하는 힘입니다.

인도의 물리학자 수브라마니안 찬드라세카르는 1930년, 열아홉 살 때 이러한 효과에 대해 깊이 생각했습니다. 그에게는 2주라는 충분한 시간이 있었죠. 바로 케임브리지대학교에서 학업을 이어가기 위해 배로 인도 마드라스에서 출발해 영국까지 항해하는 데 걸린 시간이었습니다. 찬드라세카르는 별이 연료를 모두 소모하고 식으면 압력이 감소하고 중력이 작용하여, 별이 자체 무게로 인해 붕괴한다는 것을 알고 있었습니다.

하지만 이 경우 파울리의 배타 원리는 중력에 반하는 작용을 합니다. 중력은 각 전자가 고유한 상태를 가져야 하기 때문에 별을 원하는 만큼 강하게 끌어당길 수 없습니다. 별 중심의 모든 전자 공간이 채워지면, 다른 전자들은 중력이 그들을 중심으로 매우 강하게 끌어당기더라도 아주 조금씩이라도 서로 떨어져 있어야 합니다. 파울리의 배타 원리에서는 '축퇴압'(입자들이 압축될수록 같은 상태가 될 수 없어 일종의 압력인 저항이 생긴다는 의미 - 옮긴이)이라 불리는 새로운 종류의 압력을 생성합니다. 이는 파울리의 배타 원리로 인해 전자가 같은 상태로 강제로 갇히는 것에 저항하는 힘입니다.

그러나 찬드라세카르는 별의 질량이 일정 한계를 초과하면 전자의 축퇴압조차도 중력 붕괴를 막기에 충분하지 않다는 사실을 깨달았습니다. 어느 순간, 중력이 너무 강해지면 입자의 변형이 일어납니다. 전자와 양성자가 서로 눌려 중성자로 변환되고, 그 결과 중성자별이 남게 되는 것입니다. 찬드라세카르는 항해 중에 전자의 축퇴압에 대한 상한선을 계산할 수 있었습니다(찬드라세카르 한계). 그는 이후 천체물리학 연구로 세계적인 명성을 얻었고, 1983년에 노벨물리학상을 수상했습니다.

중성자별은 인간의 상상을 초월합니다. 이것은 우리가 아는 물질과는 거의 어떠한 관련도 없습니다. 중성자별은 태양보다 질량이 높지만 반지름은 몇 킬로미터에 불과합니다. 작은 머리핀 장식만 한 중성자별 물질의 질량은 약 50만 톤으로, 철도 기관차 수천 대에 해당합니다. 이 중성자별의 표면은 아주 평평하고 매끄럽습니다. 몇 밀리미터 높이의 언덕조차도 중성자별의 강력한 중력에 의해 즉시 평평해지기 때문이죠.

터널 효과

이제 왜 벽에 부딪혔을 때, 벽이 우리를 막는지 알게 되었습니다. 하지만 양자물리학은 여전히 작은 뒷문을 남겨 둡니다. 물질의 파동 속성은 겉보기에 그렇지 않아 보이더라도 원칙적으로 특정 장벽을 뚫을 수 있게 합니다. 이것을 '터널 효과'라고 합니다.

터널 효과를 이해하기 위해 먼저 봉우리와 골짜기가 있는 고전적인 공굴리기를 상상해보도록 하죠. 봉우리에서 공을 놓으면 공은 언덕 아래로 굴러가면서 속도가 점점 빨라집니다. 맨 아래에서 공의 운동 에너지가 가장 크고, 그다음 언덕 위로 굴러가면서 점점 속도가 줄어듭니다. 이것이 만약 마찰이 없는 완벽한 공굴리기라고 가정하면, 공의 운동량 때문에 공은 언덕 위로 굴러가면서 처음과 끝의 높이가 정확히 같아질 것입니다.

만약 봉우리가 공이 굴러가기 시작한 시작점보다 높으면, 공은 결코 그 위로 올라갈 수 없습니다. 정상에 도달하려면 공이 가진 에너지보다 더 많은 에너지가 필요합니다. 이 정상은 공에게는 금지된 구간이며, 그곳에 이를 수 없는 것이죠.

하지만 공이 양자 파동이라면 어떨까요? 입자와 달리 파동은 장벽을 통과할 수 있습니다. 적어도 약화된 형태로는 말이죠. 고무공은 입자와 비슷

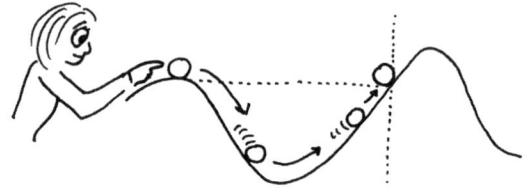

공이 왼쪽 봉우리에서 움직이지 않고 놓여 있다가 살짝 건드리면, 계곡 반대편으로 굴러 올라갈 것입니다. 하지만 처음과 같은 높이까지만 올라갈 수 있고, 오른쪽 봉우리에는 공이 닿을 수 없습니다.

합니다. 문에 던지면 그냥 튕겨져 나갑니다. 그 에너지는 문의 힘을 이기기에는 충분하지 않습니다. 문을 부술 만큼 강력한 고무공을 던지는 사람이 아니라면 말이죠. 하지만 제가 큰 소리로 노래를 부르며 음파를 발사하면, 그 음파는 문을 뚫고 반대편으로 다소 뭉개진 채로 빠져나갈 수 있습니다.

만약 양자 파동을 정말 미세한 구체를 통과하도록 보낸다면, 앞의 예시와 비슷한 일이 일어날 것입니다. 파동은 고전 물리학에서는 구체가 머물 수 없는 정점 영역으로 파동을 일으키기도 합니다. 그리고 그 정점이 충분히 좁다면, 양자 파동은 정점을 통과하여 반대편으로 다시 파동을 일으킬 수 있습니다.

이것은 마치 언덕 한쪽에서 다른 쪽으로 이어지는 일종의 '터널'이 있는 것처럼 보입니다. 입자파는 금지된 봉우리를 오르지 않고도 언덕을 관통하는 것이죠.

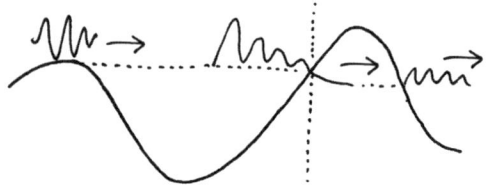

공의 궤도를 양자물리학적으로 표현하면 위 그림과 같습니다. 왼쪽에서 파동을 보내면 파동이 오른쪽 언덕에 도달하여 언덕 안으로 살짝 침투한 후, 반대편에서 약간 약해진 상태로 다시 나오는 것이죠.

입자파가 이런 식으로 장벽에 부딪히면 이중 슬릿 실험처럼 두 부분으로 나뉩니다. 파동의 한 부분은 반사되고, 다른 부분은 장벽을 통과하여 반대편으로 튀어 나갑니다. 이 두 부분의 크기는 장벽의 모양과 크기에 따라 달라집니다.

입자가 장벽의 어느 쪽에 있는지 측정하더라도 결과는 예측할 수 없습니다. 순전히 우연일 뿐이기 때문입니다. 파동은 장벽의 양쪽에 존재합니다. 오직 입자의 측정만이 입자가 장벽을 통과했는지 여부를 결정하는 것이죠.

마리 퀴리와 방사성 붕괴

터널 효과는 방사성 알파 붕괴에서 중요한 역할을 합니다. 우라늄 원자핵은 92개의 양성자를 가지고 있습니다. 양성자들은 양전하를 띠고 있어 서로 밀어냅니다. 만약 이러한 반발력이 원자핵에 존재하는 유일한 힘이라면, 양성자들은 즉시 사방으로 날아가고 원자핵은 폭발할 것입니다. 그러나 강력(强力, 물리학에서 원자핵을 결합시키는 기본 상호작용 중 하나) 또한 존재합니다. 강력은 원자핵 내 입자들 사이에 인력을 형성하지만(여기서는 중요하지 않지만 다소 복잡한 방식으로), 그 인력은 짧은 거리에서만 작용합니다.

이로 인해 원자핵 주변에 일종의 벽, 즉 핵입자가 쉽게 극복할 수 없는

'에너지 언덕'이 형성됩니다. 따라서 핵 입자는 원래 위치에 그대로 남게 됩니다. 그러나 터널 효과로 인해 양성자 2개와 중성자 2개의 결합체인 알파 입자가 이 장벽을 뚫고 원자핵을 빠져나갈 수 있습니다.

고전적으로 설명하자면 알파 입자는 원자핵을 벗어날 만큼 충분한 에너지를 가지고 있지 않습니다. 마치 공이 궤적 언덕을 넘을 만큼 충분한 에너지를 가지고 있지 않은 것처럼 말입니다. 하지만 알파 입자는 양자물리학에서 파동으로 간주되어야 하기 때문에 항상 이 에너지 언덕으로 조금씩 흘러들어갑니다. 그리고 어느 순간, 그저 우연히, 알파 입자는 에너지 언덕을 뚫고 날아갈 수 있습니다. 원자핵은 이제 방사성 붕괴를 겪는데, 이 경우를 '알파 붕괴'라고 부릅니다.

이런 일이 일어나면 한 원소가 다른 원소로 변합니다. 예를 들어 우라늄은 토륨으로 변하는 것이죠. 이 과정은 순전히 무작위로 일어납니다. 방사성 원자가 다음에는 어떻게 붕괴할지 여부는 아무도 알 수 없습니다. 방사성 원자는 측정이 이루어지지 않는 한, 즉 우주의 나머지 부분이 원자의 운명에 대해 알지 못하는 한, 끊임없이 '붕괴'되거나 '붕괴되지 않는' 중첩 상태에 있다고 말할 수 있는 것이죠.

마리 퀴리와 그녀의 남편 피에르 퀴리는 19세기 말, 즉 양자물리학으로 방사능을 설명하기 훨씬 전부터 이미 이러한 방사성 원소들을 연구하고 있었습니다. 방사성 붕괴 후 남은 원자핵도 방사성을 가질 수 있다는 것이 밝혀지고 난 뒤, 그 후 원자핵은 다시 더 작은 원자핵으로 붕괴됩니다. 우라늄이 토륨으로 변한 후, 토륨은 라듐으로, 라듐은 라돈으로, 라돈은 폴로늄으로 변합니다. 이

MARIE CURIE
마리 퀴리

러한 붕괴 사슬을 연구함으로써 퀴리는 다양한 새로운 원소들을 발견할 수 있었습니다.

마리 퀴리는 과학적인 업적으로 노벨상을 두 번이나 수상한 아주 극소수의 사람 중 한 명입니다. 그녀는 1903년에 방사성 방사선에 대한 연구로 노벨물리학상을 수상했고, 1911년에는 라듐과 폴로늄 원소를 발견한 공로로 노벨화학상을 수상했습니다.

어이없는 일이지만, 노벨상을 수상한 바로 그 해에 그녀는 파리 과학아카데미 회원가입을 거부당했습니다. 당시에는 여성이 명문 파리 과학아카데미에 회원이 되는 것이 단 한 번도 허용되지 않았습니다. 게다가 그녀는 남편 피에르의 예전 제자였던 젊은 유부남 폴 랑주뱅과 불륜을 저지르고 있었습니다. 타블로이드 신문들은 그녀에 대해 악의적인 기사를 쏟아냈습니다. 알베르트 아인슈타인은 이에 경악하며 그녀에게 다음과 같이 편지를 썼습니다. "무식한 인간들이 당신에 대해 떠들어 대는 그런 헛소리는 절대 읽지 마세요."

이러한 적대감에도 불구하고 마리 퀴리가 영원히 자연과학계의 뛰어난 인물 중 한 명으로 남을 것이라는 사실은 변하지 않았습니다. 그녀는 세상을 떠날 때까지 그 유명한 '솔베이 회의'에 모두 참석했습니다. 솔베이 회의는 일종의 학회로 세계적인 물리학자들을 엄선하여 소규모 모임을 열고, 양자 이론의 가장 중요한 새로운 문제들을 논의했던 회의였습니다. 폴로늄 원소는 마리 퀴리의 고향인 폴란드의 이름을 따서 명명되었고, 1944년 캘리포니아 버클리에서 새로운 원소가 발견되었을 때는 마리와 피에르 퀴리를 기리며 '퀴륨'이라는 이름을 붙였습니다.

아야, 아파!

따라서 마리 퀴리의 빛나는 경력은 입자가 터널 효과를 이용하여 에너지 장벽을 뚫고 원자핵을 탈출하는 현상에 큰 기반을 두고 있습니다. 하지만 왜 우리 인간은 그렇게 할 수 없는 걸까요? 다른 것과 마찬가지로 확률은 희박하겠지만, 벽에 부딪히는 시도를 충분히 많이 하면 우리 인간도 우연히 그 벽을 뚫을 수 있지 않을까요? 모든 물질이 파동의 속성을 가지고 있다면, 분명 우리도 그럴 것입니다.

물론 원칙적으로 불가능한 것은 아닙니다. 하지만 확률을 계산해보면 벽을 수없이 부딪히는 방법이 굉장히 가망이 없다는 것을 깨닫게 될 겁니다. 터널 효과가 성공할 확률은 터널을 통과하려는 물체가 클수록 작아지니까요. 게다가 우리는 알파 입자보다 훨씬 큽니다. 또한 장벽이 두꺼울수록 확률은 작아지는데, 벽은 원자핵의 에너지 장벽보다 훨씬 두꺼운 것이죠.

수학적으로 따져도 사람이 벽을 뚫고, 터널을 뚫을 확률은 상상할 수 없을 정도로 낮습니다. 설사 태양이나 지구가 존재한 시간보다 훨씬 오랫동안 계속 벽에 부딪혀도, 터널 효과 때문에 반대편으로 나올 가능성은 거의 없다고 할 수 있습니다.

그러니, 만약, 열쇠를 잃어버렸다면, 양자물리학 지식이 있는 사람이라도 열쇠 수리공을 부르는 것이 현명할 겁니다.

Chapter **8**

양자 얽힘과
유령 같은 원격작용

왜 양자 입자는 양말이 아닌데도 어떻게
한 입자에 대한 측정이 멀리 있는 다른 입자의
상태에 영향을 미치는 것일까요? 그리고 자연이 어떻게
숨은 변수를 이용해 우리를 속이지 않는다는 것을
증명할 수 있을까요? 바로 이것이, 양자 얽힘의 본질입니다.

제네바 유럽입자물리연구소(CERN)의 젊은 물리학자 라인홀트 베르틀만은 이상한 버릇이 있었는데, 항상 양말을 짝짝이로 신었습니다. 왼쪽 양말과 오른쪽 양말의 색깔이 항상 달랐던 것이죠. 그것은 누구나 확신할 수 있는 사실이었습니다

베르틀만 씨가 오늘은 빨간색과 파란색을 선택했다고 가정해보겠습니다. 우리는 지금 무엇을 알고 있을까요? 바로 '왼쪽 양말과 오른쪽 양말'이라는 전체 시스템에 대한 정보를 얻었습니다. 하지만 왼쪽 양말의 색깔과 오른쪽 양말의 색깔은 아직 우리에게 알려지지 않았습니다.

이제 두 양말의 색깔을 동시에 알아내기 위해 필요한 것은 단 하나의 실험뿐입니다. 베르틀만이 왼쪽 바지를 올렸을 때 그 아래에 빨간 양말이 보인다면, 파란 양말이 오른쪽 바지 아래에 있다는 것을 알 수 있습니다. 혹

은 그 반대의 경우도 마찬가지입니다. 한 양말을 관찰하면 다른 양말에 대한 정보를 바로 얻을 수 있습니다.

물리학자 존 스튜어트 벨 역시 1980년대 초 CERN에서 일했습니다. 그는 젊은 동료 라인홀트 베르틀만의 양말을 예로 들어, 우리가 때로는 한 물체를 측정하면서 동시에 다른 물체에 대한 정보를 얻을 수 있다는 것을 설명했습니다. 벨이 고전적 측정과 양자적 측정의 차이를 설명한 논문의 제목은 '베르틀만의 양말과 현실의 본질'이었으며, 이로써 베르틀만의 양말은 물리학계에서 유명해졌습니다.

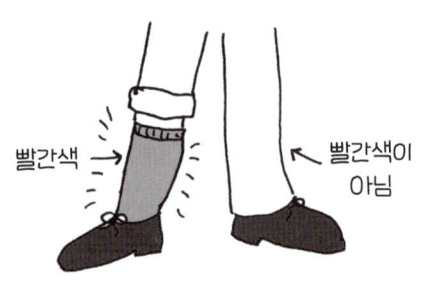

CERN의 젊은 직원 베르틀만은 훗날 비엔나에서 존경받는 물리학 교수가 되어 양자 이론의 근본적인 의문에 대한 중요한 논문을 썼습니다. 그리고 그는 여전히 다른 색깔의 양말을 신는 습관을 고수했습니다. 연구소에서 만난 사람이든, 국립 오페라 극장에서 만난 사람이든, 부탁을 하면 기꺼이 양말을 보여주었습니다. 비록 다른 종류의 명성을 원했을지 모르지만 말입니다. "사람들이 전부 내 양말은 보고 싶어 하면서도, 논문을 보고 싶어 하는 사람은 없어!"라고 불평하고는 했죠.

국소적 실재론

베르틀만의 양말은 우리가 일상생활에서 흔히 보는 고전적인 사물의 전형적인 예입니다. 양말을 보든 보지 않든, 양말에는 색깔이 있습니다. 이 색깔은 관찰자가 양말을 흘끗 볼 때 결정되는 것이 아니라, 명백하게 주어진 사실입니다. 명확하고 객관적인 현실이 존재한다는 이러한 관점을 '실재론'이라고 합니다.

더욱이 양말 색깔은 국소적인 현상입니다. 양말의 색깔에 대한 정보는 양말이 있는 바로 그 위치에 있습니다. 다른 곳에는 없습니다. 만약 양말이 현재 위치하지 않은 우주 어딘가에서 사건이 발생한다면, 그 사건은 그 순간 양말에 영향을 미칠 수 없습니다. 이것이 바로 '국소성'의 원리입니다.

일반적으로 물체는 직접적인 접촉을 통해 서로 영향을 미칩니다. 축구공과 직접 접촉하여 창문 유리가 깨지는 것이죠. 고양이 사료는 고양이와 직접 접촉하여 고양이 밥그릇에서 사라집니다. 서로 밀어내는 두 자석은 언뜻 보기에 직접 접촉하지 않는 것처럼 보일 수 있지만, 이는 오해입니다. 사실 두 자석은 끊임없이 서로 무수한 광자를 교환하고 있으며, 이것이 바로 자기 반발력의 구성 요소인 것입니다.

국소성의 속성에서 중요한 것은 원인과 결과가 빛의 속도로만 연결될 수 있다는 것입니다. 이는 알베르트 아인슈타인의 상대성 이론의 가장 중요한 원리 중 하나입니다. 우주의 어떤 정보도 빛보다 빠르게 전달될 수 없습니다. 따라서 어떤 상호작용도 빛보다 빠르게 일어날 수 없습니다.

아인슈타인의 상대성 이론에 따르면, 만약 상호작용의 신호가 이 우주의 속도 한계를 위반한다면, 그 신호가 미래로 가는지 과거로 가는지 명확하게 말할 수 없게 됩니다. 신호의 전송이 먼저인지, 수신이 먼저인지 확실하게 판단할 수 없게 되는 것이죠.

하지만 신호가 전송되기 전에 수신된다면, 원인은 결과 뒤에 옵니다. 즉 원인과 결과가 자리를 바꾸는 것입니다. 현실의 논리적 구조가 붕괴될 것입니다. 책이 쓰여지기 전에도 읽을 수 있고, 누군가 하기 전에도 농담을 듣고 웃을 수 있습니다. 이러면 우주는 매우 혼란스럽게 될 것입니다.

20세기 초에 알려진 모든 과학 이론은 실재론 및 국소성의 원리와 완벽하게 양립할 수 있습니다. 이는 중력 이론에도 적용됩니다. 중력 역시 국소적인 힘입니다. 중력은 원거리 비접촉 작용의 대표적인 사례로 보이기 때문에, 국소적이라는 말이 이상하게 들릴 수 있습니다. 행성들은 서로 영향을 미치고, 임의로 먼 거리에 걸쳐 서로에게 힘을 가할 수 있으니까요.

하지만 중력조차도 국소성의 원리를 어길 수 없습니다. 중력 역시 정보를 빛의 속도로만 전송할 수 있습니다. 예를 들어 두 개의 거대한 중성자별이 충돌하여 중력장이 변하더라도, 우주의 나머지 부분은 그 정보가 중력파 형태로 전파된 후에야 이를 감지합니다. 그리고 이 중력파는 빛의 속도로 이동하게 됩니다.

좀 덜 물리적이고 덜 정확하게 표현하자면, 이렇게 말할 수 있습니다. 만약 마법처럼 태양을 사라진다면, 지구는 약 8분 동안 사라진 태양 주위를 이전과 똑같은 궤도로 계속 공전할 것입니다. 태양이 갑자기 사라졌다는 사실에 대한 정보가 빛의 속도로 우리에게 도달하는 데 걸리는 시간이 바로 그 시간입니다. 그리고 8분이 지나서야 지구는 마치 화살처럼 곧장 무한한 우주 공간으로 날아가겠죠.

정보 전송의 최대 속도인 빛의 속도는 양말에도 적용됩니다. 제가 노란색과 초록색 줄무늬 양말을 사고 싶다고 결정했다고 가정해보겠습니다. 양말 회사에 연락하여 제 의도대로 양말 색을 말한다면, 제 결정은 양말의 색깔을 먼 거리에 걸쳐 바꾸게 됩니다. 하지만 즉시 바뀌는 것은 아니고 어느 정도 '시간 지연'이 발생합니다. 제 메시지는 최대 빛의 속도로 양말 제조업체에 전달될 수 있으니까요. 양말로 국소성의 원칙을 우회할 수 있다고 주장하는 사람은 아무도 없겠죠.

'실재론'과 '국소성'의 원리는 종종 함께 고려되며 '국소적 실재론'이라고 불립니다. 즉 우주에 있는 사물은 우리의 관찰과 지식에 관계없이 독립적인 속성을 가지고 있으며, 최대 빛의 속도로 서로 영향을 미치는 것이죠.

양자 쌍둥이

알베르트 아인슈타인은 국소적 실재론의 원리가 절대적으로 옳다고 확신했습니다. 그는 국소적 실재론을 따르지 않는 우주를 상상할 수 없었죠. 그렇다면 양자물리학 또한 이러한 원리와 양립할 수 있을까요?

이를 명확히 하기 위해서는 서로 속하는 입자 쌍에 대해 생각해보는 것이 도움이 됩니다. 어떤 의미에서는 베르틀만 양말의 양자물리학 버전이라고 할 수 있기도 하죠. 예를 들어 스핀 값이 0인 입자가, 스핀 값이 $\frac{1}{2}$인 두 개의 입자로 붕괴한다고 가정해보겠습니다. 두 입자는 각각 왼쪽과 오른쪽으로 날아갑니다.

쌍둥이 입자는 이제 두 가지 다른 회전 상태, 즉 '스핀 업' 또는 '스핀 다운'을 가질 수 있습니다. 하지만 원래 입자의 스핀이 0이었다면, 붕괴 후 두 입자의 스핀도 모두 0이 되어야 합니다. 그렇지 않으면 '각운동량 보존 법칙'에 반하게 됩니다.

이는 두 입자의 회전이 서로 다른 방향을 가리켜야만 한다는 것을 의미합니다. 왼쪽 입자가 스핀 업 상태에 있으면 오른쪽 입자는 스핀 다운 상태에 있어야 하는 것이죠. 반대의 경우도 마찬가지입니다. 두 입자는 이제 '양자 얽힘' 상태에 있습니다. 즉 두 입자의 상태는 서로 연관되어 있습니다. 한 입자의 회전을 측정하면, 바로 그 쌍둥이 입자의 회전을 알 수 있게 된 것입니다.

여기서 중요한 점은 두 입자가 각각 스핀 업과 스핀 다운의 중첩 상태에 있다는 것입니다. 입자의 회전 측정 결과가 어떻게 될지 예측하는 것은 불가능합니다. 현재로서는 그러한 정보가 존재하지 않기 때문입니다. 두 입자 중 하나를 측정할 때에만, 입자가 두 가지 가능성 중 하나를 선택하도록 강제할 수 있게 됩니다.

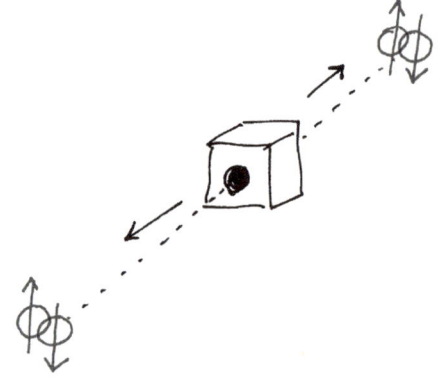

한 입자는 한쪽 방향으로, 다른 입자는 반대 방향으로 보내집니다. 두 입자 모두 '스핀 업'과 '스핀 다운'의 중첩 상태에 있습니다. 하지만 양자 얽힘 상태라면, 한 입자의 회전이 반드시 다른 입자의 회전을 만들어 내게 되는 것입니다.

하지만 두 입자가 양자 얽힘 상태에 있다면, 다른 입자의 상태는 동시에 결정됩니다. 만약 제가 왼쪽 입자를 측정했고 자연이 그 입자가 스핀 업 상태에 있다고 판단한다면, 오른쪽 입자의 상태도 동시에 결정됩니다. 왜냐하면 우리는 어떤 경우든 두 입자가 서로 다른 회전 방향을 가져야 한다는 것을 알고 있기 때문입니다. 따라서 오른쪽 입자는 갑자기 더 이상 중첩 상태에 있지 않고, 절대적으로 확실한 스핀 다운 상태에 있게 됩니다. 이는 두 입자가 그 시점에 완전히 다른 위치에 있더라도 마찬가지입니다.

아인슈타인과 유령 같은 원격작용

이 사실의 의미를 온전히 이해하는 것이 중요합니다. 언뜻 보기에는 이것이 특별한 것이 아니라고 생각할 수 있습니다. 베르틀만의 양말에서 우리는 관찰을 통해 두 양말에 대한 정보를 얻었습니다. 양말이 서로 얼마나 떨어져 있는지는 전혀 중요하지 않았습니다. 빨간 양말과 파란 양말이 있다면, 두 양말을 각각 똑같은 봉투에 넣어 한 장은 호주로, 다른 한 장은 그린란드로 보낸다고 가정해보겠습니다. 두 나라 모두에 양말을 좋아하는 친구가 있다고도 가정해보죠. 그린란드에 사는 양말 애호가는 처음 제 편지를 받았을 때 양말이 빨간색인지 파란색인지 몰랐습니다. 하지만 편지를 열어 그 안에 든 빨간 양말을 발견했을 때, 우리는 바로 알 수 있는 것입니다. 파란 양말은 틀림없이 호주에 도착한 것이라는 사실을 말이죠. 혹은 그 반대의 경우도 마찬가지입니다.

하지만 이는 얽힌 입자의 경우와는 완전히 다릅니다. 양말은 항상 고유한 색깔을 가지고 있습니다. 봉투에 숨겨 놓았기 때문에 볼 수 없는 것뿐이죠. 양말 색깔에 대한 정보는 봉투를 열기 전에도 여전히 존재합니다.

반면에 입자는 중첩 상태에 있습니다. 그 입자의 회전(스핀)에 대한 정보는 측정 순간에만 생성됩니다. 그리고 그와 동시에 다른 입자에 대해서도 명확한 결과가 나타납니다. 이는 즉 입자 역시 그 순간 갑자기 중첩 상태에 있지 않게 된다는 것입니다.

이것이 바로 알베르트 아인슈타인에게 완전히 불가능해 보였던 지점입니다. 한 곳에서의 측정이 다른 곳에서 즉시 효과를 낸다면, 원인과 결과는 초광속으로 연결되어 있지 않는 것일까요? 만약 동시에 아주 멀리 떨어진 두 입자의 양자 중첩이 붕괴된다면, 이는 상대성 이론과 '우주의 어떤 정보

도 빛의 속도보다 빠르게 전달될 수 없다'는 상대성 이론의 법칙에 위배되는 것이 아닌가요?

1935년, 알베르트 아인슈타인은 물리학자 보리스 포돌스키, 네이선 로젠과 함께 바로 이 문제에 대한 논문을 발표했습니다. 「아인슈타인 - 포돌스키 - 로젠(Einstein - Podolsky - Rosen)」(줄여서 'EPR')은 물리학사에서 가장 유명하고 중요한 과학 논문 중 하나가 되었습니다. 세 명의 저자는 여기에서 제시된 것과는 다소 다른 방식으로 상황을 제시했습니다. 즉 얽혀있는 회전을 가진 입자에 대해 기술한 것이 아니라, 입자의 위치와 운동량을 고려했습니다. 하지만 주장은 동일합니다. 한 입자의 측정이 다른 위치에 있는 다른 입자의 상태를 변화시킨다면, 국소성의 원리에 위배된다는 것이죠.

아인슈타인은 그런 일은 결코 있을 수 없다고 확신했습니다. 만약 한 입자의 측정이 다른 입자의 상태도 결정한다면, 그것은 '유령 같은 원격작용'이 될 것이라고 말했습니다. 물리학자로서 유령 같은 존재를 믿고 싶지는 않았겠죠. 아인슈타인에게 결론은 분명해 보였습니다. 이 양자 이론에는 문제가 있고, 중요한 무언가가 간과되었을 것이며, 파동함수가 물리적 현실을 완벽하게 설명할 수 없다는 것이죠.

하지만 이러한 '유령 같은 원격작용'은 실험을 통해 조사할 수 있습니다. 일반적으로 이에 대한 실험은 입자의 회전을 이용하는 것이 아니라 광자의 편광을 이용하는 방식으로 행해집니다. 기술적으로 더 간단하기 때문이죠. 얽힌 광자 쌍을 생성하는 데 사용되는 특정 결정이 있습니다. 이 결정으로 광자 하나를 보내면 두 개의 광자가 나오는데, 각 광자는 에너지의 절반씩을 가지게 됩니다. 그리고 이 실험을 제대로 한다면 하나의 광자는 수평으로 다른 광자는 수직으로 편광된 광자의 쌍을 얻게 되는데, 이것이 양자 얽힘 상태입니다. 각 광자는 수평 및 수직 극성이 중첩된 상태에 있습니다. 하나의 광자를 측정하면 다른 광자의 상태를 곧 바로 알 수 있게 되는 것입니다.

　이제 두 광자가 수 킬로미터 떨어져 있을 때까지 서로 다른 방향으로 날아가도록 할 수 있습니다. 광자의 편광 방향을 측정할 때 오른쪽 광자든 왼쪽 광자든 '수평'의 결과가 나올 확률은 항상 50%이고, '수직'의 결과가 나올 확률도 역시 50%입니다.

　하지만 거의 동시에 양쪽에서 측정을 한다면 어떻게 될까요? 왼쪽 광자부터 시작해서 수평 편광이라고 측정된다고 가정해봅시다. 잠시 후 오른쪽 광자의 편광도 측정합니다. 첫 번째 광자의 측정 직후라, 빛의 속도라고 할지라도 첫 번째 측정에서 두 번째 측정으로 어떤 메시지도 전달할 수 없습니다.

　만약 이러한 영향이 실제로 빛의 속도에서만 가능하다면, 이는 첫 번째 측정이 첫 번째 광자의 상태를 결정했지만, 이 결정에 대한 메시지는 아직 두 번째 광자에게 도달하지 못했음을 의미합니다. 두 번째 광자는 아직 첫 번째 측정에 대해 아무것도 알 수 없으므로, 50%의 경우 수평 편광되어야 하고, 50%의 경우 수직 편광되어야 합니다.

　하지만 입자 중 하나의 측정이 두 입자의 상태를 즉시 결정한다면, 이는 문제가 되지 않습니다. 이 경우 두 광자의 파동함수는 시간 지연 없이 자발적으로 붕괴될 것입니다. 첫 번째 광자가 수평 편광이라면, 두 번째 광자는 100% 수직 편광이어야 하며, 그 반대의 경우도 마찬가지입니다. 그리고 그러한 사실이 바로 실험에서 관찰되었던 것이죠.

양자 휴대폰은 존재하지 않는다

이것은 과연 어떠한 의미일까요? EPR 실험이 물리학에서 가장 기이하고 혼란스러운 문제 중 하나임에도 불구하고, 우리는 이 문제를 실제보다 더 신비롭고 복잡한 것처럼 묘사하지 않도록 주의해야 합니다. 양자 얽힘은 상대성 이론을 위배하지 않습니다. 빛보다 빠른 정보 전송을 초래하지 않는 것이죠. 자세히 살펴보면 그 어떠한 정보도 전송되지 않았기 때문입니다.

양자 얽힘은 마치 하나의 입자를 조작하면, 동시에 양자 얽힘 상태에 있는 다른 입자도 조작할 수 있는 것처럼 잘못 묘사되는 경우가 있습니다. 마치 갑자기 원자를 약간 흔들면, 그 양자와 양자 얽힘 상태에 있는 다른 원자도 마법처럼 함께 흔들리는 것처럼 말입니다. 그렇게 된다면 정말 흥미로울 겁니다. 그러면 양자 휴대폰을 만들어 빛의 속도를 뛰어넘어 화성에 있는 로봇과 완전히 실시간으로 통신할 수 있게 되겠죠. 하지만 실제로는 그렇게 하지 못합니다.

한 입자의 조작은 다른 입자로 전달되지 않습니다. 양자 얽힘을 마치 두 입자가 소통하는 보이지 않는 끈이 있는 것처럼, 두 입자 사이가 일종의 '텔레파시적 연결'이 되어 있다고 상상하지만 이는 완전히 잘못된 것입니다.

두 개의 얽힌 입자는 어떤 의미에서 각각 하나의 양자 객체입니다. 마치 오른손 박수 소리를 왼손의 박수 소리와 분리해서 설명할 수 없는 것처럼, 두 입자는 서로 분리해서 설명할 수 없습니다. 이 둘은 결합해서만 의미가 있습니다. 양자물리학 관점에서 보면 두 얽힌 입자는 단순히 서로 다른 두 장소에 존재하는 단일한 존재일 뿐입니다.

그리고 이 물체를 측정하면, 어디에 있든 그 상태가 결정됩니다. 이전에는 중첩 상태였지만, 이후에는 더 이상 중첩 상태가 아닙니다. 그리고 이러한 '더 이상 중첩 상태가 아닌' 상태는 두 입자 모두에 즉시 영향을 미칩니다. 측정 위치에서 다른 입자까지 빛의 속도로 이동할 필요도 없습니다. 측정 위치에서 다른 입자까지 그 정보가 즉시 영향을 미치는 것이죠.

그러나 '더 이상 중첩 상태가 아닌' 상황이라는 것은 물리적 속성이 아닙니다. 적어도 입자의 속도나 회전이 물리적 속성이라는 의미에서는 그렇습니다. 어떤 것이 중첩 상태에 있는지, 아니면 특정 상태에 있는지는 어느 정도 개인 생각의 문제이며, 궁극적으로는 그 사람이 하는 측정에 달려 있는 문제입니다. 편광필터를 통과하는 광자는 그 후 해당 필터에 대해 온전히 특정한 상태가 됩니다. 그러나 다음 편광필터를 약간 다른 방향으로 돌리면, 그 광자는 갑자기 그 필터에 대해 불확정 상태가 되고, 그 광자가 통과할지 아닐지는 아무도 알 수 없게 되는 것이죠.

하나의 입자에 대한 측정을 통해 다른 입자를 '중첩 상태'에서 더 이상 '중첩 상태가 아닌 상태'로 만든다면, 그 입자에는 물리적 효과가 작용하지 않습니다. 발차기나 운동량, 회전이 아니라 단지 그 상태의 결정일 뿐입니다. 다소 부정확하게 표현하자면, 얽힌 입자는 아무것도 느끼지 못한다고 할 수도 있습니다.

어쩌면 이것을 왕족 계승과 비슷하게 상상하는 것이 더 나을 수도 있습니다. 영국 여왕 엘리자베스 2세가 서거하자 그녀의 아들 찰스가 왕위에 올랐습니다. 지체 없이, 즉시 말이죠. 왕위 계승은 죽은 여왕에게서 새 왕에게로 번개처럼 빠르게 전달될 필요가 없었습니다. 그저 당연하고 자연스럽게 일어났죠. 그것이 규칙입니다. 물론 그 순간 새 왕에게는 그런 것이 중요하지는 않았겠죠.

만약 찰스가 그 순간 우주선을 타고 화성 근처를 여행하고 있었다고 해봅시다. 빛의 속도로 보낸 메시지라 할지라도 그에게 도착하는 데는 몇 분 정도가 걸렸을 것입니다. 그리고 메시지를 받고서야 자신이 이미 몇 분 전부터 왕위에 있었다는 사실을 알게 되겠죠. 자발적으로 왕위를 물려받은 것의 실질적인 결과는 시간이 지나서야 비로소 드러나는 것입니다.

측정이 입자의 상태를 결정한다는 사실 또한 나중에야 명확해집니다. 두 입자 모두 측정이 이루어진 뒤 결과를 비교할 때를 예로 들 수 있죠. 그러나 이러한 일이 일어나려면 한 입자를 측정한 사람이 다른 입자를 측정한 사람과 소통해야 합니다. 그리고 이러한 소통 역시 기껏해야 빛의 속도로만 가능합니다.

한 가지 확실한 것은 양자 얽힘 입자의 측정은 정보 전달이 아니라는 것입니다. 반대편에 어떤 정보가 도달하는지 제어할 수 있을 때에만 정보 전달에 대해 이야기할 수 있기 때문인 것이죠. 그러나 양자 측정의 결과는 언제나 완전히 무작위적입니다. 측정 중에 광자가 수평 편광되는지, 수직 편광되는지 판단할 방법은 없습니다. 따라서 수 킬로미터 떨어진 다른 입자의 편광 방향에도 전혀 영향을 미칠 수 없는 것입니다.

측정은 단지 무작위로 결과를 생성할 뿐입니다. 양자 얽힘을 이용하면 우주의 서로 다른 두 지점에서 밀접하게 연결된 무작위 값들이 동시에 발생하도록 할 수 있습니다. 이러한 일이 가능하다는 것은 매우 흥미롭지만, 그것이 어떠한 정보의 전달로 이루어지는 것은 전혀 아니죠.

숨은 변수: 국소적 실재론을 위한 뒷문?

그러나 이 모든 것이 국소적 실재론에 대한 진지한 반박은 아닙니다. 한 가지 중요한 점이 빠져 있죠. 지금까지 우리는 양자의 무작위성이 변하지 않는 근본적인 한 형태라고 주장해왔습니다. 양자 측정의 결과가 우리에게 무작위로 보이는 것은 우리가 결과를 예측할 수 없기 때문일 뿐만 아니라, 자연 그 자체가 측정이 이루어지기 전까지는 스스로를 결정하지 않았기 때문이라는 것이죠. 측정 결과는 측정 순간에만 발생하는 것이니까요.

하지만 어떻게 그걸 알 수 있을까요? 이중 슬릿 실험 같은 실험은 관측 결과를 설명하는 합리적이고 간단한 방법임이 분명합니다. 하지만 그걸 믿을 수 있을까요? 어쩌면 아인슈타인이 옳았고, 우리가 아는 양자 이론은 불완전한 것일지도 모릅니다.

어쩌면 측정 결과가 우연과는 전혀 관련이 없고, 오히려 자연이 측정 전에 이미 결과를 정해놓은 것일지도 모릅니다. 아니면 다가올 측정 결과에 대한 정보가 이미 오래전에 정해져 있었을지도 모릅니다. 단지 어디서 어떻게 그런 결과가 나올지 우리가 모르는 것일까요?

이러한 유형의 정보를 '숨은 변수'라고 합니다. 예를 들어 이전에 알려지지 않은 방식으로 얽힌 광자 쌍이 생성될 때, 두 광자를 모두 측정할 때 생성되어야 하는 결과가 미리 정해져 있다고 가정해보겠습니다. 이는 제가 호주와 그린란드로 보내는 빨간색과 파란색 양말과 같은 상황입니다. 어떤 양말을 어디로 보낼지는 순전히 우연일 수 있습니다. 하지만 결과는 양말을 보낼 때 이미 결정됩니다. 양말이 담긴 봉투에는 숨은 변수, 즉 양말의 색깔이 담겨 있는데, 이는 우리가 아직 확인할 수는 없지만 이미 실제 존재하는 변수인 것이죠.

하지만 양자 입자는 어떨까요? 그런 '숨은 변수'가 있을까요? 숨은 변수의 존재는 어차피 반증될 수 없는 것이기 때문에 이 질문은 무의미하다고 생각할 수도 있습니다. 어쨌든 '매년 봄마다 하늘색 알을 낳는 보이지 않는 유니콘'이 존재한다는 것을 절대적으로 배제할 수는 없으니까요. 우리는 과연 무언가가 존재하지 않는다는 것을 증명할 수 있을까요? 어떨 때는 가능합니다. 아니면 적어도 그 존재가 논리적으로 가능한지를 생각해볼 수는 있는 것이죠.

1960년대 초, 물리학자 존 스튜어트 벨은 얽힌 양자 입자를 이용한 실험을 하나 생각해냅니다. 얽힌 입자를 개별적으로 측정하면 측정 결과는 분명히 연관됩니다. 하지만 왜 그런 것인지 그 이유를 알아낼 수 있을까요? 중첩이 즉시 붕괴되는 원인이 정말 양자물리학일까요, 아니면 숨은 변수일까요? 이 두 시나리오를 구분할 수 있는 실험이 있을까요?

밝혀진 바에 따르면, 그러한 실험은 실제로 가능합니다. 이를 위해서는 여러 쌍의 얽힌 양자 입자를 조사해야 합니다. 매번 여러 가지 가능한 실험 중 하나를 두 입자 모두 실시합니다. 실험의 선택은 매번 자발적이고도 무작위로 결정됩니다. 마지막으로 다양한 실험에서 발생한 결과의 빈도를 평가해 기록합니다.

벨은 입자가 실제로 숨은 변수를 가지고 있다면, 이 주파수들이 매우 특정한 방식으로 일치해야 한다는 것을 증명할 수 있었습니다. 일치하지 않았다면 오류가 발생한 것이죠. 우리는 이걸 이렇게 상상해볼 수도 있습니다. 누군가 다양하고 수많은 다양한 사람들의 키를 재보고 나서, 그 집단 중에서 10% 사람의 키가 180cm보다 크다고 주장하는 것으로 말이죠. 또한 그 집단 중에서 20% 사람의 키가 심지어는 190cm보다 더 크다고 주장합니다. 이런 경우에는 이것이 잘못되었다는 것이 아주 분명합니다. 두 번째 집단이 첫 번째 집단의 일부이기 때문입니다. 그냥 '키가 큰 사람'보다 '키가 아주 더 큰 사람'이 더 많을 수는 없습니다. '키가 아주 더 큰 사람' 모두 '키가 큰 사람'이기 때문입니다. 이렇게 되면 연구 대상이 되는 사람들의 실제 키 분포를 알지 못해도 우리는 이 진술이 거짓이라고 단언할 수 있습니다.

존 스튜어트 벨은 좀 더 복잡하지만 유사한 방식으로, 현재 우리가 '벨 부등식'이라고 부르는 부등식을 도출하는 데 성공했습니다. 숨은 변수가 있다면, 이 부등식은 반드시 만족되어야 합니다. 만약 없다면 숨은 변수의 실제 본질에 대해 아무것도 알 필요 없이, 숨은 변수 이론과 국소적 실재론이 틀렸다고 말할 수 있는 것입니다.

→ 벨 부등식

서로 얽힌 광자 쌍을 만들어서 우리의 친구인 앨리스와 밥에게 보낸다고 가정해볼게요[양자역학에서 앨리스(A=Alice)와 밥(B=Bob)은 여러 실험 상황에서 사용되는 가상의 캐릭터이다 - 옮긴이]. 두 사람은 각각 하나의 광자를 받아 측정할 수 있습니다.

이때 우리는 약간 다른 유형의 얽힘을 선택해보도록 하죠. 두 광자는 모두 '수평'과 '수직'의 중첩 상태에 있지만, 이번에는 두 광자가 항상 동일한 측정 결과를 생성하도록 이 두 가능성을 얽힙니다. 앨리스가 '수평'인 결과를 측정하면 밥도 상대 입자에 대해 '수평'인 결과를 측정합니다. 앨리스가 '수직'을 측정하면 밥도 '수직'을 측정합니다. 이는 단지 기술적 세부 사항일 뿐이며 양자 이론에 큰 차이를 만들지는 않습니다. 단지 나중에 광자와 양말을 비교하는 것을 조금 더 쉽게 만들어 줄 뿐이죠.

앨리스와 밥이 서로 다른 세 개의 편광필터를 가지고 있다고 가정해보겠습니다. 첫 번째 필터는 수평, 두 번째 필터는 30도, 세 번째 필터는 60도로 정렬되어 있습니다. 각 측정 진에 앨리스와 밥은 세 개의 필터 중 어떤 것을 사용해 측정할지를 무작위로 결정합니다. 그리고 그들은 자신이 선택한 측정 방향과 측정 결과(광자가 필터를 통과했는지 여부)를 기록합니다.

이 실험을 통해 긴 결과가 작성되었고, 이제 비교할 수 있게 되었습니다. 먼저 예상한

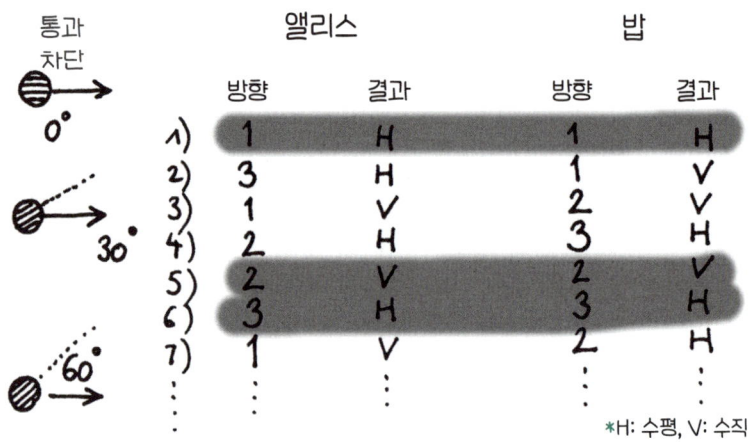

1, 5, 6번 측정에서 앨리스와 밥은 무작위로 같은 방향을 선택했습니다. 측정값들을 보면, 같은 결과가 나올 것이 확실하다는 것을 알 수 있습니다. 하지만 다른 측정값들은 반드시 같은 결과일 필요는 없습니다.

대로 두 실험 모두 같은 측정 방향을 선택하면, 같은 결과를 얻는다는 것을 알 수 있습니다. 따라서 두 광자는 항상 동일한 편광을 가진 광자 쌍입니다. 멋진 결과이지만, 이 또한 이미 알고 있죠.

이제 서로 다른 측정 방향이 선택된 결과를 봅시다. 이 경우 밥의 측정 결과가 앨리스의 측정 결과에서 반드시 도출되는 것은 아닙니다. 기존 양자 이론에서는 앨리스가 측정하면, 따라서 밥의 광자 상태도 결정한다고 말할 수 있습니다. 하지만 이제 밥은 다른 방향으로 측정합니다. 그리고 이 방향과 관련해 광자의 편광 방향은 하나로 결정되는 것이 아니라 중첩 상태로 결정됩니다. 앨리스와 밥이 서로 다른 필터를 사용한다면 한 쌍의 광자가 두 필터를 모두 통과하거나, 하나의 필터만 통과하거나, 두 필터 모두 통과하지 못할 수 있습니다.

이것은 두 개의 편광필터를 겹쳐 놓는 것과 같습니다. 두 필터의 편광 방향이 서로 정확히 90도를 이루도록 하면, 결과는 확실합니다. 광자가 전혀 통과하지 못하죠. 두 필터의 편광 방향이 같다면, 이것도 확실합니다. 광자가 첫 번째 필터를 통과하면 두 번째 필터도 반드시 통과합니다.

두 필터가 겹칠 때 이루는 각도를 0도와 90도 사이에서 선택하면, 일부 광자는 통과하고 일부 광자는 통과하지 못합니다. 각도가 0도에 가까울수록 광자가 통과할 확률이 높아지고, 각도가 90도에 가까울수록 광자가 통과하지 못할 확률이 높아집니다. 그러나 각 광자에 대해 우리는 무작위적인 결과를 다루고 있죠.

우리가 숨은 변수의 개념을 믿는다면, 이 경우에도 앨리스와 밥이 세 가지 측정 방향 중 어떤 방향을 선택하든 측정 결과에 대한 정보는 이미 어딘가에 저장되어 있어야 합니다. 예를 들어 광자에 숨은 변수가 하나만 있는 것이 아니라 세 개가 저장되어 있다고 생각해볼 수 있습니다. 마치 양말이 한 가지 색깔뿐만 아니라 다른 속성도 가지고 있는 것과 비슷하게 말입니다. 양말이 '빨간색 또는 파란색' 속성뿐만 아니라 '크거나 작음', '줄무늬 또는 점무늬' 속성도 가지고 있다고 가정해보겠습니다.

앨리스와 밥이 같은 상태를 받도록 이번에 우리는 얽혀 있는 양자를 골라 보도록 하죠. 이것을 양말에 적용하면 다음과 같이 이해할 수 있습니다. 서로 다른 색상의 베르틀만 양말 한 켤레가 아니라, 두 양말이 늘 똑같아 보이는 완전히 평범한 양말 한 켤레에 대해 이야기하는 것입니다. 앨리스와 밥은 어떤 양말을 받을지 모르지만, 보내진 각 양말은 '크기, 색상, 패턴'이라는 세 가지 속성의 특정 조합을 가지고 있습니다. 하지만 앨리스와 밥은 이 세 가지 속성 중 하나만 측정합니다. 아마도 앨리스는 양말의 색상을 기

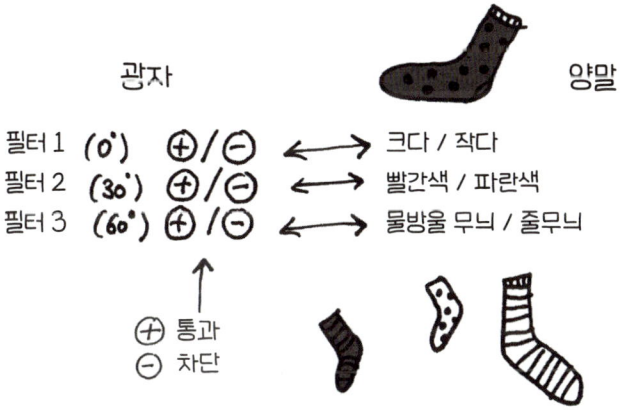

록하고, 밥은 양말의 패턴을 기록할지도 모릅니다.

이러한 양말 한 켤레에 대한 측정을 여러 번 수행한 후에야 앨리스와 밥의 결과를 분석할 수 있습니다. 우리는 그 전에 앨리스와 밥이 서로 다른 측정 방향을 선택한 경우만 결과로 비교하기로 정했습니다. 양말 예시에서 이것은 앨리스와 밥이 서로 다른 양말 속성을 기록한 경우에 해당되는 것입니다. 따라서 각 양말 한 쌍에 대해 두 가지 다른 속성이 측정됩니다. 하나는 앨리스의 속성이고 다른 하나는 밥의 속성입니다. 세 번째 속성은 측정되지 않았기 때문에, 우리는 각 양말 한 쌍에 대해 색상과 크기, 크기와 무늬, 아니면 무늬와 색상 중 하나를 알 수 있는 것입니다.

처음에는 이러한 속성들이 서로 어떻게 관련되어 있는지 전혀 알 수 없습니다. 어쩌면 작은 양말은 모두 빨간색일 수도 있습니다. 파란색 양말의 70%는 줄무늬일 수도 있고 어쩌면 이 속성들은 서로 아무런 관련이 없을 수도 있습니다. 그러나 그 어떤 경우에도 반드시 성립해야 하는 몇 가지 논리적 사실이 있습니다. 예를 들어 큰 빨간색 양말의 수는, 큰 빨간색 물방울 무늬 양말의 수에 큰 빨간색 줄무늬 양말의 수를 더한 것과 같아야 한다는 것들이죠.

더 나아가 모든 사람이 볼 수 있는 것은 다음과 같습니다. 큰 빨간색 물방울 무늬 양말

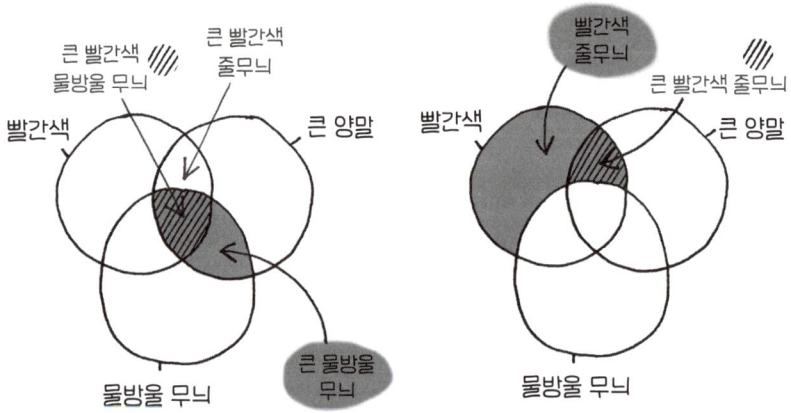

의 개수는 큰 양말과 물방울 무늬 양말의 개수보다 많을 수 없습니다. 첫 번째 양말은 두 번째 양말의 부분집합이기 때문입니다. 마찬가지로, 크기가 큰 빨간색 줄무늬 양말의 개수는 빨간색 양말과 줄무늬 양말의 개수보다 많을 수 없습니다. 이제 이 명제를 다음과 같이 결합할 수 있습니다. 큰 빨간색 양말의 개수는 큰 빨간색 물방울 무늬 양말의 개수에 빨간색 줄무늬 양말의 개수를 더한 것보다 적거나 동일합니다.

숨은 변수를 믿는다면, 이 주장은 앨리스와 밥의 광자 측정 결과로 꽤 정확하게 해석할 수 있습니다. 양말의 세 가지 속성은 세 가지 측정 방향에 대응하는 것이죠. 각 측정 방향에 대해 두 가지 가능한 결과가 있는데, 이는 양말의 각 속성이 두 가지 다른 변형으로 나타나는 것과 같습니다. 이로써 우리는 다음과 같은 진술을 도출할 수 있습니다. '필터 1을 통과한 광자 쌍과 필터 2를 통과한 광자 쌍'의 수는, '필터 1을 통과한 광자 쌍과 필터 3을 통과한 광자 쌍'의 수에 '필터 2를 통과한 광자 쌍과 필터 3을 통과하지 못한 광자 쌍'의 수를 더한 값보다 작거나 같은 것이죠.

측정 결과가 측정 전에 실제로 알려져 있고 국소적 실재론의 관점에서 숨은 변수가 존재한다면, 이 부등식은 어떤 경우에도 충족되어야 합니다. 우리는 이 변수들이 어떤 변수여야 하는지, 어디에서 어떻게 저장되어야 하는지, 어떻게 결정되는지, 또는 서로 어떻게 연관되어 있는지에 대해서는 언급하지 않았습니다. 이러한 모든 세부 사항은 반

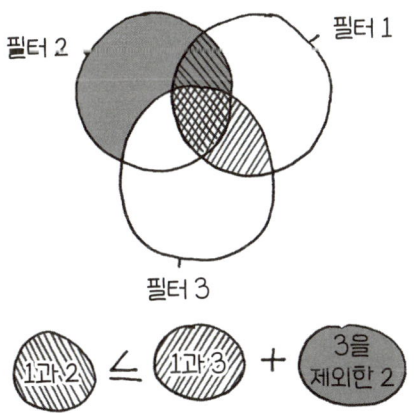

드시 중요한 것은 아닙니다. 숨은 변수들에 대해 딱히 알 필요가 없지만, 이러한 변수들이 반드시 충족해야 하는 부등식을 공식화할 수는 있습니다. 존 스튜어트 벨은 1964년에 이런 종류의 부등식을 처음으로 발표했습니다. 당시 벨은 이 책과는 약간 다르게 공식화했지만, 기본적인 개념과 방법은 거의 같습니다.

그리고 이제 중요한 지점이 남았습니다. 앨리스와 밥의 측정 결과를 평가했을 때, 부등식이 성립하지 않는다는 것을 발견한 것입니다. 측정 데이터는 이 방정식을 만족하지 않습니다. 우리는 벨 부등식을 국소적 실재론의 숨은 변수에 대해 원칙적으로 항상 성립해야 하는 매우 간단한 논리적 원리에서 도출했습니다. 그러나 자연은 이를 따르지 않습니다. 따라서 결론은 하나뿐입니다. 국소적 실재론의 관점에서 숨은 변수는 존재하지 않는다는 것입니다.

숨은 변수가 결코 존재하지 않는 일반적 양자 이론의 규칙에 따르면, 우리는 이 문제를 쉽게 설명할 수 있습니다. 광자가 이미 편광필터를 통과했다면, 우리는 그 편광을 알고 있습니다. 이제 다른 방향으로 편광을 다시 측정하면, 광자가 이 편광필터를 통과할 확률은 두 편광필터가 이루는 각의 코사인의 제곱과 같습니다. 두 필터가 정확히 같은 방향을 향하고 있다면 각도는 0입니다. 0도에서 코사인의 제곱은 1이므로 확률은 100%입니다. 30도에서는 확률이 $\frac{3}{4}$이고, 60도에서는 $\frac{1}{4}$입니다. "저기가 아닌 여기를 지나갈" 확률도 30도에서 $\frac{1}{4}$입니다.

방향 1과 방향 3 사이에는 60도, 방향 1과 방향 2, 그리고 방향 2와 방향 3 사이에는 30도가 있습니다. 따라서 우리는 부등식 '$\frac{3}{4} \leq \frac{1}{4} + \frac{1}{4}$'라는 식을 세울 수 있습니다.

하지만 이것은 완전히 틀린 것입니다. 양자 이론은 숨은 변수에 대한 국소적 실재론과 결코 양립할 수 없습니다.

~~~

이 실험에서 벨 부등식이 오류가 있는지 여부를 확인하는 것은 어려운 작업입니다. 그리고 여기에는 보완해야 할 몇 가지 허점이 있습니다.

우선 그 어떤 신호도 하나의 측정에서 다른 측정으로 전달되지 않도록 해야 합니다. 또한 입자들이 아주 멀리 떨어져 있도록 한 다음, 가능한 한 동시에 측정해야 합니다. 이렇게 하면 빛의 속도조차도 하나의 측정에서 다른 측정으로 신호를 전달하기에 충분하지 못하게 되는 것입니다. 그렇게 되면 국소성의 원리에 따라 두 측정은 서로 독립적이 됩니다.

그러나 존 스튜어트 벨의 실험에서 중요한 요건은 각 실험이 양 끝에서 자발적이고 무작위로 결정되어야 한다는 것입니다. 따라서 실험 자체에 최대한 가깝고 매우 빠르게 결정을 내리는 무작위 생성기를 설치해야 합니다. 그래야 정보가 이전에 알려지지 않은 방식으로 다른 측정값에 도달하는 것을 막을 수 있습니다.

미국의 존 클라우저, 프랑스의 알랭 아스페, 오스트리아의 안톤 차일링거는 이러한 허점을, 막대한 비용을 들여 메우는 정교한 실험을 수행했습니다. 이 실험들은 벨의 부등식이 오류가 있다는 점을 아주 명백하게 보여주었습니다. 현실은 존 스튜어트 벨이 정립한 기준을 따르지 않았던 것입니다.

이는 존 스튜어트 벨이 매우 일반적인 용어로 설명했던 '숨은 변수'가 존재할 수 없음을 의미합니다. '국소적 실재론'이라는 개념은 양자물리학에 의해 깨졌습니다. 존 클라우저, 알랭 아스페, 안톤 차일링거는 이 공로로 2022년 노벨물리학상을 공동 수상했습니다. 안타깝게도 존 스튜어트 벨은 이 사실을 채 깨닫지 못하고 1990년에 사망하였습니다.

끝이 없는 점점 더 이상한 일

전 세계 양자물리학자 대부분은 일상 연구에서 숨은 변수에 대해 걱정할 필요가 없다는 것을 잘 알고 있습니다. 양자물리학 문제를 풀 때 파동함수와 중첩의 갑작스러운 붕괴는 포함하지만 숨은 변수를 제외하는, 기존의 양자 이론을 안전하게 사용할 수 있습니다. 오랜 세월 검증되어 온 코펜하겐 해석은 유효한 것이었죠.

하지만 좀 더 깐깐하게 따져보다면, 이것이 숨은 변수를 완전히 배제하는 것은 아니라고 주장할 수도 있을 것입니다. 벨 부등식 오류는 국소적 실재론과 양립할 수 있는 특정 종류의 숨은 변수만을 허용합니다. 그러나 다른 유형의 숨은 변수, 예를 들어 비국소적 숨은 변수를 생각해볼 수 있습니다. 즉 우주의 모든 곳에 동시에 위치하여, 서로 다른 위치에 있는 두 개의 얽힌 입자가 동시에 접근할 수 있는 숨은 변수 말입니다.

하지만 그런 걸 믿어봤자 무슨 소용이 있을까요? 숨은 변수는 바로 일반 양자 이론의 기묘한 비국소성을 설명하기 위해 만들어진 것에 불과합니다. 그건 마치 도둑을 막기 위해 값비싼 보안문을 만든 다음, 악명 높은 도둑을 불러서 그 문을 설치하게 하는 것과 같은 일일 것입니다.

여기에서 더 이상한 구조를 상상할 수 있습니다. 또 실험 유형을 자유롭게 선택하는 것이 과연 가능한지 의문을 제기할 수도 있습니다. 어쩌면 최고의 난수 생성기조차도 우리를 속이고, 빅뱅 당시 이미 확립된 보이지 않는 법칙에 따라 그 결과를 제공하고 있는 게 아닐까요?

이 모든 것이 흥미롭게 느껴진다면 이런저런 추측을 해볼 수 있습니다. 하지만 그건 과학적 연구가 아닙니다. 물리학에서 중요한 질문은 바로 이것입니다. 세상을 설명하는 데 어떤 이론을 사용할 수 있을까요? 여러 가지 이론이 같은 결과를 낳는다면, 어떤 이론이 더 간단하고, 더 실용적이며, 더 유용할까요? 바로 이 지점에서 양자 이론에 대한 코펜하겐 해석이 승리하게 됩니다. 이상하긴 하지만, 우리 세계를 정확하게 설명하는 모든 관점 중에서는 가장 이상하지 않을 것입니다.

언제나 아인슈타인!

이제 분명해졌습니다. 양자물리학과 양말은 근본적으로 다릅니다. 하지만 놀라운 공통점도 하나 있습니다. 알베르트 아인슈타인은 이 두 가지 모두에 어려움을 겪었다는 것이죠. 그는 악명 높은 양말 거부주의자였고, 공식적인 자리에서도 양말을 신지 않으려고 애썼습니다. 양자 이론은 그에게 만족스럽고 완전한 이론이 아니라, 진실로 가는 길의 임시방편에 불과한 것으로 보였던 것이죠.

물리학 역사에서 이상한 아이러니가 하나 있습니다. 아인슈타인은 그의 위대한 걸작인 상대성 이론으로는 노벨상을 받지 못했습니다. 하지만 '광자'라는 개념으로 노벨상을 받았습니다. 이를 통해 그는 양자 이론의 가장 중요한 아버지 중 한 명이 되었습니다. 하지만 그는 이 이론에 대해 전혀 타당성이나 안정감을 느끼지 못했죠. 그 이후 아인슈타인은 포돌스키와 로젠, 그 둘과 함께 'EPR 이론'을 공식화했는데, 이는 오늘날까지도 양자 연구의 큰 과제로 남아 있습니다.

아인슈타인이 EPR 사고실험을 통해 의도했던 것은 양자 이론이 완벽하지 않다는 것을 보여주는 것이었습니다. 입자의 파동함수 외에는 아무것도 없다고 가정하면, 기묘한 비국소적 효과가 발생합니다. 그리고 분명 그 누구도 그런 터무니없는 비국소적 효과가 가능하다고 진지하게 생각하지 않을 거라고 아인슈타인은 생각했습니다.

하지만 존 스튜어트 벨과 벨 부등식 위반에 대한 실험은 이러한 기묘한 비국소적 효과가 실제로 존재함을 보여줍니다. 자연은 그만큼이나 기묘하고도 이상한 것이죠. 알베르트 아인슈타인이 상상했던 것보다 훨씬 더 말입니다.

Chapter **9**

순간이동과
도청 방지 코드

양자 텔레포테이션은 어떻게 작동하고,
어떤 방법으로 얽힌 입자를 이용해
비밀 메시지를 보내는 걸까요? 그리고
양자물리학에서는 왜 생각의 전달이 가능하지 않을까요?
하지만 양자 얽힘은 아주 흥미로운 기술에 사용할 수 있습니다.

낙관과 희망으로 가득 찬 세상이 되기 위해서는 과학이 사람들을 하나로 묶고, 돈은 더 이상 중요하지 않으며, 평등이 실현되는 세상이 되어야 했습니다. 1960년대 초 전 세계 사람들이 핵무기에 대한 우려를 품고 있을 때, 시나리오 작가 진 로든베리는 낙관적이고 희망찬 미래를 그려낼 TV 시리즈를 제작하고 있었습니다. 바로 〈스타트렉〉이었죠. 〈스타트렉〉은 TV와 영화의 역사를 바꾸어 놓았습니다.

로든베리의 〈스타트렉〉 세계관 안에서 인류는 은하를 탐험하는 큰 목표를 향해 함께 노력합니다. 이러한 접근 방식은 이성과 과학의 원칙에 기반합니다. 그런 세상에서는 정치적 다툼이나 차별이 용납될 수 없습니다. 파일럿 에피소드 'The Cage'에서 여성이 엔터프라이즈호의 '일등 항해사'라는 중요한 직책을 맡았던 것도 바로 그런 이유입니다. 하지만 나중에 이 직책은 바뀌었습니다. 어쩌면 제작진의 생각이 너무 급진적이었을지도 모르죠. 그래서 첫 번째 시즌의 일등 항해사는 비록 외계인이지만 적어도 남성인 스팍이었습니다. 현실적으로 생각해야만 하는 것이죠.

하지만 그 이후로도 진 로든베리의 우주 이야기에는 강인한 여성들이 종종 등장합니다. 〈스타트렉〉 시즌 3에서는 커크 선장과 통신 장교 우후라의 유명한 키스 장면이 등장합니다. 이는 미국 TV 역사상 최초의 서로 다른 인종의 키스 장면 중 하나로, 당시 큰 반향을 불러일으켰습니다. 일본인 장교가 엔터프라이즈호의 함교에 앉아 있기도 했는데, 이는 제2차 세계대전 이후 근 20년 동안 절대 흔한 일이 아니었습니다.

〈스타트렉〉 세계관의 우주에서 상대성 이론은 아무런 소용도 없는 듯 보입니다. '워프항법'이라고 불리는 기술 덕분에 빛보다 빠른 속도로 우주를 여행하는 것은 전혀 어려운 일이 아닙니다. 하지만 이처럼 낙관적인 미래에서 외계 행성에 착륙하는 가장 좋은 전략은 무엇일까요?

이를 위해 진 로든베리는 아주 특별한 것을 생각해냈습니다. 바로 빔(beam)입니다. 구체적으로는 알 수 없지만, 우주선 안에서 방사선으로 변환되어 행성 표면으로 보내졌다가 다시 물질 형태로 복원되는 것이죠.

이런 형태의 순간이동을 만들어 넣은 주된 이유는 아마도 복잡한 착륙 장면을 피하기 위함이었을 것입니다. 단순히 빔을 쏘는 것으로 착륙한다면, 행성으로 날아갔다가 감속한 후 착륙하는 모습을 시각적으로 그럴듯하게 꾸미느라 외계 먼지를 흩뿌리고 값비싼 착륙 셔틀을 제작할 필요가 없는 것이죠. 반짝이는 장식과 미래적인 음향 효과만 있으면 빔으로 날아갈 수 있습니다. 통신 장비, 예를 들어 광선총, 그리고 적절한 우주복(가능하면 빨간색은 피하는 것이 좋습니다)을 가지고 있다면 별 문제가 없을 것입니다.

입자는 초콜릿 케이크가 아니다

이런 순간이동은 당시에는 실질적인 과학적 근거가 없었습니다. 하지만 시간이 지나면서 실질적인 과학적 근거를 확보한 공상과학 기술의 흥미로운 사례입니다. 순간이동은 이제 현실이 되었습니다. 〈스타트렉〉의 엔터프라이즈호처럼은 아니지만, 적어도 개별 입자의 양자 순간이동(텔레포테이션) 형태로 말이죠.

하지만 이것이 무엇을 의미하는지 솔직하게 설명해야 합니다. 양자 순간이동은 물질을 순수한 광선으로 변환한 후, 다른 위치에서 물질 입자로 재변환하는 공상과학 기술이 아닙니다. '양자 순간이동'에서, 하나의 위치에서 다른 위치로 전송되는 것은 정보입니다. 하나의 입자 상태가 다른 입자로 전달되는 것입니다. 따라서 양자 순간이동에서는 입자 자체가 아니라 그 입자의 속성만 전송된다고 할 수 있습니다.

하지만 이 공식은 다소 문제가 있습니다. 입자는 근본적으로 구별할 수 없기 때문입니다. 그렇다면 우리가 '입자'를 빔으로 쏘았는지, 아니면 단순히 '입자의 속성'을 빔으로 쏘았는지 어떻게 알 수 있을까요? 둘은 같은 개념이 아닌가요?

예를 들어 제가 어떤 초콜릿 케이크를 구웠다고 가정해봅시다. 그리고 한밤중에 갑자기 케이크가 먹고 싶어져서 케이크 레시피를 친구에게 보냈다고 합시다. 친구가 다음 날 똑같은 케이크를 레시피대로 정확히 구웠다고 해서, 케이크가 저에게서 친구에게로 순간이동된 것은 아닙니다. 어느 날은 제 테이블에, 다음 날은 친구 테이블에 초콜릿 케이크가 있었던 것은 사실이지만, 두 케이크는 분명히 다른 케이크입니다. 매우 비슷하지만, 완전히 똑같지는 않습니다.

양자 입자에 대해서는 이러한 말을 할 수 없습니다. 동일한 양자적 성질을 가진 두 입자는 사실상 서로 다른 입자가 아닙니다. 우리는 이들을 서로 구별할 수 없고, 자연도 이들을 서로 구별할 수 없으며, 입자들 스스로도 서로를 구별할 수 없습니다. 스핀이나 에너지 상태와 같은 양자적 성질을 제외하면, 입자는 개별성을 갖지 않습니다. 입자는 양자적 성질의 합계일 뿐이라고 말할 수도 있는 것입니다. 이런 의미에서 양자 상태가 다른 입자로 전달되는 순간을, 입자가 '순간이동'했다고 설명하는 것은 맞는 말인 것입니다.

1990년대에 양자 얽힘을 이용하여 이러한 양자 상태 전이를 이루는 방법에 대한 아이디어가 나타났습니다. 또 얼마 지나지 않아 그 아이디어는 실험실에서 성공적으로 구현되었죠.

광자, 그리고 그 반대의 반대

이러한 양자 순간이동 기술의 세부 사항은 복잡하지만, 기본 원리는 꽤 이해하기 쉽습니다. 앨리스와 밥이 서로 다른 두 실험실에 앉아 같은 작업을 한다고 가정해보겠습니다. 앨리스에게는 우리가 그 상태를 모르는 입자가 있습니다. 예를 들어 '수평 편광'과 '수직 편광'의 중첩 상태에 있는 광자가 있다고 하죠. 이를 '광자 1'이라고 부르겠습니다.

이제 우리의 목표는 이 상태를 순간이동시키는 것입니다. 측정할 수는 없습니다. 측정하면 필연적으로 상태가 바뀌게 되는데, 우리는 그런 상황을 원하지 않습니다. 우리는 이 상태의 광자를 밥 근처에 있는 다른 광자에게 그대로 옮기고 싶습니다.

이를 위해 두 개의 광자, 즉 광자 2와 광자 3을 더 생성합니다. 이 광자들이 양자 얽힘 상태가 되도록 하여 반대 상태를 보장합니다. 한 광자가 수평 편광이면 다른 광자는 수직 편광되고, 그 반대의 경우도 마찬가지입니다. 하나의 광자는 항상 다른 광자의 반대 상태가 됩니다.

광자 2는 앨리스에게, 광자 3은 밥에게 보냅니다. 이제 중요한 사항이 있습니다. 앨리스는 우리가 순간이동시키고자 하는 광자 1을, 우리가 앨리스에게 보낸 양자 얽힘 상태의 광자 2와 얽히게 합니다. 이러한 방식으로 발생할 수 있는 다양한 유형의 얽힘이 있습니다. 예를 들어 광자 1과 광자 2가 반대 상태에 있는 것이 보장되는 얽힘이 있을 수 있는 것입니다.

→ 이러한 얽힘을 생성하기 위해 앨리스는 두 광자를 빔 분리기로 보냅니다. 두 광자는 동시에 같은 지점에 도달하며, 두 광자는 빔 분리기를 통과하거나 반

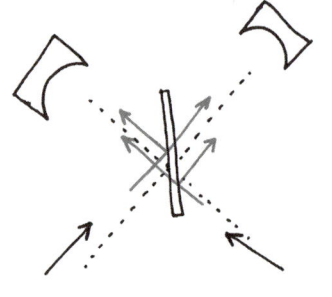

사될 수 있습니다. 이것이 바로 순수한 양자 무작위성입니다.

이제 우리는 빔 분할기 양쪽에 광자검출기를 설치할 수 있습니다. 두 광자는 빔 분할기에 의해 무작위로 투과되었는지 반사되었는지에 따라 두 검출기 중 하나에 도달할 수 있습니다. 따라서 검출기는 서로 다른 결과를 생성할 수 있습니다. 두 검출기가 각각 하나의 광자를 검출할 수도 있지만, 두 검출기 중 하나가 두 광자를 모두 검출할 수도 있습니다. 하지만 어떤 검출기가 얼마나 많은 광자를 감지하더라도, 그것이 광자 1인지 광자 2인지 더 이상 판별할 수 없습니다. 근본적으로 어느 것이 무엇인지 구분할 수 없게 됩니다. 그들은 더 이상 개별적인 광자가 아니라, 양자 얽힘 상태에 있는 것이기 때문입니다.

하지만 그럼에도 광자 1과 광자 2가 정확히 어떤 양자 얽힘 상태에 있는지는 알 수 없습니다. 두 광자는 항상 반대 편광된 양자 얽힘 상태에 있고, 두 광자는 항상 동일하게 편광된 양자 얽힘 상태가 있는 것이죠.

두 검출기는 이렇게 가능한 상태 중 어떤 상태가 현실이 되었는지 알려줍니다. 이 경우 수학적으로 증명할 수 있습니다. 두 검출기가 각각 광자를 감지한다면 그것은 반대칭 상태, 즉 두 광자가 반대로 편광된 상태여야 합니다. 따라서 두 검출기가 모두 광자를 감지한다면, 광자 1은 광자 2의 반대 상태라는 것이 보장되는 것입니다.

여기서 잠깐! 광자 2는 이미 광자 3과 얽혀 있었으므로, 광자 3은 광자 2의 반대 상태에 있습니다. 그리고 이제 광자 2가 광자 1과 얽혀 있으므로, 광자 2는 광자 1의 반대 상태입니다.

이것은 말하자면 광자 3은 광자 1의 반대의 반대 상태에 있다는 말입니다. 그리고 광자 1은 우리가 원래 발사하려던 광자였죠. 즉 광자 3은 처음의 광자 1과 정확히 같은 상태를 갖게 된 것입니다. 따라서 우리는 원래 광자의 상태를 광자 3으로 옮긴 것입니다. 아무것도 하지 않고, 처음부터 완전히 그대로 두었다가, 평화롭게 밥의 연구실로 날아간 광자로 말입니다. 이렇게 우리는 앨리스로부터 밥에게로 광자를 발사했습니다.

그런데 우리는 광자의 원래 상태를 완전히 파괴했습니다. 이는 피할 수 없는 일입니다. 양자 얽힘을 생성함으로써 이 광자에 대한 정보는 더 이상 앨리스의 연구실에 존재하지 않습니다. 그 상태는 밥의 연구실에 복사본으로만 보존할 뿐입니다.

따라서 양자 순간이동은 양자 복사기가 아닙니다. 이는 '복제 불가능성 원리'로 알려진 중요한 자연법칙입니다. 양자 상태를 복제할 방법은 없습니다. 어떤 입자의 상태를 가져와서 여러 다른 입자를 정확히 같은 상태로 만드는 것은 불가능한 일입니다. 그러나 양자 순간이동을 사용하면 직접적인 측정 없이 미지의 상태를 다른 입자로 옮길 수 있습니다.

이 과정에는 큰 문제가 있습니다. 앨리스가 매우 구체적인 얽힘 상태를 생성했을 때만 작동한다는 것입니다. 그리고 그 여부는 순전히 우연의 문제입니다. 앨리스가 올바른 유형의 얽힘이 생성되었다고 판단해야만, 밥의 연구실에서 광자 1의 양자 상태가 광자 3으로 올바르게 전달되는 것이죠.

하지만 앨리스가 자신의 연구실에서 다른 얽힘 상태가 생성되었음을 발견하면 순간이동은 실패하게 됩니다. 그리고 광자 3은 계획과 나쁜 상태가 됩니다. 이는 나중에 수정할 수 있습니다. 이 경우 밥의 연구실에 있는 광자를 조작하여 궁극적으로 원하는 상태, 즉 광자 1이 처음에 가졌던 상태를 정확히 갖도록 할 수 있습니다.

이는 순간이동 절차의 큰 결함이기도 합니다. 즉 양자 순간이동이 완전히 자동으로 작동하지 않는다는 뜻입니다. 밥은 마지막에 약간의 도움을 줘야 할 수도 있습니다. 그리고 그가 그렇게 해야 할지 여부는 처음부터 앨리스만 알고 있습니다.

이제 앨리스는 밥에게 전화해서 얽힘 실험 결과가 어떻게 되었는지 말할 수 있습니다. 그러면 밥은 자신의 입자가 이미 성공적으로 순간이동된 상태인지, 아니면 아직 조작이 필요한지 알게 되는 것입니다. 하지만 그러한 전화 통화는 고전적인 정보 교환이며, 결코 빛의 속도보다 빠르게 이루어질 수 없습니다. 그러므로 양자 순간이동 또한 빛의 속도를 앞지르는 방법이 아닙니다. 아인슈타인이라면 아마 이쯤에서 고개를 끄덕이며 "내가 그럴 줄 알았어!"라고 말했을지도 모릅니다.

섬에서 섬으로 순간이동을

나중에 노벨상을 수상하는 안톤 차일링거의 연구팀은, 1997년 최초로 양자 순간이동 실험을 성공적으로 이끌어낸 연구진 중 하나였습니다. 차일링거는 단순히 광자를 한 실험실에서 다른 실험실로 순간이동시키는 것에 만족하지 않았습니다. 그는 점점 더 놀라운 실험으로 큰 반향을 일으켰습니다. 2004년 그의 연구팀은 오스트리아 빈 다뉴브강 아래 광섬유 케이블을 통해 수백 미터 떨어진 곳의 양자 상태를 순간이동시켰습니다. 이는 온도 차이와 같은 환경적 요인조차도 양자 순간이동에는 영향을 미치지 않는다는 것을 보여주는 일이었습니다.

ANTON ZEILINGER
안톤 차일링거

이후 대서양 라팔마 섬과 테네리페 섬 사이의 143km에 달하는 거리를 두고 양자 순간이동이 이루어졌습니다. 그로 인해 양자물리학이 아주 작은 규모에서만 발생한다는 주장이 틀렸다는 것이 분명하게 증명되었습니다. 만약 143km 이상 양자 얽힘 상태를 유지하는 광자 쌍을 생성한다면, 어떤 의미에서는 지름이 143km인 양자 물체가 생성되는 것입니다. 그리고 이 양자는 그 거대한 크기에도 불구하고, 우리가 일반적으로 큰 물체에 적용하는 고전적인 자연법칙으로는 설명할 수 없는 방식으로 작동합니다.

시간이 지남에 따라 많은 양자 순간이동 실험이 추가되었습니다. 광자뿐만 아니라 원자와 같은 다른 입자도 순간이동시킬 수 있게 되었죠. 이를 위해 두 가지 상태, 예를 들어 '스핀 업'과 '스핀 다운' 사이를 쉽게 전환할 수 있는 원자를 선택했습니다. 또는 가능한 가장 낮은 에너지 상태와 약간 더 높은 에너지 상태 사이를 전환할 수 있는 것들을 말이죠. 이 책에서 여러분은 이러한 기술적인 세부 사항까지 걱정할 필요는 없습니다. 이 원자들은 전자기장에 잡혀서 제자리에 고정됩니다. 이제 광자와 매우 유사한 양자 순간이동 기법을 사용하여 한 원자의 상태를 다른 원자로 옮길 수 있습니다.

하지만 여기서도 이것이 실제로 무엇을 의미하는지 신중하게 생각해 봐야 합니다. 원자 전체가 빔으로 전달된 것일까요? 사실은 그렇지 않습니다. 단지 한 원자의 단일 속성, 예를 들어 에너지 상태가 다른 원자로 전달되었을 뿐입니다. 단, 이때 두 원자의 다른 모든 속성이 동일하다고 가정합니다.

안타깝게도 양자 순간이동은 SF 영화에서 외계인을 빔으로 쏘아 보내는 것보다 훨씬 더 복잡합니다. 시작 시점에 중첩 상태에 있는 속성만 순간이동시킬 수 있습니다. 따라서 행성에서 우주선으로 인간이나 외계인을 빔으로 쏘아 보낼 수 있는 장치를 만들려면, 상상할 수 있는 모든 인간과 외계인의 중첩 상태에 해당하는 양자 상태부터 시작해야 합니다.

만약 우리가 커크 선장을 외계 행성에서 엔터프라이즈호로 다시 보낸다고 합시다. 그러려면 상상할 수 없을 정도로 복잡한 모든 가능한 실체들의 중첩 상태를 붕괴시키고, 그 중에서 아주 특정한 상태, 즉 '커크 선장이 방금 행성에 서 있었던 원자 배열 그대로'를 선택해야 할 것입니다. 양자 기술의 미래 발전에 대해 아무리 낙관적이라 하더라도, 성공시키지 못할 겁니다.

더욱이 이러한 순간이동은 몇 가지 매우 이상한 철학적 질문을 던질 것입니다. 정말 커크 선장이 우주선으로 빔 전송된 것일까요? 혹은 커크 선장이 잔혹한 양자 측정으로 돌이킬 수 없게 파괴되었고, 우주선 안에서 인위적으로 커크 선장의 복제본이 만들어진 것은 아닐까요? 그렇다면 그를 '커크 선장 2'라고 불러야 하는 걸가요? 어제 우리가 마지막으로 먹었던 '킬링 온 가그'(《스타트렉》에 나온 클링온족 전통음식으로, 꿈틀거리는 벌레를 살아 있는 채로 먹는다 - 옮긴이)를 옛 커크 선장 때문에 먹었다면, 새로운 커크 선장에게 화를 낼 수 있을까요? 커크 선장의 우주 항해 면허증은 아직 유효한 것일까요? 아니면 안전을 위해 우주 항해 시험을 다시 봐야 할까요?

입자의 경우, 여전히 입자가 개별성을 갖지 않으며, 양자적 속성이 단순히 전달된다면 순간이동으로 간주될 수 있다고 주장할 수 있습니다. 하지만 이것이 우주선 함장(커크 선장) 같은 거시적 물체에도 적용되는지는 완전히 다른 문제입니다.

하나의 입자는 대략적으로 세상으로부터 고립되어 있다고 상상할 수 있습니다. 이러한 관점에서, 이 입자에 다른 입자로 전달될 수 있는 '상태'를 부여할 수 있습니다. 반면에 인간처럼 큰 존재는 끊임없이 주변 환경과 접촉합니다. 우리는 끊임없이 주변 입자들과 충돌하고, 세상의 나머지 부분과 끊임없이 얽혀 있습니다. 양자물리학 용어로, 우리는 환경과 불가분의 관계에 있습니다. 따라서 우리 인간의 양자 상태가 어디에서 끝나고, 나머지 우주의 양자 상태가 어디에서 시작되는지 정확히 정의하는 것은 불가능합니다. 그렇다면 우주선에 탑승하려면 정확히 무엇을 보내야 할까요?

결국 대략적인 해결책에 만족해야 합니다. 우리는 정확히 순간이동하는 것이 아니라, 비슷한 형태로 재창조되는 것뿐입니다. 이것은 어느 한 곳에서 먹었던 초콜릿 케이크를, 다른 곳으로 이동해 같은 레시피로 다시 구워내는 것과 약간 비슷합니다. 이것을 '순간이동'이라고 여길지, 그렇지 않을지는 개인적인 생각에 달려있습니다.

비밀 메시지

양자 얽힘에 기반한 또 다른 기술인 양자 암호는 이미 아주 효과적입니다. 인간이 서로에게 메시지를 보낸다는 생각을 처음 떠올린 이래로, 허락 없이 그 메시지를 가로채려는 사람들은 항상 존재했기 때문입니다.

중요한 비밀을 가지고 있는 사절단을 이웃 왕국으로 보낼 수 있겠죠. 하지만 악의적인 동시대인들이 그를 속여 비밀을 누설하게 할 것이라는 점도 미리 생각해야 합니다. 예를 들어 거액의 뇌물을 주거나, 판대하게 나리를 부러뜨리지 않겠다고 제안하는 등의 방법이 있을 수 있습니다. 전화로 메시지를 전송하면 도청당할 수 있습니다. 광섬유 케이블을 통해 메시지를 전송한다면 케이블을 감시할 수 있습니다. 새로운 통신 방식이 등장할 때마다 그에 따른 도청 방법은 늘 새로 생겼습니다.

이러한 모든 방법들은 데이터를 암호화하면 보안을 강화할 수 있습니다. 메시지를 암호문으로 작성하거나, 복잡한 암호화 방식을 고안하여 키를 아는 사람만 메시지를 해독할 수 있도록 할 수도 있죠. 유일한 문제는 동일한 키를 자주 사용하면 도청자가 결국 키의 모양을 알아내고 코드를 해독하여 메시지를 읽을 수 있다는 것입니다.

모든 글자를 다른 문자로 대체하여 메시지를 암호화할 수 있습니다. 'A' 대신 '$'를 쓰고, 'B'는 '#'으로 바꾸는 식으로 하는 것이죠. 이렇게 하면 읽을 수 있는 텍스트가 읽을 수 없는 문자들의 집합으로 변합니다. 하지만 텍스트가 길다면 이 문자들의 집합은 쉽게 해독할 수 있게 됩니다. 독일어 기반으로 암호문을 썼다면, 암호문에 가장 많이 쓰인 문자는 거의 E일 것입니다. 약간의 응용 통계와 속도 빠른 컴퓨터를 사용하면, 이처럼 간단한 암호화 정도는 아주 빠르게 해독할 수 있습니다.

완벽한 보안은 '원타임 패드'(One-Time Pad; OTP, 무작위로 생성되는 암호키를 딱 한 번만 사용하고 폐기하는 방식, 이론적으로 가장 완벽한 암호화 방법이라고 여겨진다 - 옮긴이)를 통해서만 가능합니다. 이 암호키는 내가 보내려는 메시지 길이만큼 길고, 딱 한 번만 사용됩니다.

모든 메시지와 모든 암호키는 0과 1의 연속인 이진수로 표현할 수 있습니다. 앨리스가 밥에게 메시지를 보내고 싶다고 가정해보겠습니다. 앨리스는 먼저 완전히 무작위로 키를 선택합니다. 예를 들어 '10111100'과 같은 키를 선택합니다. 그런 다음 키를 밥에게 넘겨줍니다. 이러한 키는 대면 회의와 같은 사기나 도청을 방지하기 위한 것입니다. 앨리스와 밥 외에는 아무도 이 키를 알지 못합니다.

이러한 전제 조건에서 앨리스는 이제 밥에게 완전히 안전한 메시지를 보낼 수 있습니다. 앨리스가 '10001111'이라는 메시지를 전송하려고 한다고 가정해보겠습니다. 이 메시지는 8자리의 이진수로 구성되며 암호키와 길이가 같습니다. 이를 통해 앨리스는 메시지를 암호화할 수 있습니다. 간단한 규칙으로 예를 들면, 암호키에서 0이 있는 자리에 해당하는 '메시지'

는 모두 그대로 유지됩니다. 그리고 암호키에서 1이 있는 자리에 해당하는 '메시지'는 모두 변경됩니다. 즉 변경되는 메시지가 '0'이라면 '1'이 되고, '1'이라면 '0'이 됩니다.

메시지:	10001111
암호키(원타임 패드):	10111100
암호가 풀린 메시지:	00110011

앨리스는 이제 이 암호화된 메시지를 원하는 방식으로 밥에게 보낼 수 있습니다. 전화로 번호를 읽어줄 수도 있고, 대도시 담벼락에 큰 글씨로 번호를 칠할 수도 있고, 혹은 비행기를 이용해 하늘에 번호를 쓰게 할 수도 있습니다.

누가 이 암호화된 숫자를 읽게 되어도 전혀 상관없습니다. 이 숫자 자체에는 정보 가치가 없기 때문입니다. 어떤 메시지든 이 메시지 뒤에 숨겨져 있을 수 있습니다. 키가 없으면 아무것도 알아낼 수 없죠. 키와 메시지의 길이가 같으면, 앨리스가 각 메시지에 새로운 키를 사용하는 한 통계적 방법으로는 암호화를 해독할 수 없습니다. 오직 밥만이 자신의 키를 사용하여 원래 메시지로 다시 변환할 수 있습니다.

하지만 이 전략도 문제점은 명확합니다. 앨리스와 밥 외에는 아무도 이 암호키를 알지 못한다는 것을 보장할 수 있어야만 암호가 유지됩니다. 하지만 누가 그걸 보장할 수 있을까요? 혹시 누군가가 암호키 메모를 복사하면 어떡하죠? 아니면 혹시 누군가가 앨리스가 밥에게 키를 건네주는 것을 몰래 지켜봤을지도 모르죠. 바로 이 지점에서 양자 이론이 등장합니다. 양자 이론은 바로 그것을 방지할 수 있습니다. 그것도 절대적으로 확실하게 말이죠.

양자 암호화: 양자 얽힘을 통한 암호화

필요한 것은 얽힌 광자 쌍을 방출하는 광자원(빛, 광자를 방출하는 장치 - 옮긴이) 하나뿐입니다. 여기서 하나는 앨리스에게, 다른 하나는 밥에게 전송됩니다. 두 광자 모두 처음에는 명확하게 정의된 편광 방향을 가지고 있지 않습니다. 다만 앨리스와 밥이 광자의 편광 방향을 수평 편광인지 수직 편광인지 측정할 때, 항상 반대 결과가 나오는 방식으로 얽혀 있죠.

하지만 앨리스와 밥은 이를 '수평 또는 수직'으로만 측정할 필요는 없습니다. 다른 방향으로도 측정할 수 있습니다. 예를 들어 광자가 우대각선으로 편광되었는지 좌대각선으로 편광되었는지 여부와 같이 말입니다. 두 사람은 매 측정 전에 서로 독립적으로, 순전히 무작위로 측정 방향을 결정합니다. 일정 횟수의 측정 후, 두 사람은 각 광자에 대해 선택한 방향을 공개합니다. 이 정보는 비밀이 아니므로 누구나 볼 수 있습니다. 하지만 각 측정 결과는 비밀로 합니다.

측정된 각 광자 쌍은 이제 두 가지 가능한 범주 중 하나에 속합니다. 앨리스와 밥이 무작위로 같은 측정 방향을 선택했을 경우, 둘 다 상대방의 측정 결과를 확실히 알고 있습니다. 결과 자체는 순전히 우연이지만, 두 광자가 양자 얽힘 상태라면 두 광자 모두에 대해 동일한 난수가 자발적이고 예측 불가능하게 생성됩니다. 이제 앨리스와 밥은 이를 암호화 코드로 사용할 수 있게 됩니다.

두 번째 범주에는 앨리스와 밥이 서로 다른 측정 방향을 선택한 모든 광자 쌍이 포함됩니다. 앨리스와 밥은 이러한 경우를 사용하여 코드를 생성할 수 없지만, 이러한 결과를 사용하여 도청 여부를 확인할 수 있습니다.

앨리스와 밥이 도청당하고 있었다면, 누군가 광자를 가로채서 측정했다는 뜻입니다. 그리고 앨리스와 밥이 의심스러운 것을 알아차리지 못하도록 다른 광자들을 보냈을 가능성이 큽니다. 하지만 양자물리학의 반박할 수 없는 법칙이 있습니다. 측정은 중첩 상태를 붕괴시킨다는 것이죠. 측정이 상태에 영향을 미치는 것입니다. 누군가 앨리스와 밥의 통화 내용을 엿들 더라도, 앨리스와 밥에게 도달하는 광자는 더 이상 양자 얽힘 상태가 아닙 니다. 앨리스와 밥은 측정 결과를 통계적으로 분석하여 이를 확인할 수 있 습니다.

만약 도청된 광자가 실제로 양자 얽힘 상태를 유지한다면, 측정 결과는 벨 부등식을 위반해야 합니다. 이는 결국 우리가 이미 확인했듯이 양자 얽힘이 인식되는 방식이기 때문입니다. 만약 벨 부등식을 위반하지 않는다면 앨리스와 밥은 자신들이 실제로는 양자 얽힘 광자를 다루고 있는 것이 아니라, 특별한 양자물리적 연결이 없는 무작위 광자를 다루고 있다는 것을 알게 됩니다. 이렇게 되면 두 사람 모두 뭔가 잘못되었다는 것을 즉시 알 수 있습니다.

물론 같은 측정 방향을 사용하여 서로 결과를 교환하여 실제로 항상 정 반대의 결과가 나오는지 확인할 수도 있습니다. 외부에서 누군가가 듣고 있었다면 이런 일은 일어나지 않았을 것입니다.

중요한 점은 메시지를 가로채기 위해 그 어떠한 기발한 방법을 고안하더 라도 양자물리학 기본 법칙에 따르면 메시지를 변경해야만 읽을 수 있다 는 것입니다. 만약 그렇게 되면 앨리스와 밥은 즉시 알아차리고 다시 시작 할 수 있습니다. 하지만 모든 것이 계획대로 진행되었고 아무도 악의적으 로 광자를 훔치지 않았다고 판단한다면, 앨리스와 밥은 이제 우주의 그 누 구도 모르는 무작위 코드를 갖게 됩니다. 그리고 이 무작위 코드를 원타임 패드로 사용하여 메시지를 주고받을 수 있습니다. 이제 수천 년 동안 이어 져 온 암호 사용자와 암호 해독자 간의 경쟁이 끝나는 듯 보입니다. 양자물 리학 법칙에 따라, 다른 누구도 읽을 수 없는 메시지를 전송하는 것이 마침

내 가능해진 것입니다.

이제 유일한 의문은 하나입니다. 이것이 정말로 데이터 보안을 강화할까요? 데이터가 도난당하거나, 데이터를 가로채거나, 불법적으로 암호가 뚫릴 때, 종종 비난받는 것은 기술이 아니라 사람입니다. 사실 양자물리학이 없더라도 매우 높은 수준의 보안을 유지할 수 있습니다. 문제는 이러한 높은 수준의 보안이 불충분하다는 것이 아니라, 제대로 활용되지 않는다는 것입니다. 개방형 사무실에서 종이에 비밀번호를 적어 컴퓨터 화면에 붙여 놓는 사람 역시 양자 암호화의 혜택을 받을 수 없을 것입니다. 이런 경우 아마 문제는 다른 곳에 있는 것이겠죠.

그리고 또 다른 중요한 문제는 양자 기술을 사용해도 해결하기 힘든 인증 문제입니다. 앨리스와 밥이 양자 얽힘 입자를 사용하여 무작위 키를 생성한다면(난수 생성), 두 사람은 도청 불가능한 양자 연결을 통해 통신하고 있다는 것은 확신할 수 있습니다. 하지만 '누구'와 통신하고 있는지는 확신할 수 없습니다. 앨리스는 밥이 양자 회선의 반대편에 있다는 것을 어떻게 알 수 있을까요? 악의적인 침입자가 밥과 앨리스 사이에 끼어들어 두 사람 모두와 안전한 양자 연결을 구축한다면, 자신에게 비밀을 털어놓도록 유도할 수도 있습니다.

어쩌면 앨리스와 밥이 대화를 종료할 때 비밀번호를 합의하고, 다음 대화에서 사용하여 서로의 신원을 확인한다면 문제를 해결할 수도 있을 겁니다. 하지만 결국 그 비밀번호는 어딘가에 저장되어야 하며, 이것 또한 안전하지 않습니다. 즉 도청이 불가능한 양자 암호 통신은 가능하지만, 완벽한 보안은 불가능한 것입니다.

양자 얽힘과 텔레파시

양자 순간이동이나 양자 암호에 사용되는 양자 상태는 가능한 가장 높은 수준의 양자 얽힘을 보입니다. 이러한 상태들은 명확하게 정의되어 있고 비교적 쉽게 설명할 수 있습니다.

물론 현실은 항상 조금 더 복잡하고 더 어수선합니다. 통제된 양자 실험을 제외하면, 양자 얽힘은 대개 복잡한 양상을 띱니다. 입자들이 충돌하고 힘을 교환하며 그 과정에서 약간씩 얽히게 됩니다. 이러한 얽힘은 이후 다른 입자들과 충돌하면 매우 빠르게 의미를 잃어버립니다. 하지만 순수하게 수학적인 관점에서 보면, 어느 정도까지는 모든 것이 양자 얽힘 상태에 있다고 말할 수 있습니다.

우리가 측정할 수도 없고 기술적으로 활용할 수도 없지만, 우주의 모든 입자는, 적어도 어느 정도 양자물리적으로 연결되어 있습니다. 결국 모든 입자는 빅뱅 직후 우주의 모든 물질이 맹렬한 양자 충돌 속에서 소용돌이쳤던, 동일한 혼돈의 입자 덩어리에서 비롯된 것입니다.

양자 얽힘은 어디에나 존재하며, 우리 현실의 피할 수 없는 부분입니다. 하지만 안타깝게도 바로 그 때문에 이상하고 난해한 이론을 뒷받침하는 주장으로 오용되는 경우가 많습니다. "양자물리학은 우리 모두가 연결되어 있음을 증명한다!"라고 어떤 이들은 이야기합니다. "양자물리학은 우주의 모든 것이 다른 모든 것과 연결되어 있다고 말하는 것이다"라고도 합니다.

원칙적으로 전혀 틀린 말은 아닙니다. 단지 양자물리학이 필요하지 않을 뿐입니다. 빅뱅에서 나왔다는 사실만으로도, 어떤 의미에서 우리는 논리적으로 서로 연결되어 있음을 의미합니다. 또한 중력은 모든 것이 서로 연결되어 있음을 보장합니다. 모든 물체는 다른 모든 물체에 인력을 가하며, 이 인력은 무한히 큰 범위를 가집니다. 제가 손을 들면, 화성 어딘가에 있는

작고 눈에 띄지 않는 돌에 가하는 힘이 아주 미미하게 변합니다.

우주의 모든 것이 어떻게든 다른 모든 것과 연결되어 있다는 사실은, 양자 이론을 통해 우리에게 밝혀진 위대한 비밀이 아닙니다. 오히려 다소 진부한 사실일 뿐입니다. 또한 텔레파시처럼 존재하지도 않는 현상을 설명하기 위해 양자 얽힘을 오용하는 것은 과학적으로 전혀 타당하지 않습니다. 물론 다음과 같은 의문이 들 수 있습니다. "양자 순간이동이 실제로 존재하고 우리 모두가 양자 얽힘에 빠져 있다면, 한 사람의 생각이 다른 사람의 머릿속으로 순간이동될 수도 있지 않을까요?"

아니요, 그럴 수는 없습니다. 전기가 정말 존재하고 내 신경세포가 전기화학적으로 연결되어 있다고 해서, 나의 '많은 생각'으로 주방 믹서기에 전기를 공급할 수 있다는 뜻은 아닙니다. 과학 용어를 문법적으로 완벽하게 조합했다고 해서, 그것이 반드시 세상에 대해 의미 있는 말을 했다는 뜻이 아닌 것처럼 말이죠.

양자 얽힘은 단순히 강한 의지만으로 발생하는 것이 아닙니다. 만들어 내려면 상당한 노력이 필요합니다. 내 머릿속 입자와 다른 사람 머릿속 입자 사이에 특정 양자 얽힘이 어떻게 발생하는지는 완전히 불분명합니다.

그리고 만약 이 양자 얽힘이 존재한다고 하더라도, 어떤 양자 얽힘 상태가 될까요? 그렇다면 측정했을 때 입자들은 같은 상태에 있을까요? 아니면 반대 상태에 있을까요? 설령 우리가 그것을 안다고 하더라도, 제 머릿속에서 입자를 측정하는 것은 그저 무작위적인 숫자를 생성할 뿐입니다. 그 이상도 그 이하도 아닙니다. 생각의 전달과는 아무런 상관이 없습니다.

설령 온갖 불가능한 상황을 다 극복하여 내 머릿속 입자 상태가 다른 사람의 머릿속으로 순간이동할 수 있다는, 완전히 터무니없는 가정을 합시다. 그렇다면 왜 그 다른 사람의 머릿속에서 내 생각과 관련된 생각이 형성되는 걸까요? 그 입자 상태가 어떻게 우리 세포 하나하나에서 끊임없이 일어나는 완전히 무작위적 입자의 잡음에 맞서서 유지될 수 있는 것일까요?

비국소성: 그렇게까지 이상하지 않아요

양자 얽힘은 마법이 아닙니다. 수학적으로 이해하고 계산할 수 있습니다. 양자 얽힘의 진정으로 어려운 측면은 비국소성 문제입니다. 이것은 한 입자에 대한 측정을 수행하는 동시에 완전히 다른 위치에 있는 다른 입자의 상태에 영향을 미칠 수 있다는 것입니다. 이것이 문제의 핵심이자, 알베르트 아인슈타인을 괴롭혔던 문제이기도 하며, 앞으로도 계속해서 골칫거리가 될 것입니다.

하지만 파동함수의 이러한 비국소적 붕괴는 양자 이론의 고유한 부분입니다. 사실 양자 얽힘은 여기에 필요하지도 않습니다. 넓은 공간을 파동처럼 전파하는 단일 입사를 상상해보세요. 그 위치는 매우 불확실하며, 파동함수는 동시에 여러 곳에 존재합니다.

그러다가 입자의 위치를 갑자기 측정한다면 어떻게 될까요? 우리는 이미 이중 슬릿 실험을 통해 이를 알고 있습니다. 파동함수가 붕괴되고, 입자는 유일하게 결정된 위치를 얻게 되며, 측정된 위치에 위치하게 되고, 갑자기 다른 어떤 곳에도 존재하지 않게 됩니다.

하지만 이것 역시 어떤 의미에서는 비국소적 효과입니다. 한 위치에서 입자를 측정하면 다른 모든 위치에 즉시 영향을 미칩니다. 이런 관점에서 볼 때 양자 얽힘의 비국소성은 이상하지만, 이중 슬릿 실험에서 이미 제시된 이상함보다 크게 이상하지는 않습니다. 유일한 차이점은 양자 얽힘에서는 두 개 이상의 입자에 분포된 양자 상태를 다룬다는 것입니다.

하지만 어떻게 보든, 양자 이론의 모든 복잡한 질문들은 항상 같은 문제로 귀결되는 듯 보입니다. 측정이란 정확히 무엇일까요? 그리고 측정은 왜 양자 입자가 동시에 가질 수 있는 수많은 임의의 상태들 중에서 단 하나의 명확한 진실을 만들어 내는 것일까요? 궁극적으로 양자 이론 분야 전체는 이러한 기묘한 질문을 중심으로 돌아갑니다.

Chapter **10**

슈뢰딩거의 고양이는 도대체 어떻게 됐을까?

원자와 고양이의 차이를 어떻게 이해해야 할까요?
왜 '양자 다윈주의'는 특정 상태의 생존만 허용할까요?
디코히어런스가 실제로 존재한다는 걸 어떻게 증명할 수 있을까요?
결국 '측정'이 이뤄지는 동안
미시적 세계는 거시적 세계와 접촉하게 됩니다.

에르빈 슈뢰딩거는 불만스러웠습니다. 슈뢰딩거 방정식으로 1933년에 노벨상을 수상했고, 양자 이론의 새로운 공식들은 유효했고, 그 결과는 실험 결과와 완벽하게 일치했습니다. 하지만 그럼에도 불구하고 슈뢰딩거는 양자 이론의 본질이 아직 완전히 이해되지 않았다고 생각했습니다.

과학에는 점점 더 정확해지는 이론과 그렇지 않은 이론이 존재합니다. 때로는 모든 세부 사항을 설명하는 것이 목표가 아니라, 단순히 현실에 대한 대략적인 그림을 그리는 것이 목표가 되기도 합니다. 예를 들어 기상학에서 '온도'나 '기압'과 같은 용어를 사용한다고, 우리가 대기를 완벽하고 정확하게 설명하고 있다고 할 수는 없습니다. 이러한 용어들은 개별 공기 입자의 움직임에 대해서는 전혀 언급하지 않습니다. 단지 현실에 대한 다소 모호한 설명, 즉 근사치에 만족하는 것입니다. 그럼에도 불구하고 이러한 용어들은 상당히 정확한 일기예보를 계산하는 데 사용될 수 있습니다.

하지만 양자 이론은 실제로 매우 정밀한 이론입니다. 이것은 우주의 가장 작은 기본 구성 요소를 설명합니다. 단순한 근사치가 아니라 입자 세계를 정확하게 설명한다고 주장합니다. 그럼에도 불구하고 특정 측정 결과가 어떻게 될지는 알려주지 않습니다. 우리는 양자 이론을 사용하여 확률을 계산할 뿐입니다. 양자 이론의 어떤 것들은 다소 모호하다는 것을 받아들여야 합니다.

그러나 이러한 흐릿함은 단순히 이론의 속성이 아니라 분명한 자연의 속성입니다. 슈뢰딩거가 강조했듯이, 여기에는 큰 차이가 있습니다. 마치 '흐릿하고 초점이 맞지 않은 사진'과 '구름과 안개가 낀 날의 사진'의 차이와 같습니다. 한쪽에서는 이미지만 흐릿하고, 다른 쪽에서는 세상 자체가 흐릿합니다. 어쩌면 둘 다 비슷하게 보일지도 모르지만, 이유는 매우 다릅니다.

이제 질문을 해보겠습니다. 양자 이론에서 작은 입자의 세계(미시세계)가 근본적으로 예측 불가능하다고 말한다면, 이러한 예측 불가능성은 작은 입자의 세계에만 적용되는 것일까요? 현실이 어떤 의미에서는 무작위적이고, 모호하며, 분명하지 않다는 사실을 받아들인다고 합시다. 그렇다면 적어도 이러한 모호한 특성이 양자 입자의 미시세계에만 국한되고 토마토, 사람, 기관차와 같은 큰 물체의 거시세계에는 일반적으로 아무런 역할을 하지 않는다고 확신할 수 있을까요?

아닙니다. 그렇게 말할 수는 없습니다. 미시세계와 거시세계는 명확하게 구분될 수 없습니다. 양자 수준의 미시세계에서 예측할 수 없는 우연은, 거시세계에서도 쉽게 예측할 수 없는 우연이 될 수 있습니다. 슈뢰딩거가 '슈뢰딩거의 고양이'로 세계적으로 유명해진 사고실험을 통해 보여준 것이 바로 이것입니다.

상자 속 고양이

방사성 물질이 조금 있다고 가정해봅시다. 방사성 원자핵 중 하나가 다음 시간 안에 붕괴할 확률이 50%에 불과한 양입니다. 그 옆에는 방사선 검출기가 있습니다. 검출기가 붕괴를 감지하면 유독한 시안화수소 병을 깨뜨리는 장치가 작동합니다. 그리고 그 옆에는 '슈뢰딩거의 고양이'가 있습니다.

이제 고양이를 포함한 기계 전체를 금속 상자에 넣고 단단히 밀봉합니다. 그리고 한 시간 동안 기다립니다. 무슨 일이 일어났을까요? 양자물리학 관점에서 상자의 안에서는 어떤 일이 생겼을까요?

방사성 붕괴는 순전히 무작위적인 현상입니다. 원자핵이 붕괴되었는지 여부를 측정하지 않으면, '온전한' 상태와 '붕괴된' 상태가 중첩될 수 있습니다. 우리는 상자 속 원자핵에 대해 알고 있습니다. 한 시간 후 방사성 핵 중에서 적어도 하나가 붕괴되었을 확률은 50%입니다. 따라서 '어떤 원자도 붕괴되지 않았을 가능성'과 '적어도 하나의 원자가 붕괴되었을 가능성'이 중첩된 상태를 다루고 있다고 가정합니다. 두 가지 가능성 모두 동일한 확률입니다.

그렇다면 방사선 검출기는 '방사성 붕괴가 감지되지 않음'과 '최소 한 번의 방사성 붕괴가 감지됨'의 중첩 상태에 있다는 뜻일까요? 또 그렇다면 시안화수소 병은 '온전히 남아 있음'과 '붕괴됨'의 중첩 상태에 있다는 뜻인가요? 그리고 이것은 슈뢰딩거의 고양이는 '살아 있음'과 '죽음'의 중첩 상태에 있다는 뜻인가요?

양자 이론은 다음과 같이 이야기합니다. 오직 '측정'만이 중첩 상태였던 여러 가능한 결과를 하나의 특정 상태로 결정하도록 강제합니다. 그렇다면 이는 슈뢰딩거의 고양이에게 있어, 우리가 상자를 열 때에만 고양이의 삶이 진정으로 결정된다는 것을 의미할까요? 우리가 관찰을 통해 고양이의 상태를 측정하고 중첩을 붕괴시키는 순간까지, 고양이는 살아있기도 하고 죽어있기도 하는 걸까요?

정말 이상하고 말도 안 되는 소리처럼 들립니다. 어쩌면 전자가 동시에 두 곳에 존재할 수 있다는 것은 어떻게든 납득시킬 수 있을지도 모릅니다. 원자핵이 온전한 상태이면서 동시에 붕괴될 수 있다는 것도 받아들일 수 있겠죠. 하지만 살아 있으면서도 죽은 고양이는 어떨까요? 뭔가 잘못된 겁니다. 전자나 원자와 달리 고양이는 우리가 꽤 많이 경험해온 거시적인 세계에 존재하는 '존재'입니다. 또한 우리의 경험은 이렇게 말합니다. 살아있는 고양이와 죽은 고양이가 있지만, 동시에 두 가지 모습을 가진 고양이는 없다고 말이죠. 하지만 우리 주장에 뭔가 잘못된 것이 있는 것은 분명합니다.

위그너의 친구

훨씬 더 황당한 이야기도 상상해볼 수 있습니다. '슈뢰딩거의 고양이' 사고실험의 연장선을 노벨물리학상 수상자 유진 위그너가 제시했는데, 이는 '위그너의 친구'로 알려져 있습니다. 위그너의 친구가 실험실에 서서 양자 실험, 예를 들어 슈뢰딩거의 고양이 실험을 하고 있다고 상상해보세요. 위그너의 친구가 상자를 열어 고양이가 죽었는지 살았는지 판단할 때까지, 고양이가 실제로는 '죽음'과 '살아 있음'의 중첩 상태에 있다고 가정합니다.

한편 위그너는 실험실 밖에 서서 고양이가 살았는지 죽었는지 전혀 알지 못합니다. 그러다가 실험실 문을 열고 안으로 들어갑니다. 그곳에서 그는 '붕괴된 원자핵이 있는 열린 상자와 죽은 고양이, 그리고 슬픈 친구'를 발견할 수도 있고, '붕괴된 원자핵이 없는 열린 상자와 살아있는 고양이, 그리고 실험 결과에 기뻐하는 친구(동물 권리 관점에서는 매우 비난 받아야 하는)'를 발견할 수도 있습니다.

하지만 여기서 정확히 무슨 일이 일어났을까요? 위그너가 실험실 문을 열기 전에 실험 결과가 이미 결정된 걸까요? 아니면 실험실 전체가 이전에 '죽은 고양이, 슬픈 친구'와 '살아있는 고양이, 행복한 친구'의 중첩 상태에 있었던 걸까요? 여기서 누가, 측정을 수행했을까요? 누가, 중첩 상태가 두 가지 가능성 중 하나를 선택하도록 강요한 것일까요? 위그너의 친구가 고양이 상자를 여는 모습일까요? 아니면 위그너가 실험실 문을 여는 모습일까요? 아니면 그 둘 다일까요?

유진 위그너는 인간의 의식이 여기서 중요한 역할을 한다고 믿었습니다. 원자나 영혼 없는 측정 장치는 두 가지 가능성이 중첩된 상태일 수 있지만, 의식 있는 관찰자가 결과를 인지하는 순간, 현실은 그 결과에 의해 결정된다는 것이죠.

하지만 이것이 만족스러운 해결책이라고는 할 수 없습니다. 먼저 위그너의 친구에게 '실체의 결정'으로 이어지는 의식을 부여하는데, 슈뢰딩거의 상자 속 고양이에게는 그렇지 않습니다. 그렇다면 고양이와 인간의 차이점은 무엇일까요? 진화 역사에서 양자 상태를 붕괴시킬 수 있는 최초의 '의식 있는 존재'는 정확히 언제 출현했을까요? 그리고 도대체 어떻게 의식이 발달하기 이전의 과거를 상상할 수 있을까요? 원시 바다에 살았던 최초의 삼엽충들은 모호한 중첩 상태의 혼란스러운 양자 거품 속에서, 명확한 현실이 존재하지 않는 상태로 살았을까요? 여기서 인간의 의식은 물리적 근거가 없는 마법적인 의미를 부여합니다.

의식이 현실을 결정한다는 주장은, '의식'이 실제로 무엇을 의미하는지 정확히 정의할 수 없는 한 아무것도 설명하지 못합니다. 그리고 설령 '의식'이라는 개념을 물리 공식으로 어떻게든 표현할 수 있다 하더라도, '의식'이라는 속성이 양자 입자와 양자 상태의 붕괴에 영향을 미칠 수 있는 이유는 무엇일까요? 혈관에 붉은 피가 흐르는 것과 같은 속성은 왜 의식의 영향을 받지 않을까요? 또 위산을 생성하는 속성은 왜 의식의 영향을 받지 않을까요? 혹은 어느 시점에 곤충에 쏘였다는 속성은 왜 의식의 영향을 받지 않을까요? 곤충에 물리지 않고서는 양자 측정이 불가능하다는 것을 증명할 수 있는 사람은 없습니다! 그러니 그런 이상한 가설을 믿을 이유도 없습니다.

측정은 무엇을 의미하는 걸까요?

이러한 모든 문제는 우리가 '측정'이 실제로 무엇을 의미하는지, 그리고 측정 과정에서 정확히 무슨 일이 일어나는지 완전히 이해하지 못했기 때문에 발생합니다. '측정'은 방사선 검출기가 방사성 붕괴를 감지했을 때 이루어지는 걸까요? 아니면 병 유리가 깨지고 고양이가 무언가 잘못되었음을 알아차렸을 때 이루어지는 걸까요? 또 아니면 무슨 일이 일어났는지 사람이 보러 갔을 때 이루어지는 걸까요?

→ 명확하게 하기 위해 가능한 단순하게, 슈뢰딩거의 고양이 상자에서 벌어지는 복잡한 사건들을 좀 더 간단한 것으로 대체해보겠습니다. '온전한' 상태와 '붕괴된' 상태를 동시에 겪는 방사성 원자 대신, 다른 중첩 상태를 이용할 수 있습니다. 예를 들어 '스핀 업'과 '스핀 다운'의 중첩 상태에 있는 입자 같은 것이죠.

입자를 슈테른-게를라흐 장치를 통해 보냅니다. 이 장치에서 스핀이 위쪽인 입자는 위로, 스핀이 아래쪽인 입자는 아래로 휘게 합니다. 만약 입자가 두 가지 가능성의 중첩 상태에 있다면, 동시에 위쪽과 아래쪽으로 휘게 됩니다. 입자가 이동하는 경로는 '위쪽 경로'와 '아래쪽 경로'의 중첩 상태입니다. 원래의 슈테른-게를라흐 실험에서는 유리판에 입자를 충돌시켜 측정했습니다. 각 입자는 유리판의 한 지점에만 충돌할 수 있으며, 동시에 두 지점에 충돌할 수는 없습니다. 따라서 이 순간에 파동함수는 붕괴하게 됩니다. 입자는 두 경로 중 하나를 선택하는, 즉 '스핀 업'과 '스핀 다운' 중 하나를 선택해야 합니다.

하지만 여기서는 원래 실험과는 다르게 입자를 조금 더 부드럽게 다루겠습니다. 정확히는 180도 회전시킨 두 번째 슈테른-게를라흐 장치를 통과시키겠습니다. 이는 첫 번째 장치의 효과를 역전시키는 것입니다. 이전에 위쪽으로 휘어진 '스핀 업' 입자들은 아

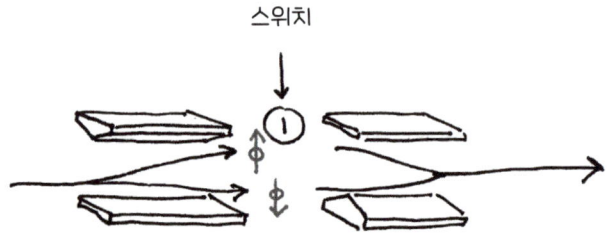

직렬로 연결된 두 개의 슈테른-게를라흐 장치 '스핀 업' 입자는 위쪽 경로를, '스핀 다운' 입자는 아래쪽 경로를 따릅니다. '스핀 업'과 '스핀 다운'이 중첩된 입자는 두 경로를 동시에 통과합니다. 두 경로 중 하나에 '스위치'가 달려있어 입자가 해당 경로를 통과할 때 스위치가 켜집니다.

래쪽으로, 아래쪽으로 향했던 '스핀 다운' 입자들은 다시 위쪽으로 향하게 됩니다. 이렇게 두 입자 빔은 다시 합쳐집니다. 결국 특정 입자가 위쪽 경로를 택했는지, 아래쪽 경로를 택했는지, 아니면 둘 다 동시에 택했는지 더 이상 알 수 없게 됩니다.

이렇게 아주 간단하게 중첩 상태를 만들어 냈습니다. 이제 측정을 시작해보기로 하죠. 물리적으로 상상할 수 있는 가장 단순한 측정 대상은 무엇일까요? 원자를 딱 하나만 가지고 시도해보도록 하겠습니다.

입자가 가까이 다가가면 상태가 바뀌는 원자가 있다고 가정해보겠습니다. 원자 속 전자가 스핀을 바꿀 수도 있겠죠. 이 경우 물리적으로 정확히 무슨 일이 일어나는지는 중요하지 않습니다. 원자를 작은 스위치라고 생각하면 됩니다. 처음에는 '꺼짐'이라고 부르는 상태를 가지고 있습니다. 그러다가 입자가 지나가면 '켜짐' 상태가 됩니다.

이제 이 원자 소형 스위치를 두 개의 슈테른-게를라흐 장치가 있는 곳에 배치합니다. 입자가 이동할 수 있는 두 경로 중 바로 위쪽입니다. 입자가 실제로 스위치를 통과하면, 통과하는 동안 스위치의 상태가 변합니다. 그러나 입자가 다른 경로를 통과하면 스위치는 '꺼짐' 상태로 전혀 영향을 받지 않습니다.

이제 해야 할 일은 스위치를 분석하는 것뿐이며, 이를 통해 입자에 대해 무언가를 배울 수 있습니다. 그렇다면 이 소형 스위치가 측정 장치라는 뜻일까요? 단순히 스위치 원자를 가능한 경로 중 하나에 놓았다는 이유만으로 입자의 상태가 측정된 것일까요?

아니요, 꼭 그렇지는 않습니다. 스위치가 반드시 명확한 결과를 낼 필요는 없습니다. 실험에 따르면, 스위치의 상태는 입자의 상태처럼 불확정적입니다. 여기서는 아무것도 고정되어 있지 않습니다. 만약 입자가 '스핀 업'과 '스핀 다운'의 중첩 상태에 있다면, 두 경로를 동시에 거치게 됩니다. 따라서 스위치는 동시에 켜지고 꺼지는 상태가 됩니다. 즉 '켜짐'과 '꺼짐'의 중첩 상태가 되는 것입니다. 하지만 이는 우리가 측정 장치에 기대하는 바가 아닙니다.

우리가 여기서 만들어 낸 것은 완전히 평범한 양자 얽힘입니다. 입자와 스위치 원자가 접촉하고, 그 사이의 상호작용으로 인해 두 입자는 함께 얽힌 상태에 놓이게 됩니다. 스위치 원자는 사실 입자의 상태가 전송된 기억일 뿐입니다. 스위치의 상태를 알면 입자의 상태도 알 수 있고, 그 반대의 경우도 마찬가지입니다. 하지만 둘 다 동시에 완전히 불확정적일 수 있습니다.

이러한 유형의 양자 얽힘은 흥미롭지만, 아직 진정한 측정은 아닙니다. 우리는 무언가를 측정할 때 명확한 결과를 보고 싶어 합니다. 컴퓨터 화면에 숫자가 나타나기를, 아니면 어딘가로 움직이는 기계식 포인터를 원합니다. 혹은 시끄러운 휘파람 소리를 듣고 싶어 합니다.

이를 달성하기 위해서는 하나의 원자만으로는 충분하지 않습니다. 측정에 대해 이야기하려면, 상태가 바뀌는 원자가 자신의 상태를 전달해야 합니다. 다른 입자들과 그 상태를 공유해야 하고, 그 입자들은 다시 그 상태를 다른 입자들과 공유해야 합니다. 이러한 스위칭 상태가 수많은 입자에 분산되어 거시적인 효과가 나타날 때까지 계속됩니다. 이것이 바로 '측정'을 구성하는 것입니다.

예를 들어 레이저 빔으로 스위치를 비출 수 있습니다. 그런 다음 스위치 상태를 레이저 빔의 상태와 얽히게 합니다. 스위치 원자에서 광자가 방출되어 광 검출기에 닿을 수도 있습니다. 그러면 광자에 맞은 광 검출기의 원자들도 스위치 원자와 얽히게 됩니다. 그곳에서 신호가 생성되고, 이 신호는 전자 부품에 의해 증폭될 것입니다. 아마도 이 신호는 수많은 전자에 의해 전달되는 전기 펄스가 되어서, 궁극적으로 화면의 점에 빛을 비추게 될 것입니다. 이 점은 다시 무수한 광자를 방출하고, 그중 일부는 우리 눈의 망막에 도달합니다.

측정은 정보의 전파로 상상할 수 있습니다. 우리가 주목하는 양자 상태에 대한 정보는 처음에는 단일 입자에 의해 전달됩니다. 그러나 측정 과정에서 입자는 주변 환경과 접촉하게 됩니다. 수많은 작은 상호작용을 통해 입자의 양자 상태에 대한 정보가 주변 환경으로 스며듭니다. 마치 물방울이 땅에 스며들어 토양 입자를 조금씩 적시는 것과 비슷합니다.

이는 점차 거대한 양자 얽힘 연쇄를 만들어 내는데, 이 과정에서 정보는 우리의 작은 입자에서 우주의 광활한 나머지 부분으로 전달됩니다. 미시세계에서 입자의 상태는 거시세계에서도 그 상태가 됩니다.

양자 다윈주의

양자 정보가 환경으로 스며드는 현상은 입자가 측정 장치에 부딪힐 때만 일어나는 것이 아닙니다. 공기 분자나, 우리 모두를 끊임없이 둘러싸고 있는 우주 배경 복사의 광자와 충돌하는 것만으로도 충분합니다. 중요한 것은 우리 입자가 어떤 방식으로든 환경과 접촉한다는 것입니다. 그러면 입자는 자동적으로 양자 얽힘을 형성하고, 그 상태가 환경으로 스며들게 되는 것이죠.

하지만 동시에 이상한 일이 발생합니다. 이러한 과정에서 환경은 모든 양자 상태를 동등하게 취급하지 않습니다. 어떤 양자 상태는 환경으로 쉽게 전달될 수 있지만, 양자 상태는 그렇지 않습니다. 참 이상한 일입니다. 양자물리학의 기본 법칙에 따르면, 모든 상태는 실제로 동등하게 취급되어야 하기 때문입니다.

→ 입자가 중첩 상태에 있는지 여부는 단지 의견의 문제일 뿐입니다. 우리는 앞의 5장에서 이미 이를 확립했습니다. '스핀 업' 상태에 있는 입자는 "위로 회전할 것인가 아래로 회전할 것인가?"라는 질문을 하면 고유한 상태에 있지만, "왼쪽으로 회전할 것인가, 또는 오른쪽으로 회전할 것인가"라는 질문을 하면 중첩 상태에 놓입니다.

입자의 관점에서 보면, '중첩 상태'와 '측정 결과가 명확하게 정의된 상태' 사이에는 차이가 없습니다. 입자에게는 어떤 상태든 다른 상태와 마찬가지로 좋습니다. 어떤 상태를 '정상'으로 간주하고 또 다른 상태를 '중첩'으로 선언할 수도 있고, 그 반대의 경우도 마찬가지입니다.

이것은 지도를 그리는 것과 비슷합니다. '북쪽'과 '동쪽'을 지도의 축을 정렬하는 두 개의 '정상적인' 방향으로 정의할 수 있습니다. 그런 다음 다른 모든 방향은 이 두 방향의 조합으로 간주합니다. 북동쪽은 북쪽과 동쪽의 '중첩 방향'입니다. 하지만 이는 단지 관례일 뿐, '북동'과 '북서'를 축으로 사용하여 지도를 그리는 것을 그 누구도 막을 수 없습니다. 이렇게 되면 '북쪽'은 더 이상 축을 따라가는 것이 아니라 대각선으로 흐릅니다. 북쪽은 '북동'과 '북서'를 합친 '겹치는 방향'이 되는 것입니다.

이것은 이중 슬릿으로 날아드는 입자에도 마찬가지입니다. 우리 인간에게는 왼쪽과 오른쪽, 두 개의 '자연스러운' 경로가 있는 것처럼 보입니다. 왼쪽과 오른쪽의 그 어떤 조합도 이상하고 이국적인 '중첩'으로 여깁니다. 하지만 왜 그럴까요? 양자물리학의 기본 방정식에 따르면, 이것들은 모두 시간에 따라 예측 가능한 방식으로 변하는 허용된 양자 상태일 뿐입니다. 둘 사이에는 근본적인 차이가 없습니다.

원한다면 '약간 왼쪽, 약간 오른쪽'과 '약간 오른쪽, 약간 왼쪽'을 '정상 상태', 즉 양자 상태를 설명하는 새로운 '축'으로 선언할 수도 있습니다. 또는 '오른쪽 절반 + 왼쪽 절반'과 '오른쪽 절반 − 왼쪽 절반'이라고 할 수도 있습니다. 그러면 '입자가 왼쪽 경로를 따라 움직인다'는 상태를 중첩 상태로 볼 수 있습니다. 결국 왼쪽은 "(왼쪽 절반 + 오른쪽 절반) + (왼쪽 절반 − 오른쪽 절반)"과 같습니다. 물론 이는 직관적이지 않지만, 양자 이론의 수학에서는 가능합니다.

개별 입자에 대해 이야기하는 한, 서로 다른 양자 상태 사이에는 근본적인 차이가 없습니다. 어떤 것도 다른 어떤 것보다 더 '실제적'이거나, '자연적'이거나, '평범한' 것은 없습니다. 하지만 입자가 환경과 접촉하는 순간, 이러한 상태는 변합니다. 입자와 환경 사이의 상호작용은 두 가지 유형의 양자 상태를 갑자기 발생시킵니다. 하나는 상호작용에 대해 상대적으로 안정적인 양자 상태, 또 하나는 환경과의 상호작용으로 인해 빠르게 파괴되는 양자 상태입니다.

이것은 마치 가축과 비슷합니다. 가축 중 일부는 수 세기 동안의 고된 번식을 거쳐 다소 기이한 특징을 갖게 되었을지도 모릅니다. 여전히 늑대와 비슷한 개 외에도, 핸드백만 한 크기의 작고 귀여운 소형견들도 있는 것이죠. 심지어 서로 다른 동물들 사이에 '중첩 상태'를 만들어 낼 수도 있습니다. 예를 들어 말과 당나귀의 교배종인 노새, 사자와 호랑이의 교배종인 라이거가 있습니다.

동물들은 이러한 것에 신경 쓰지 않습니다. 모두 건강하고, 생존 가능하며, 만족스러운 개체가 될 수 있습니다. 그들의 관점에서 보면 최신 번식 결과와 수백만 년의 진화를 통해 최적화된 동물의 상태 사이에는 아무런 차이가 없습니다. 세상의 다른 지역에 대해 아무것도 모른다면, 이 동물들

중 어떤 것이 특이한지, 어떤 것이 '자연스러운'지 구분할 수 없습니다. 이는 환경과 접촉할 때 분명해집니다. 어떤 동물들은 심각한 어려움을 겪을 것이고, 또 어떤 동물들은 자연과의 상호작용에 잘 적응하여 번식하고 장기적으로 안정적인 상태를 유지할 것입니다.

양자 상태는 환경에 방출될 때 비슷한 운명을 겪습니다. 이론물리학자 보이치에흐 주렉(Wojciech H. Zurek)은 이를 '양자 다윈주의'(Quantum Darwinism)라는 용어로 설명했습니다. 가능한 양자 상태는 많지만, 자연과의 상호작용을 통해 일종의 '자연 선택'이 발생한다는 이론이죠. 거시적 환경의 상태와 양립할 수 있는 양자 상태는 생존하게 됩니다. 반면에 '적합한 거시적 상태'가 없는 상태들은 빠르게 파괴됩니다. 이는 어떤 양자 상태가 우리가 속해 있는 거대한 존재들의 세계에 적합한지, 적합하지 않은지를 결정하는 자연스러운 상호작용 과정입니다.

이에 대한 한 가지 예는 슈테른-게를라흐 장치에서 스핀을 측정하는 동안 입자를 관찰하는 것입니다. 입자를 한 방향으로 휘게 한 다음 유리판에 충돌시켜 스핀을 측정하는, 슈테른-게를라흐 장치는 정확히 두 가지 거시적 상태를 인식합니다. 하나는 '스핀이 위쪽인 입자'이고, 다른 하나는 '스핀이 아래쪽인 입자'입니다. 첫 번째 경우 원자가 유리판 윗부분에 충돌하여 그곳에 있는 수많은 입자에 에너지를 전달했습니다. 두 번째 경우 동일한 현상이 유리판 아랫부분에서도 발생했습니다. 이러한 거시적 상태는 단 하나의 입사가 아니라 엄청나게 많은 입자에 의해 전달됩니다.

그러나 '스핀 업'과 '스핀 다운'의 중첩은 이러한 슈테른-게를라흐 장치에서는 거시적으로 대응되는 것이 없습니다. 따라서 슈테른-게를라흐 장치는 이러한 유형의 중첩 상태에 다소 적대적인 환경입니다. 이 중첩 상태가 슈테른-게를라흐 장치와 접촉하면, 양자 상태와 환경 사이의 상호작용으로 인해 불안정해집니다. 이 상호작용으로 상태가 변화하여 '스핀 업' 상태 또는 '스핀 다운' 상태로 변환되는 것이죠.

그렇기에 이 두 방향 중 하나로 기울어져야 합니다. 마치 테이블 위에 놓인 카드가 미세한 진동이나 공기의 움직임에 노출되자마자 두 방향 중 하나로 기울어지는 것처럼 말입니다. 이러한 기울어짐, 즉 조합 상태에서 발생하는 고유성의 생성을 양자물리학에서는 '측정'이라고 부릅니다.

입자가 위치를 얻는 방법

보이치에흐 주렉의 '양자 다윈주의'는 우주 대부분의 물체가 어떻게 명확한 위치를 갖는지 설명합니다. 상호작용은 거의 항상 위치에 민감합니다. 입자의 위치에 따라 다른 입자의 힘을 때로는 더 강하게, 때로는 더 약하게 느낍니다. 어떤 곳에서는 레이저 빔에 잡히거나 다른 입자와 충돌하지만, 다른 곳에서는 그렇지 않을 수도 있습니다.

특정한 위치가 없고 서로 멀리 떨어진 위치의 중첩으로 이루어진 양자 상태는, 이러한 위치 의존적 상호작용에 대해 매우 불안정합니다. 따라서 입자는 단일한 힘을 느끼는 것이 아니라, 서로 다른 위치에서 여러 힘의 중첩을 느끼게 됩니다. 그리고 이러한 힘은 1초도 채 되지 않는 짧은 시간 안에 양자 상태를 변화시킵니다. 양자 다윈주의는 이러한 상태가 지속되는 것을 허용하지 않습니다.

→ 이것이 이중 슬릿 실험을 극도로 신중하게 해야 하는 이유입니다. 입자가 이중 슬릿을 통과할 때, 방해가 되는 주변 환경과의 상호작용이 차단되는 경우에만 동시에 여러 경로에 존재할 수 있습니다. 예를 들어 입자가 이동 중에 다른 입자와

충돌하지 않도록 진공관에서 실험을 하는 것처럼 말이죠.

이것이 왜 중요한지는 쉽게 증명할 수 있습니다. 진공 챔버에서 이중 슬릿 실험을 수행하고 평소처럼 파동의 간섭무늬를 먼저 관찰하면, 입자가 두 가지 가능한 경로를 동시에 통과하고 있음을 알 수 있습니다. 그러나 진공 챔버 안으로 공기를 천천히 유입시키면 상황이 달라집니다. 입자는 공기 분자와 점점 더 자주 충돌합니다. 이러한 상호작용이 입자의 위치를 결정하고, 입자에 대한 정보가 주변 환경으로 스며듭니다.

이에 대해 다음과 같이 설명할 수 있습니다. 진공 챔버 안의 공기는 이제 입자가 두 경로 중 어느 경로에 있는지 점점 더 정확하게 '알게' 되었습니다. 그러나 이로 인해 파동 패턴은 점점 약해집니다. 어두운 부분은 더 밝아지고, 밝은 부분은 더 어두워지며, 어느 시점에서는 파동의 간섭무늬가 너무 희미해져 더 이상 파동의 특성을 볼 수 없게 됩니다. 이러한 경우에는 입자가 두 경로를 동시에 이동했다고 더 이상 말할 수 없습니다. 환경과의 상호작용으로 인해, 이동하던 입자는 두 경로 중 하나를 선택하게 된 것입니다.

따라서 환경과의 상호작용은 어떤 물리적 개념이 의미 있는지를 결정합니다. 상호작용이 위치에 따라 크게 달라진다는 사실, 바로 이것이 위치를 유용한 물리량으로 만드는 것입니다. 완전히 다른 자연법칙이 적용되는 가상의 평행 우주를 상상해보세요. 그곳의 상호작용이 위치와 무관하다고 가정해보겠습니다. 그 우주에서는 '위치'나 '거리' 같은 개념은 거의 의미가 없습니다. 입자들은 정해진 위치를 갖지 않을 것이고, 모두 광범위하게 분포된 중첩 상태에 있을 것입니다.

하지만 우리 우주에서는 입자의 '위치'나 '궤적'에 대해 이야기하는 것이 훨씬 더 완벽하게 타당한 가설입니다. 실제로는 모든 중첩 상태가 허용되지만, 입자에 특정 위치를 부여하는 것은 대개 현실과 매우 가깝습니다.

입자의 에너지는 환경과의 상호작용에 중요한 속성이기도 합니다. 따라서 입자는 일반적으로 완전히 다른 여러 에너지 값을 동시에 가지는 것이 아니라, 특정 에너지를 가집니다. 고양이의 생명력도 마찬가지입니다. 고양이가 살아 있든 죽었든 환경과의 상호작용은 매우 급격하게 변합니다. 따라서 살아있는 고양이와 죽은 고양이의 중첩 상태는 매우 불안정하여 결코 관찰될 수 없습니다.

디코히어런스: 파동이 깨질 때

양자 상태가 환경과 접촉하면 정확히 어떤 일이 일어날까요? 이를 탐구하려면 입자의 파동적 특성으로 돌아가야 합니다. 양자의 상태를 '진짜 양자' 상태로 만드는 요소는 무엇일까요? 바로 파동처럼 중첩될 수 있는 능력입니다. 이것이 바로 양자 이론의 핵심이라고 할 수 있습니다. 근본적으로 모든 것은 약간 파동적이며, 파동은 서로를 보강(강화)하거나 상쇄(소멸)할 수 있습니다.

하지만 이를 관찰하려면 두 파동 사이에 안정적이고 예측 가능한 관계가 있어야 합니다. 우리는 물의 파동에서도 이를 알 수 있습니다. 수영장 한쪽에서 다른 쪽으로 두 개의 구멍이 있는 칸막이를 통해 물결이 일어난다고 상상해보세요. 우리는 물속에 앉아 두 구멍에서 나오는 두 개의 물결이 서로 겹치면서 우리에게 다가오는 것을 관찰합니다.

두 개의 구멍에서 때때로 파동의 봉우리와 파동의 골짜기가 만나게 되는데, 파동의 위상은 끊임없이 변합니다. 이로 인해 보기 좋고 명확하게 인식할 수 있는 파동 패턴이 만들어지는지 여부는, 두 파동의 위상 사이에 예측 가능한 연관성이 있는지 여부에 달려 있습니다. 어쩌면 한쪽 구멍에서 나온 파동의 봉우리와 다른 쪽 구멍에서 나온 파동의 골짜기가 항상 동시에 우리에게 닿는 지점에 도달했을지도 모릅니다. 두 파동이 이러한 리듬을 유지하고 두 파동의 위상 차이가 항상 같다면, 두 파동은 항상 서로 상쇄(소멸)되어 우리는 파동의 움직임을 느끼지 못하게 됩니다.

또는 두 개의 구멍이 정확히 같은 거리에 있고, 항상 두 파동의 봉우리와 두 파동의 골짜기가 동시에 나타나는 지점을 찾을 수도 있습니다. 이 경우 두 파동이 합쳐져 너울이 최대치에 도달합니다.

이 모든 것은 파동이 항상 서로 동일한 위상 관계를 가질 때에만 가능합니다. 이 경우 파동은 '일관성'을 갖는다고 합니다. 파동의 봉우리와 골짜기가 항상 예측 가능한 리듬으로 우리에게 도달한다면, 우리는 파동의 중첩 현상을 감지할 수 있습니다.

하지만 환경과 상호작용하면 어떻게 될까요? 예를 들어 두 개의 구멍이 있는 판이 약간 진동을 한다면 파동은 어떤 모습일까요? 그러면 파동은 복잡한 외부 영향에 부딪히게 됩니다. 아마도 어떤 파동의 봉우리와 골짜기는 약간 가속되고, 또 어떤 파동의 봉우리와 골짜기는 약간 감속될 것입니다. 때로는 두 개의 연속된 파동 봉우리 사이의 거리가 조금 더 커지기도 하고, 때로는 조금 더 작아지기도 합니다.

하지만 두 파동이 항상 서로를 보강하거나 상쇄한다고 확실하게 말할 수 있는 지점은 더 이상 존재하지 않습니다. 파동의 위상은 무작위적이 되고, 파동은 더 이상 예측 가능한 방식으로 겹치지 않습니다. 우리는 더 이상 아름다운 파동 패턴을 보지 못하고, 혼란스러운 뒤섞임만 보게 됩니다.

양자 입자를 이용한 이중 슬릿 실험에서도 환경과의 상호작용이 있을 때 같은 일이 일어납니다. 이중 슬릿이 있는 판이 진동하여 때때로 입자에 약간의 에너지가 전달될 수도 있습니다. 어쩌면 입자는 근처에 다른 입자가 있어서, 때때로 약간의 충격을 받기도 하겠죠. 또 어쩌면 빛을 흡수하여 에너지가 변할 수도 있습니다.

이 모든 경우, 파동의 봉우리와 골짜기는 이동될 수 있습니다. 파동의 위상은 무작위가 되고 파동은 더 이상 일관성을 유지할 수 없습니다. 더 이상 입자의 파동적 특성에 대한 어떠한 증거도 감지할 수 없게 됩니다. 그리고 이런 현상이 발생하는 것을 '디코히어런스(decoherence, 결어긋남)'라고 부릅니다.

다행히 우리는 의견이 일치합니다

파동적 속성, 그리고 얽힘을 특징으로 하는 양자 이론은 훌륭하게 작동합니다. 단, 세상과 아무런 관련이 없는 무언가를 계산하는 데 사용할 수 있다면 말입니다. 양자 입자가 다른 모든 것으로부터 완벽하게 분리되어 어떤 의미에서는 그 자체로 작은 우주라고 생각할 수 있다면, 그곳에서 무슨 일이 일어나는지 쉽게 예측할 수 있습니다.

하지만 이는 항상 진실의 근사치일 뿐입니다. 왜냐하면 어떤 것도 나머지 세계와 완벽하게 분리될 수 없기 때문입니다. 미시세계와 거시세계 사이의 그 어떤 접촉도 필연적으로 디코히어런스, 즉 결어긋남으로 이어집니다. 입자의 파동 상태에 대한 정보가 환경으로 스며들고, 작은 것들의 세계는 큰 것들의 세계와 결합하며, 따라서 거시세계에서 짝을 이루는 양자 상태만이 남게 됩니다. 중첩 상태는 명확한 결과가 됩니다. '둘 다'에서 '둘 중 하나'가 됩니다.

이는 슈뢰딩거의 고양이에게 무슨 일이 일어나는지도 분명하게 보여줍니다. 고양이의 상태는 우리가 그 운명을 알게 되었을 때가 아니라 훨씬 더 일찍 결정됩니다. 우리가 상자에 넣은 방사성 원자들은 일정 시간 동안 '온전한'과 '붕괴된'의 중첩 상태를 유지할 수 있습니다. 하지만 이 중첩 상태는 방사성 붕괴를 감지하는 측정 장치처럼, 처음으로 큰 물체와 접촉하는 순간 끝이 나게 되는 것이죠.

이 시점에서 원자 상태에 대한 양자 정보는 거대한 물체의 세계에 도달합니다. 상자 안의 세계뿐만 아니라 나머지 세계에도 도달합니다. 병이 깨지면 진동이 발생하는데, 이는 아무리 최고의 감쇠력을 가하더라도 외부세계로부터 완전히 차단될 수 없습니다. 고양이가 상자 안에서 죽어 더 이상 체온을 생성하지 않는다면, 이는 상자에서 우주 전체로 방출되는 열복사선의 양을 변화시킵니다. 우리가 상자를 여는(또는 유진 위그너가 실험실 문을 열고 우리를 찾아오든) 것은 아무런 상관이 없습니다.

디코히어런스가 발생하여 양자 상태가 고전 상태로 변환될 때, 그 변화는 명확합니다. 입자에 영향을 미치지 않고는 입자의 양자 상태를 측정할 수 없습니다. 하지만 거시적 세계의 상태는 측정할 수 있습니다. 이로 인해 우리가 아는 삶(생명체)이 가능해지는 것입니다.

우리는 측정기의 바늘이 가리키는 곳을 바늘의 위치를 바꾸지 않고도 알 수 있습니다. 고양이의 생사 여부는 객관적으로 판단할 수 있습니다. 더 큰 세상에 대해 동의할 수도 있습니다. 따라서 디코히어런스 덕분에 모두가 동의하는 명확한 현실이 존재하는 것입니다. 사실, 매우 기쁜 일이죠.

Chapter **11**

양자철학과 양자 유사과학

왜 우리는 양자 이론의 철학적 해석에 대해 논쟁해서는 안 되는 걸까요?
왜 평행 우주가 문제를 해결하지 못하고, 또 왜 양자 이론은
미신적인 방법으로 자주 악용되는 걸까요?
얼핏 과학적인 것처럼 보이는 것들이, 전부 다 옳은 것은 아닙니다.

어떤 테스트를 위해 긴 문단 중 하나의 문장에 오타를 낸다고 해봅시다. 그것은 의도된 것이었지만 어떤 단어에 오타를 넣을지는 순전히 우연의 문제였습니다. 양자 실험으로 결정된 것이었죠. 어쩌면 다른 단어일 수도 있었습니다. 하지만 이 오타가 다른 오타처럼 진짜일까요? 아니면 아무도 보지 않는 한, 이 문장의 모든 단어가 불가사의하고 양자적으로 모호한 방식으로 약간씩 틀린 것일까요? 양자 실험의 결과는 정말 얼마나 진짜일까요? 그리고 그것이 과연 의미 있는 질문일까요?

이런 생각을 하다 보면 과학과 허튼소리가 종종 소름 돋을 정도로 혼동되는 난제, 즉 양자 이론의 철학적 해석에 도달하게 됩니다. 이 모든 것은 무엇을 의미할까요? 1900년 막스 플랑크가 처음으로 종이에 'ℏ(에이치 바)'라고 쓴 이후 우리는 세상에 대해 무엇을 배웠을까요? 우리는 이제 우주의

작동 방식을 알고 있을까요? 거의 다 알고 있다고 할 수도 있지만 정확히는 알지 못합니다. 분명한 것은, 이전보다 훨씬 더 높은 차원에서 우리 세상에 대해 궁금해할 수 있을 것입니다.

이제 우리는 세상을 다양한 차원에서 바라볼 수 있다는 것을 알고 있습니다. 작은 세계와 큰 세계가 있습니다. 양자 입자가 확률 파동을 생성하는 미시적 세계와, 우리가 편안하게 측정을 수행하고 명확한 결과를 얻는 거시적 세계가 있습니다.

두 세계는 서로 다른 법칙이 적용되는 물리학의 다른 영역입니다. 양자 세계에서는 서로 다른 가능한 상태들의 어떤 조합도 가능한 상태입니다. 그러나 거대한 물체의 세계에서는 특정 상태, 예를 들어 한 물체가 동시에 여러 곳에 존재하는 상태는 불안정합니다. 거대한 물체의 세계에서는 환경과 양립할 수 있는 매우 특정한 상태만이 가능합니다.

물론 두 세계의 경계는 명확하게 그을 수 없습니다. 어떤 물체가 갑자기 양자적 속성을 잃고 거대한 존재들의 세계에 속하게 되는 마법 같은 최소 크기는 존재하지 않습니다. 이러한 전이는 연속적입니다. 더 많은 입자가 관여하고 물체가 주변 환경과 더 강하게 상호작용할수록, 그 물체는 양자 파동으로서 자기 자신이나 다른 파동과 중첩되는 능력을 더 빨리 잃게 됩니다.

한 가지 확실한 것은 양자 입자의 상태를 측정할 때, 우리는 필연적으로 그 입자와 나머지 세상 사이에 상호작용을 만들어 낸다는 것입니다. 모든 가능한 상태 중 하나가 측정을 통해 선택됩니다. 우리는 이 상태의 확률을 정확하게 계산할 수 있지만, 어떤 가능성이 실제 현실이 될지는 우연의 문제입니다.

여전히 우리에게는 다음과 같은 질문이 남습니다. 이러한 우연의 일치는 어떻게 발생하는 걸까요? 자연은 어떤 가능성이 사실이 되고, 어떤 가능성이 사실이 아닌지를 어떻게 결정하는 걸까요? 측정 과정에서 특정 현실은 어떻게 만들어 지는 걸까요?

'양자 이론의 측정 문제'에 대한 실질적인 해결책은 없습니다. '양자 다원주의'와 디코히어런스는 양자 입자와 그 주변 환경 사이의 상호작용이 왜 결정으로 이어져야 하는지, 그리고 왜 거대한 세계에서는 중첩이 허용되지 않는지를 설명합니다. 그러나 처음에는 물리적으로 완전히 동일했던 두 가지 가능성 중 하나가 현실이 되고, 다른 하나는 그냥 사라지는 이유를 정확히 어떻게 설명해야 할지는 아직 모릅니다.

다중 세계 이론

이러한 문제를 해결하는 한 가지 방법은 아주 간단합니다. 문제가 전혀 존재하지 않는다는 것을 부정하는 것입니다. 특정 현실에 대한 이 설명할 수 없는 집착은 전혀 존재하지 않는다고 주장하기만 하면 됩니다.

이것이 바로 미국 물리학자 휴 에버렛이 1950년대에 '다중 세계 이론(다세계 이론)'으로 제시한 전략입니다. 에버렛의 양자물리학 해석에 따르면, 자연은 결정을 내릴 필요가 없습니다. 양자 수준에서 결정이 내려지고, 양자 중첩이 명확한 상태가 될 때마다, 우주는 단순히 여러 평행 우주로 나뉘고, 각 가능성은 동등하게 현실이 됩니다.

광자가 수평 또는 수직으로 편광되었는지 측정할 때, 우리는 이 측정을 통해 두 개의 평행한 현실을 만들어 냅니다. 갑자기 결과가 '수평'으로 측정된 우주와 결과가 '수직'으로 측정된 우주가 존재하게 되는 것이죠.

두 우주에서 다른 모든 것은 동일합니다. 만약 우리가 측정 이전에 결과에 내기를 걸었다면, 그 이후 내기에서 이겨서 기뻐하는 우주가 분명히 존

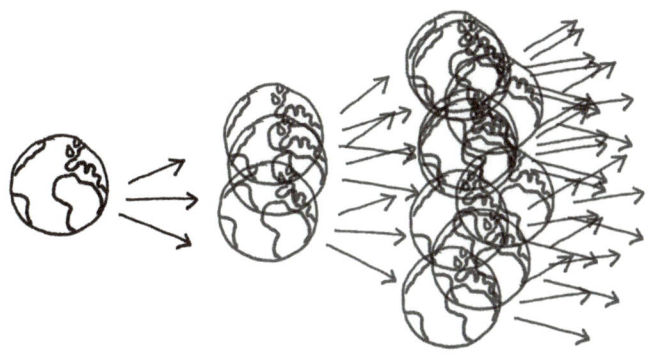

재합니다. 물론 다른 우주에는 내기에서 져서 화가 난 우리의 복사본이 있다는 사실은 변하지 않습니다.

 이렇게 하면 양자 무작위성이라는 개념은 더 이상 필요 없게 됩니다. 하지만 이 생각은 곧 우리를 다소 혼란스러운 평행 우주의 혼돈으로 이끕니다. 양자 입자는 끊임없이 환경과 접촉하고, 양자 상태는 끊임없이 형성됩니다. 이 이론에 따르면 상상할 수 없을 만큼 수많은 우주가 끊임없이 형성되어야 합니다. 그리고 이 새롭게 탄생한 우주들은 바로 다음 순간에 훨씬 더 많은 평행 우주로 분열됩니다. 무수히 많이 분기하는 평행 현실에 대한 광란의 양자적 헛소리가 등장하는 것이죠.

→ 수하저으로 보면 다중 세계 아이디어는 매력적입니다. 양자 이론의 전통적인 관점에서는 입자를 파동함수로 설명하지만, 이 파동함수가 현실의 전부는 아닙니다. 현실에는 측정 장비와 관찰자를 포함한 환경도 포함되는데, 이 중에서 어느 것도 파동함수로 표현되지 않습니다. 파동함수의 붕괴는 파동함수가 세상의 아주 작은 부분만을 설명하기 때문에 발생합니다. 다중 세계 이론은 상황을 뒤집습니다. 전체 우주는 단일한(비록 상상할 수 없을 만큼 복잡하지만) 다중체(Multiverse) 파동 방정식을 따릅

니다.

다중체 파동 방정식은 무수한 평행 현실들로 구성된 거품이 이는 다중 우주의 상태를 명확하게 정의합니다. 그러나 이 파동 방정식을 사용하여 외부에서 다중 우주를 설명할 수 있는 관찰자는 없습니다. 왜냐하면 '외부'는 존재할 수 없기 때문입니다. 관찰자는 작은 입자의 파동함수가 접촉하는 거대한 존재가 아닙니다. 관찰자는 우주의 파동함수의 작은 부분일 뿐이죠.

모든 관찰자는 필연적으로 다중 우주에 속하며, 파편화라는 거품 생성 과정에 참여합니다. 그들은 끊임없이 분열되는 다중 우주의 매우 특정한 한 갈래에만 존재할 뿐입니다. 다른 모든 갈래는 그들에게 전혀 관찰될 수 없습니다. 바로 이것이 다중 세계 이론에 따른, 우리가 모든 양자 측정에서 예측할 수 없는 무작위성을 경험하는 이유입니다. 거시적으로 크기 때문이 아니라, 오히려 반대입니다. 우리는 현실의 작은 일부일 뿐이며, 어느 순간에 우리가 수많은 평행 우주 중 어느 곳에 도달하게 될지 아무도 예측할 수 없기 때문입니다.

따라서 우리 각자는 상상할 수 없을 만큼 많은 변이체, 상상할 수 없을 만큼 많은 우주 속에 존재합니다. 그 우주 중 하나에는 아마도 복권에 연달아 여러 번 당첨된 우리의 복제판이 있을 것입니다. 어딘가에서 우리의 발가락에는 물집이 잡혔을지도 모릅니다. 어젯밤 방 안의 열에너지가 그 자리에 저절로 모였기 때문입니다. 또한 작은 운석이 떨어져 왼쪽 귀를 맞은 우리의 복제판도 있을 것입니다. 가장 믿기 어려운 우연조차도 어떤 평행 우주에서는 현실이 됩니다.

하지만 대다수의 평행 우주에서 우리는 존재하지도 않습니다. 만약 우주가 창조된 직후 거친 입자의 거품 속에서 특정한 무작위 양자 결정들이 다르게 내려졌다면, 은하, 별, 행성들은 다르게 형성되었을 것이고, 지구는 결코 존재하지 않았을 것입니다. 오히려 이 우주의 어느 한 부분에는 깜찍하고 짙은 파란색 털북숭이 생물들이 지배하는 행성이 있을지도 모릅니다. 그리고 그 생물들은 아마도 빙글빙글 도는 보라색 눈과 거대하고 강력한 날개를 가지고 있을 것입니다. 물리적으로 가능한 모든 역사의 흐름은 현실의 거품처럼 다양한 지점에서, 우리와 우리 주변 세계처럼 진실입니다.

다중 세계 이론이 옳은지 여부는 원칙적으로 실험을 통해 판단할 수 없어서, 이 아이디어는 반박할 수가 없습니다. 다른 우주가 우리 우주에서 분리되면, 우리는 더 이상 그 현실과 아무런 관련이 없기 때문입니다. 그 평행 우주와 접촉하거나 정보를 교환할 방법도 없습니다. 존재를 증명할 수 없는 것입니다. 그렇다면 그러한 존재를 믿는 것이 과연 타당할까요?

오컴의 면도날

두 개의 서로 다른 이론이 정확히 동일한 예측을 하고, 어떤 실험으로도 어느 것이 더 나은지 판별할 수 없다면, 더 간단한 이론을 선택해야 합니다. 이는 과학 이론의 중요한 기본 원리로, '오컴의 면도날'이라고 불립니다. 좋은 이론은 되도록 가장 적고 간단한 기본 가정으로 많은 설명을 할 수 있어야 합니다.

냉장고에 치즈 조각을 보관해두면, 냉장고 문을 닫았을 때 치즈가 그대로 있다는 것을 확실하게 증명할 수 없습니다. 그래서 저는 대안 이론을 생각해냈습니다. 냉장고에 있는 치즈는 아무도 보지 않을 때 항상 저절로 플럼푸딩으로 변한다는 것입니다. 그 플럼푸딩은 더 자세히 관찰해야만 다시 치즈로 변합니다.

두 이론 모두 냉장고를 여는 순간 치즈를 발견할 것이라고 정확하게 예측합니다. 그럼에도 불구하고 플럼푸딩 이론은 불필요하게 복잡하기 때문에 아무도 선호하지 않을 것입니다. 플럼푸딩 이론은 우리에게 추가적인 자연 법칙, 즉 관찰되지 않은 치즈의 자발적 플럼푸딩 법칙을 가정하게 합니다. 그러나 이 이론은 우리가 추가적인 예측이나 설명을 할 수 있도록 허용하지 않습니다. 이것은 진보가 아닙니다.

그렇다면 이러한 기준으로 다중 세계 이론을 어떻게 평가할 수 있을까요? 어떤 의미에서 최대한의 단순성을 요구하는 이 이론은 참으로 끔찍합니다. 결국 다중 세계 이론은 관측 불가능한 평행 우주의 거의 무한한 양자 군집을 전제하고 있기 때문입니다. 반면에 논리적 관점에서 보면 이 이론은 매우 단순하다고 주장할 수도 있습니다. 하지만 엄밀히 말하면 평행 우주는 추가적인 가정이 아니라, 단지 또 다른 가정, 즉 여러 가능성 중 특정 현실을 선택하는 것을 포기한 결과일 뿐입니다.

이는 양자 측정 문제에 대한 설명을 찾아야 하는 수고를 덜어주고, 대신 불가해한 다중 우주를 수용하는 것입니다. 이것이 적절한 타협인지는 각자 스스로 결정해야 할 문제입니다. 다중 세계 이론의 의미에 대한 질문은 과학적으로 답할 수 없습니다.

다중 세계 이론의 훨씬 더 급진적인 버전도 상상할 수 있습니다. 어쩌면 다른 자연법칙을 가진 평행 우주가 존재할 수도 있을까요? 또 어쩌면 전자의 질량, 빛의 속도, 중력과 같은 자연 상수가 순전히 우연히 생겨나 다른 우주에서는 완전히 다른 값을 가질 수도 있을까요? 그렇다면 전자와 양성자가 원자를 형성하는 데 필요한 전하를 정확히 가지고 있다는 사실에 놀라지 말아야 합니다. 다른 우주에서는 상황이 다를 수 있지만, 우리가 있는 곳은 그곳이 아닙니다.

대부분의 우주는 기묘한 규칙을 따르는 이상한 물체들이 뒤섞인 다소 지루한 혼합물일 뿐, 흥미로운 구조는 만들어 내지 못할 것입니다. 하지만 모든 은하의 별들이 알베르트 아인슈타인의 초상화를 그리는 것처럼 무작위로 배열된 우주도 있을 수 있지 않을까요? 행성 전체가 초록색 코끼리들에게 점령당한 우주는요? 아니면 빨간색 고무장화로만 이루어진 우주가 있을 수도 있습니다. 혹은 오직 빨간 고무장화로만 이루어져 텅 빈 공간을 홀로 떠다니다 수십억 년마다 서로 충돌하는 우주가 있을 수도 있습니다.

어떤 이론에서 모든 가능성이 동등하게 현실적이라고 말한다면, 그것은 많은 것을 말해주는 동시에 전혀 말해주지 않는 셈이 됩니다. 마치 종이 위에 상상할 수 있는 모든 물체를 동시에 하나씩, 점 하나하나가 검은색이 될 때까지 쌓아 올리는 것과 같습니다. 그러면 모든 것을 보는 동시에 아무것도 보지 못하게 됩니다. 이론은 무엇이 사실인지, 무엇이 사실이 아닌지도 동시에 알려줘야 합니다. 그렇지 않으면 아무런 의미가 없습니다. 이런 점에서 다중 세계 이론은 도움이 되지 않습니다.

우리는 매우 구체적인 현실 속에 살고 있습니다. 우리는 수많은 우주 속 수많은 버전의 우리들의 총합이 아니라, 단 하나의 매우 구체적인 우주에 내재된 개별 존재입니다. 다른 모든 우주가 존재하든 존재하지 않든, 산타의 전기요금이나 루크 스카이워커의 증조할머니가 가장 좋아하던 음식처럼 우리에게 아무런 의미가 없습니다.

입 다물고 계산이나 해!

당신이 양자물리학의 일반적인 무작위적 해석을 좋아하지 않고 다중 세계 이론도 거부한다면, 훨씬 더 복잡한 설명을 생각해낼 수 있습니다. 양자 측정 결과가 우연이 아닐 수도 있을까요? 어쩌면 그 정보가 자연에 어떤 알려지지 않은 방식으로 이미 저장되어 있고, 우리가 그 정보에 접근할 수 없는 걸까요?

그렇다면 이제 우리는 앞에서 양자 얽힘과 관련하여 고려했던 '숨은 변수'를 다루어야 할 것입니다. 숨은 변수를 가진 '단순한 이론'은 존재할 수 없습니다. 이는 벨 부등식에서 알 수 있습니다. 숨은 변수를 가진 더욱 이색적이고 복잡한 이론은 반박될 수 없지만, 우리에게 도움이 되지는 않습니다. 어떤 의미에서 이러한 이론들은 문제를 해결하는 것만큼이나 문제를 야기합니다.

→ 아마 지금까지 가장 유명하고 또 역사적으로 가장 중요한 숨은 변수 모델은 '드 브로이-봄 이론'일 것입니다. 이는 루이 드 브로이와 데이비드 봄의 이름을 따서 '봄 역학'이라고도 불립니다. 어떤 의미에서 이 이론은 파동함수라는 일반적인 양자역학 개념과 매우 특정한 경로를 따라 움직이는 입자라는 고전적 입자 개념을 결합한 것입니다.

봄 역학에서는 두 가지 모두 존재합니다. 입자는 언제나 매우 구체적인 위치를 갖지만, 그 움직임은 일종의 '파일럿 파동(pilot-wave theory)'에 의해 유도됩니다. 마치 욕조 속 물결에 의해 고무오리가 움직이는 것과 비슷합니다.

이 이론으로 인해 고전적 입자 모형을 되찾았지만, 상상하기 어려운 '파일럿 파동'을 계산해야 한다는 사실도 받아들여야 합니다. 이를 위해서는 양자 이론의 기존 공식화에 서처럼 슈뢰딩거 방정식이 필요합니다.

파일럿 파동의 움직임은 관련된 모든 입자에 따라 달라집니다. 입자들은 파일럿 파동을 통해 비국소적으로 서로 연결되어 있습니다. 이는 양자 이론의 단순화에 대한 논의가 불가능함을 뜻합니다. '봄 역학'은 코펜하겐 해석과 마찬가지로 수학적으로 복잡하고 정확히 동일한 예측을 도출하지만, 개념적으로는 기존 양자 이론보다 훨씬 더 복잡합니다. 지금까지 이 이론은 성공한 적이 없습니다.

양자 이론을 해석하는 방법에 대해 흥미로운 철학적 논의를 할 수 있지만 결코 명확한 결론에 도달할 수는 없습니다. 슈뢰딩거의 파동함수는 진정한 실체일까요? 아니면 단지 실체에 대한 설명일 뿐인 걸까요? 우주는 궁극적으로 수학적 구조일까요? 아니면 수학적 구조는 단지 우주를 설명하는 도구일 뿐인가요? 입자의 상태를 계산할 때, 우리는 입자 자체에 대해 무언가를 말하는 것일까요? 아니면 입자와의 관계, 즉 입자에 대해 알 수 있는 바를 설명하는 것일까요? 어쩌면 양자적 속성은 상대적이며 관찰자에 따라 달라질 수 있을까요? 마치 아인슈타인의 상대성 이론에서 지속 시간과 길이가 상대적이며 관찰자에 따라 달라지는 것처럼 말이죠.

흥미로운 질문들입니다. 이런 질문들에 대해 생각하는 것은 바람직합니다. 하지만 그건 과학이 아닙니다. 과학은 검증 가능한 사실을 탐구하는 것입니다. 양자 이론에 대한 어떤 해석이 더 좋고, 더 간단하고, 더 아름다운지는 측정할 수 없습니다. 각각의 해석이 우리의 관찰을 통해 근본적으로 접근할 수 없는 측면에서만 서로 다르다면, 실제로 어느 해석이 더 나은지에 대해 논쟁할 필요가 없는 것입니다.

실무 중심 연구에서는 양자 이론에 대한 다양한 해석에 대한 논의가 아무런 역할도 하지 않습니다. 어쩌면 업무에 복귀하여 실험실에서 양자 측정 장비를 조정하기 전, 잠깐 커피를 마시는 시간에 가볍게 논의될지도 모릅니다. 하지만 매우 구체적인 과학적 문제를 해결하는 데 평행 우주, 비국소적 파일럿 파동, 또는 객관적 붕괴 이론을 믿는지 여부는 전혀 중요하지 않습니다.

오늘날 우리는 양자 세계를 유용하고 정확하게 설명하기 위해 어떤 규칙을 적용해야 하는지 알고 있습니다. 그것으로 충분합니다. 더 이상은 필요 없습니다. 이 규칙들을 어떻게 해석해야 할지 분석할 필요도 없습니다. 냉장고조차도, 차가움이 실제로 존재하는지 아니면 단순히 열이 없는 상태인지에 대한 논쟁에 휘말리지 않고도 사용할 수 있는 것입니다. 만약 그러한 논쟁을 즐긴다면 한 번 생각해볼 수는 있지만, 실제적인 결정에는 전혀 중요하지 않은 것이죠.

그렇기에 오늘날은 대체로 물리학자 데이비드 머민이 남긴 유명한 말에 따르는 편입니다. "입 다물고 계산이나 해!" 이 말은 검증할 수 없는 해석에 신경 쓰지 말고, 실제 문제를 해결하는 구체적인 결과를 제시하라는 뜻입니다. 근본적인 철학적 토론을 즐기는 사람이라면 이런 견해가 다소 아쉬울 수도 있습니다. 하지만 그럴 만하지 않을까요? 양자물리학 분야에는 아직 엄청나게 많은 연구가 필요합니다. 어차피 형이상학적 질문에 확실하게 답할 수 없다면, 시간을 낭비할 이유는 없지 않을까요?

양자 유사과학과 양자의학

양자물리학은 시간이 지남에 따라 과학에 전혀 관심이 없는 사람들 사이에서도 놀라운 인기를 얻었습니다. 어떤 의미에서 양자 이론은 과학 이론계의 판다곰과 같습니다. 대부분의 사람들에게는 잘 알려지지 않았지만, 어딘가 귀엽고 매력적이며 호감이 가는 분야인 것이죠. 다른 자연과학 분야들이 기술적이고 관료적이고 차갑고 경직된 것으로 여겨지는 반면, 양자물리학은 활기차고 따뜻하며 신비로운 기운으로 가득합니다.

안타깝게도 바로 이런 이유로 양자 이론이 부당한 이득 추구에 사용된다고 할 수 있습니다. 유체역학의 논증을 사용하여 영적인 생명 에너지를 끌어올리는 사람은 아무도 없습니다. 정역학의 통찰력을 사용하여 삶의 안정성을 찾는 사람도 아무도 없습니다. 하지만 양자물리학에서는 거의 무엇이든 주장할 수 있습니다. 어떤 사람들은 양자 이론이 사후 세계를 증명했다고 확신하기도 합니다. '양자 풍수'로 집을 꾸밀 수도 있고, 전자파를 중화시켜 준다고 알려진 '양자 파워 스톤'을 구입할 수도 있습니다. 거기다가 중성미자는 심장 질환, 수면 장애를 예방하는 효과도 있다고도 합니다.

소위 말하는 '대체의학' 분야에서 양자물리학 용어를 놀라울 정도로 자주 접하게 됩니다. 예를 들어 '생체 공명 치료'에서는 피부의 전기 저항을

측정하는 두 개의 전극을 손으로 잡도록 합니다. 이것이 어떤 식으로든 치유 효과를 낼 수 있다는 과학적 근거는 없지만, 체내에 전달된다는 '양자진동'이나 '주파수'에 대한 이야기는 여전히 상당히 과학적이고 진지하게 들리는 것이죠.

양자광 장치로 방사선을 쐬는 치료를 받을 수도 있고, 자기장을 이용하여 신체에 적절한 양자 정보를 공급할 수도 있으며, '타키온'과 같은 미지의 양자 입자로 치료받을 수도 있습니다. 만약 그러한 입자가 실제로 발견된다면, 발견한 사람은 노벨상 수상 가능성이 매우 높습니다. 하지만 그런 용어들은 단지 사람들을 홀리기 위한 것일 뿐이죠.

때로 '양자의학'이라고 불리는 곳이 경외심을 불러일으키는 화려한 기술을 완전히 배제하고, 일반적인 의학계에서 하듯이 평범하게 진료하기도 합니다. 하지만 그렇더라도 '양자'와 '의학'은 아무런 관련이 없습니다. '양자의학'은 어느 시대나 있었던 영적치유사들이 하는 '안수기도'의 이 현대화된 버전일 뿐입니다.

우주로 전하는 소원

영적치료사뿐만 아니라 이른바 '라이프 코치'와 '멘탈 트레이너'도 양자 이론을 언급하는 것을 좋아합니다. 그들은 마치 인터넷 쇼핑 주문처럼 우주에 '주문'을 할 수 있다고 주장합니다. 더 많은 돈, 더 행복한 관계, 아니면 만성질환 치료법을 원하시나요? 걱정 마세요! 긍정적으로 생각하면 좋은 일들이 자연스럽게 찾아올 거예요. 그것도 양자물리학 도움으로 말이죠!

이러한 현상의 이면에는 '관찰자 효과'라고 하는 아주 유명한 오해가 있습니다. 양자물리학은 측정이 양자 상태를 변화시킨다고 주장합니다. 따라서 관찰자는 의식적인 결정을 통해 물리학에 개입한다고 주장하는 것이죠. 이 주장에 따르면 의식은 물질에 영향을 미칠 수 있습니다. 그리고 이로부터 다음과 같은 결론이 나옵니다. "우리는 생각으로 세상을 마음대로 조종할 수 있다!"

언뜻 보기에는 논리적인 추론 과정처럼 보이지만, 사실 그렇지 않습니다. 앞의 주장 모든 단계 하나하나가 전부 틀렸습니다. 관찰자는 생각(의식)을 통해 양자 입자의 상태에 개입하지 않습니다. 생각은 양자 측정에 아무런 역할도 하지 않습니다. 더욱이 양자 측정의 결과는 결코 통제될 수 없습니다. 그것은 완전히 통제 불가능하고 예측 불가능한 무작위 사건입니다. 단순히 '생각'만으로 새로운 현실을 만들어 낼 수도 없고, 사용될 수도 없습니다.

앞의 주장은 물리적으로 타당하지 않을 뿐만 아니라 도덕적으로도 절대 용납될 수 없는 것입니다. 긍정적인 사고의 힘으로 상상할 수 있는 모든 좋은 것들을 바랄 수 있다면, 고통 받는 사람들을 더 이상 불쌍히 여길 필요가 없어지는 것이죠. 거기에 아픈 사람들은 단순히 건강의 양자 진동에 정신적으로 충분히 조율되지 않았기 때문입니다. 빈털터리인 사람들은 우주의 성공 에너지와 충분히 연결되지 않았기 때문입니다. 또 신체적 장애를 가지고 태어난 사람들은 전생에 양자물리학의 법칙에 따라 그렇게 선택했을지도 모른다는 결론을 내리게 되는 것입니다.

뉴에이지와 과학

앞에 나온 주장은 '양자 유사과학'의 뿌리 깊은 논리적 문제를 드러냅니다. 양자 유사과학의 문제는 늘 비유나 은유적인 표현에 기반을 두고 있을 뿐, 진정한 논리적 결론에는 기반을 두지 않습니다. 연관성은 항상 주장될 뿐, 결코 증명되지도 않았고 증명할 수도 없습니다. 예를 들면 이렇습니다. 양자물리학은 혼란스럽고 기묘하며, 인간의 의식 또한 혼란스럽고 기묘합니다. 따라서 이 둘은 반드시 연결되어야 합니다. 양자 얽힘 입자들은 서로 기묘한 관계를 맺고 있으며, 저는 다른 사람들과의 관계 또한 기묘한 일이라고 생각합니다. 그런 논리로 보면 양자 얽힘은 모든 사람이 나를 사랑하게 만들 수 있는 것입니다. 내 머릿속 뇌파는 특정 주파수를 가지고 있고, 우주의 모든 입자 또한 특정 주파수를 가지고 있죠. 그러니 긍정적인 생각으로 온 우주를 바꿀 수 있다는 결론이 내려지는 것이죠.

논리적으로 보면, 이는 토성이 고리가 너무 많아서 결혼을 한다고 주장하는 것만큼이나 터무니없는 주장입니다. 단지 은유일 뿐, 논리적 설명이 아닙니다. 사람들은 하나의 연결 요소를 찾은 다음 그것을 논리적으로 연결하지 않고, 단순히 그 연결만 가정합니다. 하지만 과학은 유추가 아니라 명확하고 논리적인 설명에 기반을 두어야 합니다. 그러니 양자물리학의 유사과학적인 분야에 관심 있다면, 그것은 헛된 것을 찾아 헤매는 것입니다.

사실 양자 유사과학처럼 겉으로 보이는 어떠한 공통점을 발견하여 결합하는 현상은 새로운 것이 아닙니다. 이러한 아이디어는 뉴에이지 운동의 전성기였던 1970~1980년대에 이미 유행했습니다. 그 당시 전체론적 영성, 대체 치유법, 그리고 다가오는 물병자리 시대에 대한 다채로운 이론들이 만들어지고 있을 때, 양자물리학은 환영받는 동맹으로 여겨졌습니다. 하지만 이미 그때에도 양자물리학은 새롭거나 혁명적인 것은 아니라, 오히려 이미 수십 년 동안 물리학 분야에서 정립된 세계관의 일부였습니다.

이러한 양자 유사과학의 슈퍼스타로 '프리초프 카프라'라는 사람이 있습니다. 그는 빈대학교에서 물리학을 전공한 후 국제적인 연구 경력을 쌓았습니다. 하지만 물리학에 기여한 공로가 아니라, 도교 신비주의와 양자 이론 사이의 심오한 연관성을 입증하고자 시도한 『현대 물리학과 동양사상』이라는 책으로 유명해졌고, 이 책은 베스트셀러가 되었습니다.

영국의 생물학자 루퍼트 셸드레이크는 우리를 신비로운 방식으로 연결하고 '초감각적 능력'을 부여한다는 '형태발생장'이라는 아주 새로운 개념을 내놓았습니다. 셸드레이크는 이러한 '장'이 무엇인지, 어떻게 작동하는지, 어떻게 논리적인지 설명하지 못했지만, 그 역시 양자물리학을 언급했습니다. 인도에서 초월 명상을 공부한 그는 이후 동양 철학을 서양 과학에 접목하려고 시도했습니다. 적어도 루퍼트 셸드레이크가 자신의 이론을 과학적으로 조사하려고 시도했다는 점은 인정해야 합니다. 물론 성공한 사례는 거의 없었습니다. 애완동물이 인간 주인의 도착을 초자연적으로 예측할 수 있다는 것을 보여주고자 한 그의 실험은 설득력이 없었고 과학적으로도 인정받지 못했습니다.

진짜 주목할 만한 과학적 업적을 이룬 전통적인 물리학자들조차도 언젠가는 양자 난해주의에 빠지는 것을 피할 수는 없었습니다. 예를 들어 독일 핵물리학자 한스 페터 뒤르는 다소 난해하게 들리는 발언을 해서 유명세를 탔습니다. 바로 '물질'이라는 것은 존재하지 않으며, 우리의 삶은 더 큰 '저승'에 둘러싸여 있으며, 그곳에서 우리의 '영적 양자장'은 우리 사후에도 계속 존재한다는 것이죠. 영국 물리학자 브라이언 조셉슨은 젊은 시절 박사 과정 중에 양자 효과를 발견하여 노벨물리학상을 수상했습니다. 그러나 이후에는 과학적 업적보다는 초자연 현상, 염력, 텔레파시, 그리고 초심리학에 대한 다소 괴상한 발언으로 유명해졌습니다.

과학은 이상할 수 있지만, 틀리지 않습니다!

노벨상 수상자에게서 그런 아이디어가 나왔대도, 그러한 주장은 과학계에서 널리 받아들여지는 것과는 거리가 멀었습니다. 양자 신비주의와 초자연 현상에 관한 책들은 베스트셀러 목록에 자주 오르곤 했지만, 과학적 관점에서 보면 진지한 이론이 아니라는 것은 분명했습니다. 주장은 너무 모호했고, 진정한 증거를 찾는 노력은 무의미했습니다.

  이는 '양자철학'과 '양자 유사과학'의 명확한 차이를 보여줍니다. 양자물리학의 철학적 해석에 대한 연구는 현대 연구에서 틈새 주제이지만, 학계에서는 합리적으로 논의되고 심지어 과학 저널에도 게재됩니다. 반면에 양자 유사과학의 논문은 물리학 연구소에서 거의 대부분 고개를 절레절레 저을 수밖에 없는 것이죠.

  만약 이러한 이론들이 사실이라면, 과학적인 인정을 받기까지는 두 가지 경로가 있을 것입니다. 첫째, 실험을 통해 기존 과학으로는 설명할 수 없는 불가사의한 효과, 예를 들어 '생각전이'나 검증 가능한 기적적인 치유가 실제로 존재한다는 것을 증명해야 합니다. 둘째, 양자 이론에서 초자연적인 효과가 도출된다는 것을 수학적으로 증명하려는 시도를 할 수도 있습니다. 이 두 가지가 이루어진다면 전부 그 즉시 전 세계적인 관심을 끌겠지만, 아직 달성된 적은 없습니다.

  기묘하지만, 양자물리학은 이중적 역할을 합니다. 먼저 우리 기술 세계의 토대이며, 자연의 가장 근본적인 법칙에 대한 완전히 새로운 통찰을 제공합니다. 또 한편으로는 과학 이전 시대의 아이디어를 팔기 위한 주장으로 오용되기도 합니다. 양자물리학은 현대 과학의 토대이자, 동시에 현대 반과학 정서의 토대이기도 합니다.

  하지만 입자가 파동이기도 하고, 원자핵이 붕괴하면서도 동시에 온전하게 유지될 수 있다는 이론은 이 기묘한 이중적 역할을 견뎌낼 것입니다. 중요한 것은 이론이 할 수 있는 허튼소리가 아니라, 우리에게 무엇을 해줄 수 있느냐는 것입니다. 그리고 그것은 매우 중요합니다.

Chapter **12**

양자는 우리에게 어떻게 유용할까?

양자물리학은 우리의 삶에 어떤 영향을 주는 것일까요?
양자컴퓨터가 그렇게 중요하지 않을 수도 있다는 것을 왜 모르는 걸까요?
그리고 양자 우연성이 왜 우리의 은하를 창조한 걸까요?
오늘날 우리는 많은 지식을 습득하였지만 양자 연구 분야에는
아직도 알아야 할 것들이 많이 남아 있습니다.

19세기 말 막스 플랑크는 뮌헨대 물리학 교수 필리프 폰 욜리에게 자신의 연구 분야의 미래 전망에 대해 물었습니다. 교수는 냉정하게 다음과 같이 대답했습니다. "물리학에는 더 이상 발견할 것이 없네." 그리고 막스 플랑크에게 물리학을 공부하지 말라고 강력히 권했습니다. 당시 전반적으로 물리학은 최종적이고 안정적인 형태에 도달했기 때문입니다. 어쩌면 여기저기 '조사하거나 분류해야 할 먼지나 거품'이 조금 남아 있을지도 모르지만, 더 이상 큰 혁명은 기대할 수 없었습니다.

다행히도 막스 플랑크는 낙담하지 않았습니다. 그는 물리학에 집중했고, 결국 개인적으로는 다음 세대의 위대한 과학 혁명을 주도하는 중요한 선구자 중 한 명이 되었습니다.

물리학의 미래에 대한 폰 욜리의 예측은 틀렸을 뿐만 아니라, 오히려 그

이상이었습니다. 터무니없을 정도로 실제와 거리가 멀었습니다. 마치 화창한 햇살을 예측했는데, 갑자기 종말이 열린 듯 비가 악마처럼 쏟아지는 것과 같았죠. 혹은 토마토 수프를 만들려고 계획했는데, 실수로 로켓 엔진을 작동시킨 것과도 같았습니다.

20세기 초 물리학이 겪은 혁명적 힘을 묘사할 만한 극적인 단어를 찾기는 어렵습니다. 당시에는 어떤 돌도 뒤집히지 않았습니다. 모두 깔끔하고 명확해 보이는 고전적 세계관에서 출발했지만, 한 세대가 지나자 파동함수, 전자의 스핀, 그리고 예측 불가능한 무작위성이 존재하는 양자 모험의 세계에 발을 들여놓았습니다. 양자 이론은 기술과 자연과학의 광범위한 영역을 완전히 변화시켰습니다. 하지만 그게 전부가 아닙니다. 우리의 일상생활 또한 양자 이론에 의해 완전히 뒤바뀌었습니다.

바로 이 사실을 쉽게 간과합니다. 전기가 우리 삶을 변화시켰다는 것을 모두 알고 있지만, 정전으로 전기 공급이 일시적으로 중단되었을 때에야 그제서야 그 사실을 깨닫는 것입니다. 양자 이론은 여전히 추상적이고 추측 단계에 있는 연구처럼 들립니다. 마치 먼 미래에 공상과학 소설 같은 발명품을 가져다줄 것처럼 말이죠. 하지만 이러한 발명품들은 이미 오래전에 등장했습니다. 마이크로칩에서 태양광 발전, 병원에서 사용하는 영상 진단 기술에서 레이저 빔에 이르기까지 말입니다.

레이저, 광자 복사기

최초의 레이저는 1960년에 빛을 냈습니다. 이상한 일이죠. 이 발명품은 훨씬 더 일찍 가능했을 수도 있었으니까요. 알아야 할 모든 것들은 그보다 훨씬 전에 알려져 있었습니다. 다만 아무도 그것을 이용해 양자 광원을 만들 생각을 하지 못했을 뿐입니다.

레이저의 기본 원리는 간단합니다. 원자 내 전자가 고에너지 상태에서 저에너지 상태로 전이할 때 매우 특정한 파장의 광자를 방출할 수 있다는 것입니다. 이는 완전히 자발적이고 무작위적으로 발생합니다. 그러나 이러한 광자 방출은 의도적으로 조작할 수도 있습니다. 즉 정확히 같은 파장의 다른 광자를 원자에 충돌시키는 것입니다. 이 효과를 '유도 방출'이라고 합니다. 즉 광자 1개 들어오면 광자 2개가 날아가는 것입니다.

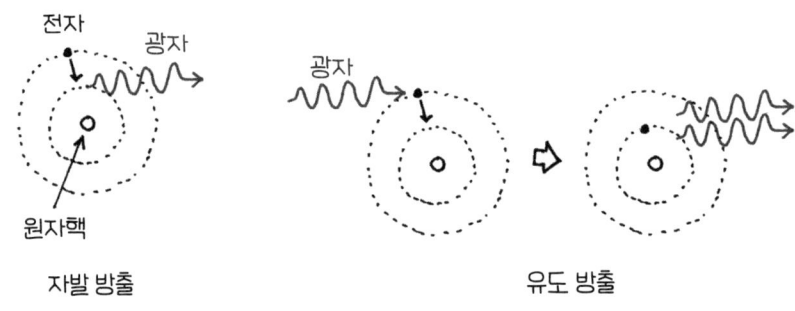

고에너지 상태에 있는 원자가 많으면 광자 증폭 장치를 만들 수 있습니다. 광자 1개가 2개가 되고, 2개가 4개가 되는 식으로 말이죠. 빛은 모든 원자가 에너지를 모두 방출할 때까지 점점 더 강해집니다.

레이저에서 나오는 빛은 양초나 일반 램프에서 나오는 빛과 완전히 다릅니다. 레이저 빔의 모든 광자는 정확히 동일한 양자 상태에 있으며, 모두 동일한 파장을 갖습니다. 더욱이 모든 광자는 정확히 같은 방향으로 이동하기 때문에, 레이저 빔은 매우 정밀하게 초점을 유지합니다.

이러한 흥미로운 특징에도 불구하고, 1960년 최초의 레이저가 개발되었을 당시에는 아무도 이 새로운 유형의 양자광이 실제로 앞으로 어떤 역할

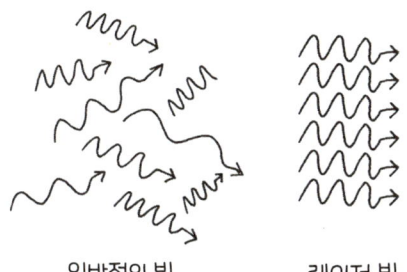

| 일반적인 빛 | 레이저 빛 |

레이저에서는 모든 광자가 정확히 같은 속도로 진동하기 때문에 이중 슬릿 실험 및 기타 양자 실험에 매우 유용합니다. 모든 광자가 양자물리학적으로 동일하다면 서로 중첩되거나 증폭(보강)되거나 상쇄될 수 있습니다. 이는 육안으로도 쉽게 볼 수 있는 수많은 광자에서 파동 효과를 생성합니다.

을 할지 예측할 수 없었습니다. 처음에는 레이저가 문제없는 해결책, 즉 아무도 묻지 않았던 질문에 대한 기술적 해답으로 여겨지기도 했습니다.

레이저의 발명은 엄청난 잠재력을 서서히 드러냈습니다. 통신 분야의 데이터 전송부터 산업 및 의학, 대규모 행사의 레이저 쇼에 이르기까지, 레이저의 다양한 응용 분야는 이미 오래전부터 헤아릴 수 없을 정도로 다양해졌습니다. 레이저는 금속을 녹이는 데 사용될 뿐만 아니라 원자를 거의 절대 영도까지 냉각시킬 수도 있습니다. 거리 측정, 눈 수술, 대기 연구, 또는 땅에 떨어진 이상한 빨간 점을 열정적으로 쫓아다니지만 결국 잡지 못하는 고양이를 즐겁게 해주는 데 사용될 수 있습니다.

태양전지에서 컴퓨터 칩까지

태양광 발전은 양자 이론 덕분이기도 합니다. 태양전지에서 일어나는 일은 광전 효과와 밀접한 관련이 있으며, 이 광전 효과로 인해 아인슈타인은 1905년 빛이 개별 광자로 구성되어 있다는 생각을 하게 되었습니다. 당시 아인슈타인은 빛이 금속판에서 전자를 밀어내는 현상을 연구했는데, 이를 '외부 광전 효과'라고 합니다. 또 '내부 광전 효과'도 있습니다. 이 경우 전자는 물질에서 떨어져 나가는 것이 아니라, 물질 내부의 전자가 빛에 노출되면 더 큰 운동성을 갖게 됩니다. 전자는 입사광으로부터 필요한 에너지를 받아 물질을 통과하며 전류를 생성합니다.

이것은 양자 이론이 재료 연구에 얼마나 중요한지를 보여줍니다. 먼저 슈뢰딩거의 파동 방정식을 사용하여 단순한 원자에서 전자 움직임을 설명했습니다. 이를 통해 고체 물질에서의 전자 움직임을 설명할 수 있게 되었죠. 또 이를 통해 매우 구체적인 양자물리 효과를 구현하는 특수 맞춤 제작된 소재를 개발할 수 있게 되었습니다.

태양광을 전류로 변환할 수 있게 해주는 광전 효과는 하나의 예시일 뿐입니다. 배터리, 촉매, 연료전지 또한 양자 수준에서 이해되어야만 개선될 수 있습니다. 물론 양자 소재 연구는 마이크로전자공학에 특히 중요했습니다. 나노미터(nm) 크기의 반도체 소재로 만든 트랜지스터는 양자물리 법칙을 이해하지 않고서는 상상도 할 수 없었을 것입니다.

양자컴퓨터, 영원한 희망

지금의 컴퓨터 칩이 양자 이론의 법칙에 기반을 두고 있음에도 불구하고, 현대 컴퓨터의 작동 방식은 여전히 매우 고전적입니다. 현재 사용하는 기존 컴퓨터는 0 또는 1의 값을 가질 수 있는 가장 작은 정보 단위인 비트로 작동합니다. 이는 기술적으로 상당히 깔끔한 작업을 가능하게 하기 때문에 실용적입니다. 전기가 있든 없든, 자기가 있든 없든 말입니다. 두 가지 가능성만 있다면 실수는 거의 없습니다. 양말을 분류하는 것도 양말 더미를 24가지 색으로 나누는 것보다, 검은색 혹은 흰색으로 나눌 때 더 쉬운 것처럼 말이죠.

하지만 양자물리학의 법칙을 활용하여 근본적으로 다르게 작동하는 컴퓨터를 만들 수도 있습니다. 양자컴퓨터는 양자 비트, 즉 '큐비트'로 작동할 수 있습니다. 큐비트는 0 또는 1의 값뿐만 아니라 0과 1의 모든 양자물리적 중첩을 가질 수 있습니다.

이러한 큐비트를 실험하는 방법은 여러 가지가 있습니다. 예를 들어 전자기 트랩에 갇힌 전하를 띤 원자인 이온을 사용할 수 있습니다. 또한 전류가 흐르는 작은 회로인 초전도 큐비트를 사용할 수도 있습니다. 이때 기술적 구현은 그다지 중요하지 않습니다. 중요한 건 큐비트가 양자물리학을 이용하여 얽힐 수 있다는 것입니다.

우리는 이미 두 물체가 양자 얽힘 상태에 있을 때, 단단히 연결된다는 것을 확인했습니다. 이는 양말 한 켤레와 같은 고전적인 물체에서 가능한 것과는 근본적으로 다른 방식입니다. 양자 얽힘 큐비트의 상호작용은 기계식 계산기의 기어나 전선의 전기 신호의 상호작용과 근본적으로 다릅니다. 이것이 바로 양자 얽힘 큐비트로 작동하는 양자컴퓨터가 기존 컴퓨터의 계산 명령과는 완전히 다른 계산 명령을 내릴 수 있는 이유입니다.

하지만 그렇다고 양자컴퓨터가 불가사의한 기적을 행할 수 있다는 뜻은 아닙니다. 양자컴퓨터는 신비로운 신탁이 아니며, 다른 논리 기계와 마찬가지입니다. 양자컴퓨터가 계산할 수 있는 모든 것은 원칙적으로 일반 컴퓨터로도 계산할 수 있습니다. 차이점은 속도입니다. 양자 이론을 이용하면 비교할 수 없을 정도로 빠르게 해결할 수 있는 특정 계산 문제들이 있습니다. 예를 들어 양자컴퓨터는 매우 큰 수를 적당한 시간 안에 소인수 분해할 수도 있습니다.

물론 이것도 쉬운 일은 아닙니다. 가능한 한 많은 큐비트가 필요하고, 모든 큐비트를 동시에 완벽하게 얽히고, 제어하고, 조작해야 합니다. 바로 이 지점에서 디코히어런스라는 피할 수 없는 큰 문제가 다시 발생합니다. 더 많은 입자를 사용할수록 이러한 입자들이 주변 환경과 상호작용하기가 더 쉬워집니다. 우리의 큐비트는 우주의 나머지 부분과 결합하고, 양자 정보는 냄비에서 새는 수프처럼 흘러나오고, 결국 양자컴퓨터는 무작위적인 헛소리만 만들어 냅니다. 더 많은 큐비트를 얽히게 할수록 디코히어런스가 모든 것을 망치기 더 쉬워지는 것입니다.

따라서 양자컴퓨터는 가능한 한 주변 환경으로부터 보호되어야 합니다. 모든 진동, 모든 빛의 깜빡임이 양자 계산을 방해할 수 있기 때문입니다. 문제는 복잡합니다. 설령 수천, 심지어 수백만 개의 큐비트를 통제된 방식으로 얽히게 할 수 있다고 하더라도, 그 유용성은 여전히 의문입니다. 첫째, 거대한 냉각 시스템과 복잡한 읽기·쓰기 장치가 필요한 괴물 같은 장치가 될 가능성이 높습니다. 둘째, 그러한 양자컴퓨터가 실제로 일상 업무를 유용하게 해결할 수 있을지, 아니면 그저 단순히 과학 실험을 위한 값비싼 특수 장치로 전락해버릴 문제가 있습니다.

양자컴퓨터는 종종 미래에 대한 유망한 비전으로 제시됩니다. "왜 양자 연구에 돈을 투자해야 할까요? 언젠가는 양자컴퓨터를 갖게 될 것이기 때문입니다! 그리고 그것은 우리의 모든 문제를 해결해줄 겁니다!"라는 식으로 홍보되기도 합니다. 양자컴퓨터는 마치 아틀란티스의 기술 버전이나 황금이 가득하다는 전설의 땅 엘도라도와 같습니다. 흥미로운 이야기지만, 진지한 연구를 해야 할 가장 큰 이유는 아닙니다.

큐비트와 양자 얽힘을 기술적으로 제어하는 데 성공한다면 정말 좋을 것입니다. 하지만 이 연구의 진정한 이점은 양자컴퓨팅이 아니라, 훨씬 더 흥미롭고 수익성이 높으며 유용할 수 있는 완전히 다른 응용 분야에 있을 가능성이 높습니다.

양자를 이용한 측정

양자물리학의 방법을 사용하여 매우 정밀한 측정을 수행할 수도 있습니다. 이를 다루는 연구 분야가 양자계측학입니다. 양자 이론에 기반한 고정밀 측정의 가장 잘 알려진 예시는 바로 원자시계입니다.

모든 시계에는 타이머가 필요합니다. 예를 들어 가능한 한 정확하고 규칙적으로 앞뒤로 흔들리는 진자가 필요합니다. 진동을 세면 시간이 얼마나 흘렀는지 알 수 있습니다. 물론 완벽한 진자를 만들 수는 없습니다. 두 개의 진자가 완전히 똑같을 수는 없고, 그러한 측정을 왜곡할 수 있는 수많은 외부 영향이 항상 존재합니다.

반면에 원자시계에서 '클록 펄스'는 양자물리학에서 비롯됩니다. 즉 원자의 두 가지 매우 특정한 양자 상태 사이의 전이에 관여하는 광자의 진동 주기를 분석하는 것입니다. 가장 큰 장점은 이 펄스가 기술적 부정확성이 아닌 자연법칙에 의해서만 결정된다는 것입니다.

하지만 양자계측학은 단순히 시간을 측정하는 것이 아닙니다. 양자 파동과 양자 중첩은 길이의 미세한 변화, 미세한 힘, 자기장의 미세한 변화 등 다른 여러 양들을 측정하는 데도 사용될 수 있습니다.

액체 또는 기체 시료의 화학적 조성은 양자물리학을 이용하여 매우 정밀하게 연구할 수 있습니다. 서로 다른 원자와 분자는 서로 다른 파장의 빛을 흡수할 수 있습니다. 이를 통해 연구 대상 물질과 정확히 일치하는 파장의 레이저를 선택하여 시료(예: 미지의 내용물이 담긴 기체 용기)에 빛을 비출 수 있습니다.

용기에 조사 대상 물질의 흔적이 남아 있으면 레이저 광선의 일부가 흡수됩니다. 그렇지 않으면 레이저 광선 전체가 손상 없이 샘플을 통과합니다. 빛의 양자적 특성은 우리가 다루고 있는 물질이 무엇인지를 알려줍니다.

레이저 빔을 사용하지 않고 자연광을 사용하면 조금 더 복잡해집니다. 하지만 여기서도 동일한 양자물리학 원리가 작용합니다. 예를 들어 레이저와 달리 우리 태양은 다양한 파장의 넓은 스펙트럼을 생성합니다. 우리는 태양빛을 파장별로 분해하고, 흰색 햇빛을 무지개의 모든 색깔로 나누고, 각 색깔이 얼마나 강하게 나타나는지 분석할 수 있습니다. 이것이 빛의 스펙트럼을 연구하는 분광학의 기본 원리입니다.

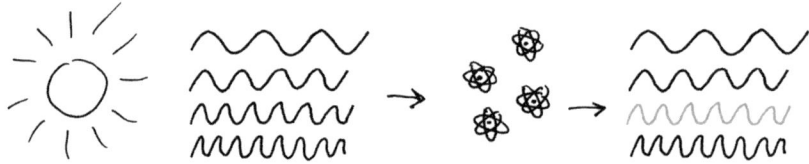

태양은 매우 다양한 파장을 방출합니다. 이 빛이 특정 원자에 닿으면, 특정 파장은 약화되고 다른 파장은 영향을 받지 않습니다.

이것은 햇빛에 특정 파장이 부족하다는 것을 보여줍니다. 태양 내부에서 나오는 빛은 지구에 도달하기 전 먼저 태양 외층을 통과해야 합니다. 그리고 태양 외층에는 특정 유형의 원자가 포함되어 있기 때문에 특정 파장은 걸러집니다. 그렇기에 어떤 파장이 누락되었는지 알면, 빛이 그 과정에서 어떤 원자와 접촉했는지도 알 수 있습니다.

멀리 떨어진 별의 빛이나 외계별을 공전하는 행성의 대기에서도 같은 원리를 적용할 수 있습니다. 행성 근처를 지나서 대기를 관통하는 별의 빛줄기를 통해, 이 외계 대기의 구성 요소를 알 수 있습니다. 어쩌면 그 행성의 대기는 불안정하여 끊임없이 생성되는 곳에서만 많은 양으로 존재할 수 있는 기체가 포함되어 있을지도 모릅니다. 이것은 해당 행성에서 복잡한 화학 반응이 일어나고 있음을, 즉 어쩌면 살아있는 외계 유기체가 존재하고 있음을 의미하는 것입니다.

의학에서의 양자 측정

의학에서 양자물리학은 신체 내부의 상세한 이미지를 생성하는 데 중요한 역할을 합니다. 자기공명영상(MRI)은 핵 회전의 특성을 활용합니다. 물은 우리 신체 곳곳에 존재하며, 각 물 분자는 수소 원자 2개를 가지고 있습니다. 일반적인 수소 원자는 가능한 가장 간단한 원자핵을 가지고 있습니다. 즉 단 하나의 양성자로 구성되어 있으며, 이 양성자는 스핀이 $\frac{1}{2}$인 입자입니다.

  우리는 슈테른-게를라흐 실험을 통해 스핀 입자가 자기장의 영향을 받을 수 있다는 것을 이미 알고 있습니다. 자기공명영상 스캐너에서 양성자의 스핀은 먼저 매우 강한 자기장을 이용하여 특정 방향으로 회전합니다. 짧은 전자기 펄스는 이러한 회전을 흔들게 하고, 이 흔들림 운동 중에 입자 자체가 측정 가능한 전자기 신호를 생성합니다. 이 신호의 세기와 감쇠 속도는 입자의 환경에 따라 달라집니다. 따라서 서로 다른 조직은 서로 다른 신호를 생성하며, 이 신호를 통해 신체 내부의 자세한 이미지를 컴퓨터로

계산할 수 있게 되는 것입니다.

또 다른 유용한 기술은 양전자방출단층촬영(PET)입니다. 이 기술은 사람에게 방사성 물질, 예를 들어 '불소-18 원자'를 포함하는 분자를 주입하는 것입니다. 불소-18은 반감기가 2시간도 채 되지 않는 방사성 원자입니다. 이 원자가 붕괴하면 전자의 반입자, 즉 그 반대인 양전자가 생성됩니다. 양전자는 즉시 전자와 충돌하고, 두 전자는 서로 소멸하여 반대 방향으로 날아가는 두 개의 양자 얽힘 광자를 생성합니다.

이러한 두 광자를 측정하면 방사성 붕괴가 발생한 위치를 계산할 수 있습니다. 이를 통해 방사성 물질이 체내 어디에 위치하는지 알아낼 수 있는 것이죠. 예를 들어 암세포에 잘 흡수되는 물질을 사용하면, 암세포의 위치를 시각적으로 확인할 수 있게 됩니다.

아무것도 없는 것보다 나은, 진공

양자물리학은 알베르트 아인슈타인, 마리 퀴리, 에르빈 슈뢰딩거 시대 이후 극적으로 변화했습니다. 우리는 매일 어떤 측면에서는 양자 연구의 결과물인 기술을 사용하고 있습니다. 양자 이론은 더 이상 미지의 영역이 아니며, 당혹스러운 새로운 발견의 어슴푸레한 여명 속에서 천천히 진보를 거듭하는 것도 아닙니다. 다른 모든 과학 분야와 마찬가지로 명확한 규칙, 방법, 그리고 도구가 있습니다. 이제 우리는 올바른 결과를 얻기 위해 이러한 규칙과 방법을 어떻게 다루어야 하는지 알고 있습니다. 다른 말로 하자면 양자 이론이 성숙했다고도 할 수 있겠습니다.

하지만 그렇다고 양자 이론이 완전하다는 것은 아닙니다. 오히려 그 반대입니다. 많은 질문에 답할수록 더 많은 새로운 질문이 생겨납니다. 그리고 그중 다수는 양자 연구 초기에는 상상조차 할 수 없었던, 더욱 기이하고 놀랍고 숨 막힐 듯한 것들입니다.

이는 가장 단순해 보이는 질문에서부터 시작됩니다. "만약 아무것도 없다면 어떨까요?" 고전 물리학은 다소 지루한 답을 제시합니다. 아무것도 없다면 그저 공허함, 즉 텅 빈 공간이 생긴다는 것입니다. 특정 공간에서 모든 입자를 제거하면 아무것도 남지 않습니다. 그리고 이러한 공허함을 '진공'이라고 합니다. 고전 물리학의 관점에서 보면, 이건 더 이상 설명할 것이 없습니다.

양자 이론에서는 상황이 다릅니다. 양자물리학 관점에서 보면 완벽한 무(無)는 불가능합니다. 이를 분석하기 위해 슈뢰딩거의 파동 방정식이 아니라, 그 확장된 개념인 양자장 이론을 사용합니다. 양자장 이론을 이용하면 입자의 움직임을 계산할 수 있을 뿐만 아니라, 입자가속기 충돌처럼 입자가 어떻게 소멸되거나 새로운 입자가 생성되는지까지 설명할 수 있습니다.

양자장 이론은 진공조차도 완전히 비어 있는 것은 아니라고 말합니다. 순전한 우연의 일치로 특정 부분이 다른 곳보다 일시적으로 더 많은 에너지를 가질 수 있는 것이라는 뜻이죠. 결국 빈 공간은 늘 입자의 끊임없는 존재와 부재가 깜빡이는 양자 중첩으로 존재합니다. 진공은 자발적으로 나타났다 사라지는 입자들의 거품이 이는 수프와 같다고 상상할 수 있는 것입니다.

이러한 말 역시 이상하게 들릴 것입니다 자연의 법칙은 일반석으로 그 어떤 것도 저절로 나타나거나 사라지는 것을 허용하지 않기 때문입니다. 만약 주먹만 한 금덩어리가 제 책상 위에 저절로 나타난다면 정말 좋겠지만, 그것은 에너지 보존 법칙에 위배되는 것이죠. 만약 제 자전거가 갑자기 사라진다면, 양자물리학에 의해 자전거가 자연적으로 비물질화 된 것이라고 누가 나를 설득하더라도 절대 그 말을 믿지 않을 것입니다.

그러나 양자 입자 차원에서는 가능합니다. 즉 입자 쌍이 무(無)에서 갑자기 생겨나서 즉시 서로를 소멸시킬 수 있습니다. 그 이유는 불확정성 원리에 있습니다. 베르너 하이젠베르크의 불확정성 원리가 입자의 위치와 운동량을 동시에 정확하게 측정하는 것을 불가능하게 만드는 것처럼, 에너지와 시간에도 불확정성 원리가 존재합니다. 어떤 의미에서 무(無)는 약간의 에너지를 빌릴 수 있지만, 단기간 동안만 가능합니다. 입자는 자발적으로 생성될 수 있지만, 에너지가 많을수록 더 빨리 사라져야 하는 것입니다.

이런 일은 진공 속뿐만 아니라 어디에서나 항상 일어납니다. 우주 전체는 수명이 짧은 가상 입자들의 무리, 즉 양자 에너지의 영원한 깜빡임입니다. 이를 '진공 요동' 또는 '양자 요동'이라고도 합니다.

이것이 순전히 이론적인 추측이라고 생각하는 사람은 큰 착각을 하는 것입니다. 이 양자 거품(quantum foam) 현상은 실제로 측정 가능한 실체를 가지고 있습니다. 완벽한 진공 상태에서 두 금속판을 서로 평행하게 놓으면, 두 금속판은 진공 상태에서 판 주위에 자발적으로 형성되는 입자들 때문에 천천히 서로를 향해 움직입니다. 이 입자들은 수명이 매우 짧음에도 불구하고 판에 압력을 가하는데, 이를 '카시미르 효과'라고 합니다.

매우 짧은 거리에서는 '진공 요동'이 원자나 분자 사이의 인력, 즉 반데르발스 힘으로 이어질 수도 있습니다. 심지어 도마뱀이 매끄러운 표면을 기어오르는 능력도 부분적으로는 '양자 요동' 때문입니다.

양자 깜빡임과 우주

'양자 요동'의 진정한 의미는 우주를 들여다볼 때 비로소 드러납니다. 우주의 가장 작은 것들과 가장 큰 것들을 연결하는 원이 닫히는 지점이 바로 여기입니다. 가장 작은 양자 규모에서 깜빡이는 입자가 우주에 존재하는 가장 큰 구조들을 만들어 내는 것이죠.

우주가 창조되고, 오늘날 우리가 관찰할 수 있는 모든 물질은 아주 작은 공간에 집중되어 있었습니다. 그런데 그때 원인이 아직 완전히 밝혀지지 않은 사건이 발생했습니다. 바로 '우주 급팽창' 단계입니다. 이 단계는 상상할 수 없을 만큼 짧은 순간이었지만, 어린 우주를 근본적으로 변화시켰습니다. 이전에는 양성자보다 훨씬 작은 작은 점에 불과했던 우주는, 잠시 후 오렌지만 한 크기로 팽창했습니다.

언뜻 보기에는 그다지 인상적이지 않을 수도 있습니다. 오렌지는 인간 기준으로는 상당히 작으니까요. 하지만 이 갑작스러운 팽창의 규모는 엄청났습니다. 마치 원자가 순식간에 태양계 크기의 1,000배로 팽창하는 것처럼 말이죠. 이 팽창은 또한 어린 우주의 양자 요동을 부풀렸습니다. 공간 속 작은 양자 불규칙성들이 갑자기 거시적인 규모의 불규칙성으로 변한 것입니다.

우주 급팽창 단계 이후, 우주는 계속 팽창했지만 더 이상 급작스럽게 팽창하지 않고 지속적으로, 그리고 훨씬 느린 속도로 팽창했습니다. 오렌지색 크기 우주의 불규칙성은 더욱 팽창했고, 궁극적으로 우주 전체에 물질이 고르게 분포되지 않게 된 것입니다. 우주에는 점차 크고 또 작은 다른 영역들이 형성되었습니다. 더 큰 영역들은 은하, 별, 행성들이 있는 영역이 되었고, 그 사이에는 광활한 우주의 공허가 자리를 잡았죠. 우주의 구조는 가장 작은 양자적 우연의 영향으로 빚어낸 결과물입니다.

하지만 우주의 가장 작은 것과 가장 큰 것이 그렇게 밀접하게 연결되어 있을 때, 우리는 하나의 문제에 직면하게 됩니다. 우리가 실제로 작은 것과 큰 것에 대해 완전히 다른 이론을 사용한다는 것입니다. 미시적인 규모에서 양자 이론은 입자 사이의 힘이 어떻게 작용하는지 설명합니다. 반면에 천문학적으로 큰 규모에서는 중력이 대개 결정적인 힘이며, 이는 오늘날 아인슈타인의 일반 상대성 이론으로 가장 잘 설명됩니다.

'양자 이론'과 '상대성 이론'(일반 상대성 이론과 특수 상대성 이론)을 연결하려는 시도는 많으며, 많은 분야에서 매우 효과적입니다. 그러나 두 이론의 완전한 통합은 아직 이루어지지 않았습니다. 먼저 '특수 상대성 이론'과 '일반 상대성 이론'은 근본적으로 다른 구조를 가지고 있습니다. 특수 상대성 이론은 모든 물체가 공간과 시간에서 명확하게 정의된 위치를 차지하며, 우연이나 불확정성, 양자 도약 없이 존재한다는 고전 이론입니다. 반면에 일반 상대성 이론에서는 공간과 시간이 늘어나고 휘어질 수 있으며, 그 자체로 물리학이라는 거대한 무대에서 변화하는 역할을 합니다. 거기다 양자 이론에서 공간과 시간은 단지 사건이 전개되는 정적인 무대일 뿐입니다.

'이해한다'라는 말은 어떤 의미일까요?

아직 잘 모르는 많은 것들을 생각하면, 가끔은 길을 잃은 듯한 기분이 들 수도 있을 것입니다. 하지만 그건 잘못된 관점일지도 모릅니다. 오늘날 우리는 엄청나게 많은 것을 알고 있기 때문이죠. 그리고 어쩌면 우리가 우주의 법칙을 이해하기 시작했고 그것을 할 수 있다는 것 자체가 놀라운 기적일지도 모릅니다.

양자물리학 관점에서 보면 인간과 토마토 사이에는 큰 차이가 거의 없습니다. 입자의 관점에서 보면 둘 다 상당히 크고, 같은 원자와 매우 유사한 분자로 이루어져 있습니다. 그럼에도 불구하고 토마토는 양자물리학에 대해 전혀 모르는 반면, 우리 인간은 알고 있습니다.

우리는 이를 일련의 양자 현상 덕분이라고 생각합니다. 은하, 별, 그리고 행성들은 처음에는 아주 작은 '양자 요동'에서 형성되었습니다. 양자물리학 법칙은 별들이 광자의 형태로 엄청난 양의 에너지를 방출하도록 했습니다. 이 광자들은 지구에 온화한 온도를 유지했고, 원시 바다의 여러 원자들이 양자물리학 법칙에 따라 결합하여 분자를 형성할 수 있게 했습니다.

어느 시점에서는 DNA 분자가 이런 방식으로 형성되었습니다. 양자물리적으로 탁월한 정보 저장 방식이었죠. 이 정보는 반복해서 복사되었고, 때로는 오류가 발생하기도 했지만, 이는 순전히 양자적 우연이 원인인 경우가 많았습니다. 그렇지만 바로 이러한 오류들이 진화를 가능하게 하고, 복잡한 생명체를 발달시켰으며, 결국 우리 인간이 출현하게 했습니다.

그리고 지금 우리는 다소 복잡한 분자들의 기묘한 집합체인 이곳에 앉아 있습니다. 우리는 중간 크기의 구조물입니다. 양성자보다는 훨씬 크지만 은하보다는 훨씬 작습니다. 우리의 삶은 주로 다른 중간 크기의 구조물들과의 상호작용을 통해 형성됩니다. 예를 들어 토마토나 고양이, 또는 다른 사람들과의 상호작용 말입니다. 진화는 우리가 이러한 상호작용에 최적화하도록 진행되어 왔습니다. 이것이 바로 우리의 사고에 맞춰져 있는 범위인 것이죠.

그럼에도 불구하고 우리는 오직 인지력으로 이러한 규모를 초월합니다. 우리보다 비교할 수 없을 만큼 작은 것들에 대해서도 생각할 수 있고, 우리보다 헤아릴 수 없을 만큼 큰 것들에 대해서도 생각할 수 있는 것입니다. 우리는 생각을 더 정확하게 정리하고 더 쉽게 공유할 수 있도록 수학을 발명하기도 했습니다. 자연의 법칙을 더욱 철저하게 탐구할 수 있도록 측정 도구를 발명했고, 더 나아가 더욱 많은 것을 발견할 수 있도록 더 진화된 도구를 개발했습니다. 우리는 기술의 진화로 자연의 진화를 확장했습니다.

이 모든 것 덕분에 우리는 이제 양자 중첩, 양자 무작위성, 그리고 양자 얽힘에 대해 생각해볼 수 있게 되었습니다. 우리가 이런 일을 할 수 있다는 것은 결코 당연하고 자연스러운 일이 아닙니다. 양자 입자가 우리 인간의 평균적인 뇌로 이해할 수 있는 규칙을 따른다는 것은 사실이 아닌 것이죠. 마치 벌떼에게 적분 방정식이 쓸모없는 것처럼, 우리 인간에게는 쓸모없는 엄청나게 복잡한 규칙을 따를 수도 있는 것입니다.

그러니 양자 이론이 이해하기 어렵다고 불평해서는 안 됩니다. 물론 양자 이론은 낯설고 혼란스럽게 느껴집니다. 그렇지 않을 수 있을까요? 우리 머리가 양자 이론에 맞춰 설계되지 않았다면, 양자 이론을 이해하기 어려울 것입니다. 그렇다고 해서 놀라서는 안 됩니다. 기적은 우리가 양자 이론을 이해하기 어려워하는 것이 아니라, 우리의 제한된 정신으로도 작은 입자의 법칙을 탐구하고 활용할 수 있다는 것입니다.

양자 이론을 이해하는 방법에 대해 이야기할 때, 우리는 양자 이론을 대체 어떻게 '이해할' 수 있는 것일까요? 그리고 여기서 '이해한다'는 것은 대체 무슨 뜻일까요? 양자 이론은 전화번호나 생년월일처럼 단순히 외우는 것이 아닙니다. 낯선 문화권에서 새로운 언어를 배우는 것과 같습니다. 외국어의 어떤 단어들을 내가 속한 나라의 일상 언어로 번역할 수 있지만, 어떤 용어들은 완전히 생소합니다. 익숙한 세상에는 존재하지 않는 것을 묘사하기 때문입니다. 이러한 새로운 용어들은 익숙한 말로 설명해서는 '이해할' 수 없습니다. 우리는 그저 받아들이고 익숙해져야 합니다. 앞으로 그 용어가 유용한지 점차 알게 되고, 그러다 보면 어느 순간 "이해했다!"라고 말할 수 있게 될 것이니까요.

우주는 그렇게 복잡하지 않습니다. 그리고 그건 좋은 일입니다. 자연의 여러 기본 법칙들에 익숙해져서 그것들이 당연하고 자연스럽게 보일 때까지 기다려야 합니다. 그러다가 어느 순간, 누군가가 양자물리학을 이해한다고 느끼면서도 동시에 이해하지 못한다고 느끼게 된다면, 그 사람이 바로 양자물리학을 이해한 사람인 것입니다.

용어해설

이 용어해설은 양자물리학에 대한 완벽한 사전은 아닙니다. 하지만 일부 용어에 대해서는 여기에 간략하게 설명을 하고 정리해두는 것이 내용을 이해하는 데 도움이 될 것입니다.

각운동량 보존 법칙
무언가가 회전할 때 그 회전을 유지하려는 경향이 있는데, 이를 '각운동량 보존'이라고 합니다. 물체의 회전을 바꾸려면 힘(더 정확히는 토크, 즉 회전축으로부터 일정 거리에 작용하는 힘)을 가해야 합니다. 외부 힘(마찰력 포함)이 없다면 물체는 영원히 회전할 것입니다.

간섭
두 파동이 겹치거나, 한 파동이 자기 자신을 겹칠 때 이를 간섭이라고 합니다. 파동의 봉우리와 골짜기는 특정 지점에서 서로 보강하거나 상쇄될 수 있습니다. 이는 모든 파동이 가지고 있는 속성이지만, 오직 파동만이 가지는 특징이기도 합니다. 기차표를 검사하는 검사원은 다른 검사원과 만난다고 해서 더 강해(보강)지거나 혹은 서로 상쇄할 수 없습니다. 따라서 검사원은 파동이 아닌 것이죠.

고양이
살아 있는 거시적 물체이자 에르빈 슈뢰딩거가 도덕적으로 매우 비난받을 만한 실험을 했던 대상입니다. 다행히 그 실험은 순전히 이론적인, 사고실험으로만 이루어졌죠. 고양이는 원자보다 훨씬 무거워서 파장이 매우 짧기 때문에, 고양이의 간섭 패턴은 실험적으로 구현할 수 없을 것입니다. 따라서 고양이는 기본적으로 고전 물리학의 법칙을 따릅니다. 그러나 자세히 살펴보면 한 가지 분명한 사실을 알 수 있습니다. 고양이는 사실 그 누구에게도 복종하지 않는다는 걸 말이죠. 이는 아마도 좋은 일일 것입니다.

광자
광자는 빛의 기본 구성 요소인 빛 입자 또는 빛 양자입니다. 광자는 질량이 없으며 항상 빛의 속도로 움직입니다. 광자는 파장과 편광 방향을 가지고 있습니다.

물질

입자로 구성되어 질량을 가진 모든 것을 말합니다. 빛의 경우 광자가 질량이 없기 때문에 물질로 간주되지 않습니다. 그러나 전자, 중성자, 양성자, 그리고 이들로 구성된 모든 것은 물질입니다.

미분 방정식

아마 대부분 학교에서 배운 '변수가 포함된 방정식'에 익숙할 겁니다. 예를 들어 'x+5=7'과 같은 방정식이죠. 이 방정식들을 풀면 x에 해당하는 숫자가 나옵니다. 하지만 단순히 숫자가 아니라 함수로 표현되는 방정식도 있습니다. 예를 들어 'x의 사인'이나 'x의 제곱'처럼 말이죠. 이 함수의 형태는 앞의 예시처럼 '더하기'와 같은 간단한 산술 연산뿐만 아니라 미분 연산자에 의해서도 결정되는 경우가 많습니다. 예를 들어 $f'(x)=f(x)$는 미분 방정식입니다. 여기서 $f'(x)$는 함수 f를 나타내지만, 변수 x에 대해 미분됩니다. 이렇게 하면 함수 f 자체가 나타나야 합니다(이 미분 방정식은 예를 들어 간단한 지수 함수 e의 x승으로 풀 수 있습니다). 슈뢰딩거 방정식은 이러한 미분 방정식으로, 그 계산을 통해 파동함수의 값을 계산합니다.

반입자

우리가 알고 있는 기본 입자 외에도 반입자라고 불리는 입자가 있습니다. 반입자는 일반 입자와 동일한 성질을 가지지만, 전하가 반대입니다. 예를 들어 음전하를 띤 전자의 반입자는 양전하를 띤 양전자입니다. 모든 쿼크에는 반쿼크가 있습니다. 입자가 반입자와 충돌하면 둘 다 소멸합니다.

벨 부등식

존 스튜어트 벨은 국소적 실재론이 성립한다면, 입자 측정 결과에 항상 성립해야 하는 부등식을 발표했습니다. 즉 아무도 관찰하지 않는다 하더라도 입자가 정해진 상태를 가지고 있으며, 한 물체가 다른 물체에 영향을 미칠 수 있는 것은 최대 광속일 때뿐이라는 것입니다. 그러나 실험 결과 이 부등식은 모순이 있었고, 따라서 국소적 실재론은 맞지 않는 이론이 되었습니다. 양자 이론이 이를 설명할 수 있으며, 국소적 실재론을 넘어서는 것이죠. 따라서 벨 부등식의 모순은 양자 이론이 단순히 불필요한 복잡성을 가중시키는 것이 아니라, 세상을 설명하려면 양자 이론의 모든 특징을 갖춘 이론이 필요하다는 것을 증명합니다.

보어의 원자 모형

닐스 보어의 원자 모형에 따르면, 원자는 핵을 중심으로 전자가 공전하는 소형 태양계로 상상할 수 있습니다. 전자의 파동적 특성 때문에 아주 특정한 전자 궤도만 허용되며, 그 사이의 궤도는 불가능합니다. 그러나 이것은 매우 단순화된 것입니다. 실제로 전자는 물결 모양의 전자구름처럼 핵을 둘러싸고 있습니다. 그러나 닐스 보어는 그의 단순화된 원자 모형을 통해 원자 내 전자가 어째서 어떤 특정한 에너지 상태만을 가질 수 있는지, 즉 원자 내 전자의 에너지가 양자화되어 있는지를 설명할 수 있었습니다.

분자

여러 원자가 결합하면 분자가 되는데, 그 분자는 크기가 매우 다양합니다. 수소 원자 2개로 구성된 단순한 수소 분자 H₂부터 수천 개의 원자로 구성된 거대한 거대 분자까지 다양합니다. 원칙적으로 분자는 기본적으로 모든 것이 그렇듯, 파동으로 설명될 수 있습니다. 예를 들어 이중 슬릿을 통해 수소 분자를 쏘면 간섭 현상을 관찰할 수 있는 것이죠. 탄소 원자 60개로 구성된 큰 분자에서도 이러한 현상이 관찰되었습니다. 그러나 물체가 클수록 파장은 짧아지고 파동의 특성을 감지하기가 어려워집니다. 따라서 일반적으로 큰 분자(또는 더 큰 물체)의 경우 파동의 특성은 무시해도 됩니다. 축구공은 항상 골대에 들어가거나 들어가지 않습니다. 그러니 이 경우에는 파동의 중첩 현상에 대해 걱정할 필요가 없게 됩니다.

빛

빛은 전자기파입니다. 파동처럼 전파되지만 입자의 성질도 가지고 있습니다. 어떤 사람들은 '빛'이라는 용어를 가시광선, 즉 우리 눈으로 감지할 수 있는 파장을 가진 전자기파에만 사용합니다. 그러나 물리적 관점에서는 이 용어를 그렇게 엄격하게 정의할 이유가 없습니다. 이러한 관점에서 '빛'이라는 단어는 우리의 눈에 보이지 않을 만큼 파장이 너무 길거나 짧은 전자기파에도 사용될 수 있습니다. 예를 들어 마이크로파와 X선은 이러한 관점에서 '보이지 않는 빛'인 것이죠.

상태

입자의 양자 상태는 주어진 시간의 지점에서 입자의 모든 속성의 총 집합체입니다. 측정 가능한 상태, 즉 입자가 측정 직후 취할 수 있는 상태가 있습니다. 현재 측정이 이루어지지 않을 때도 입자는 이러한 측정 가능한 상태들이 결합된 상태(중첩 상태)에 있을 수 있습니다.

소립자

물질의 기본 구성 요소, 즉 더 작은 입자들이 구성된 부분이 없는 모든 입자를 말합니다. 전자와 광자는 소립자입니다. 양성자와 중성자는 소립자가 아니며, 쿼크로 이루어져 있습니다. 물론 원자를 비롯한 더 큰 물체도 소립자가 아닙니다.

숨은 변수

양자 이론에 대한 코펜하겐 해석에서 실험 결과가 때때로 단순히 무작위적인 것이라 말한다면, 우리는 어떻게 확실히 알 수 있을까요? 자연이 어떻게든 실험 결과를 이미 결정해놓았지만, 우리 인간은 그 결과가 어디서 어떻게 결정되었는지 알지 못하는 걸까요? 이처럼 숨겨져 있지만 이미 결정된 양을 '숨은 변수'라고 합니다. 그러나 벨 부등식은 그러한 숨은 변수가 존재하지 않거나, 어떤 의미에서는 해결하기보다 오히려 더 큰 혼란을 야기하는 다소 이상한 숨은 변수임을 보여줍니다. 따라서 '숨은 변수'라는 개념은 도움이 되지 않습니다.

슈뢰딩거 방정식

슈뢰딩거 방정식은 입자파를 설명하는 데 사

용할 수 있는 미분 방정식입니다. 이 방정식은 주어진 상황(예: 원자핵과 같은 매우 특정한 외부 힘이 존재하는 상황)에서 어떤 입자파가 가능한지, 그리고 이러한 입자파가 어떻게 생겼는지 알려줍니다. 또한 이 입자파가 시간에 따라 어떻게 변하는지 알려줍니다. 특정 시점의 입자파를 알고 있다면, 슈뢰딩거 방정식을 사용하여 이 입자파가 미래에 어떻게 전개될지 정확하게 예측할 수 있습니다.

스핀

입자의 고유한 각운동량입니다. 이는 종종 행성의 자전에 비유되지만, 반드시 적절한 비유라고는 할 수 없습니다. 중요한 것은 입자의 스핀에는 방향이 있다는 것입니다. 스핀 $\frac{1}{2}$ 입자의 스핀 방향을 측정하면 가능한 결과는 두 가지뿐입니다. 이를 '스핀 업' 또는 '스핀 다운'이라고 부를 수 있습니다. 그러나 결과는 측정 장비를 회전하는 방향에 따라 달라집니다. x축을 따라 측정된 '스핀 업' 입자는 다른 축에 대해서는 중첩 상태에 있습니다. 따라서 이 입자의 스핀 방향을 y축 또는 z축을 따라 측정할 때 얻는 결과는, 순전히 무작위로 얻어진 것입니다.

알파 입자

양성자 2개와 중성자 2개가 결합된 것입니다. 헬륨 원자핵이 그러한 알파 입자 중 하나입니다. 크기가 훨씬 더 크고 더 많은 양성자와 중성자로 구성된 특정 방사성 원자핵이 이 알파 입자를 방출할 수 있는데, 이를 '알파 붕괴'라고 합니다.

양성자

양전하를 띤 핵입자입니다. 3개의 쿼크로 구성됩니다.

양자

엄밀히 말하면, 양자는 단순히 무언가의 일부일 뿐입니다. 빛은 파동과 유사하지만, 항상 특정 부분, 즉 광자로 존재합니다. 따라서 광자는 빛의 양자입니다. 원자의 전자가 고에너지 상태에서 저에너지 상태로 전이할 때, 에너지 양자인 광자를 방출할 수 있습니다.

양자 얽힘

2개 이상의 입자가 양자 얽힘 상태에 있을 때, 이는 두 입자가 함께 어떤 상태에 있는지 정확히 알 수 있지만, 각 입자가 명확하게 정의된 상태를 가지고 있다는 것을 의미하지는 않습니다. 예를 들어 두 원자 중 하나는 '스핀 업' 상태에 있고 또 다른 하나는 '스핀 다운' 상태에 있는 방식으로 얽힐 수 있습니다. 이는 두 원자로 구성된 전체 시스템의 스핀을 정확하고 모호하지 않게 설명합니다. 그럼에도 불구하고 두 원자는 각각 '스핀 업'과 '스핀 다운'의 중첩 상태에 있을 수 있습니다. 전체 시스템을 이해하기 위해 개별 구성 요소에 대한 지식이 반드시 필요한 것은 아닙니다. 하지만 이는 입자 중 하나를 측정하면, 다른 입자의 상태도 즉시 결정된다는 것을 의미합니다. 양자 얽힘 입자 쌍은 두 입자가 완전히 다른 위치에 있더라도 어떤 의미에서는 하나로 공유된 실제입니다.

양자 이론/양자물리학/양자역학

이러한 개념들이 늘 명확하게 구분되는 것은 아닙니다. 양자물리학은 일반적으로 이 책에서 다루는 모든 것, 즉 파동과 입자, 양자화된 양을 다루는 물리학의 한 분야입니다. 근본적으로 물리학은 이론과 실험으로 구성됩니다. 양자물리학 내에는 양자 실험과 양자 이론(이러한 실험의 이론적 기반)이 있습니다. 때때로 양자역학과 양자장 이론을 구분하기도 합니다. 양자역학은 슈뢰딩거 방정식을 사용하여 입자의 파동적 거동을 설명합니다. 양자장 이론은 다소 더 일반적입니다.

양자 입자

양자 이론의 규칙에 따라 설명해야 하는 입자라는 것을 표현하기 위해 사용되는 비공식적인 용어입니다. 예를 들어 빵가루나 빵 부스러기를 '입자'라고도 부르지만 그것은 이 양자 이론과는 아무런 관련이 없는 것이죠.

양자보송이

완전히 새롭게 만들어진 용어로, 이전에는 존재하지 않는 말입니다. 이것은 장점이 됩니다. 왜냐하면 그 의미를 스스로 결정할 수 있기 때문입니다. 이런 이름은 물질의 흔들리고 물결치는 특성을 표현하기 위한 것이라 할 수 있습니다.

양자장 이론

양자역학의 확장으로, 각 입자는 우주 전체를 채우는 '장(Field)'으로 설명됩니다. 이는 마치 공간의 각 지점에 특정 온도를 부여하는 '온도장'을 정의하여 방의 온도를 설명하거나, 공간의 각 지점에 풍속과 풍향을 부여하는 '풍향장'을 정의하여 바람을 설명하는 것과 같습니다. 양자장 이론은 입자가 파괴되거나, 생성되거나, 서로 변환되는 과정을 계산하는 데도 사용될 수 있습니다.

양자화

물리량이 양자화되면 매우 구체적인 값만 가질 수 있습니다. 예를 들어 원자 내 전자의 에너지는 양자화됩니다. 전자에 허용되는 매우 구체적인 에너지 값이 있으며, 그 사이의 모든 값은 물리적으로 불가능한 것이 됩니다.

원소

화학 원소는 특정 유형의 원자입니다. 원자의 유형은 양성자 수에 따라 결정됩니다. 양성자가 정확히 6개라면 탄소 원자가 되고, 양성자가 정확히 7개이면 질소 원자가 되고 그런 식으로 정해지게 됩니다. 원자는 또한 중성자를 가지고 있는데, 종종(적어도 더 작은 원자에서는) 중성자의 수는 양성자의 수와 비슷합니다. 가장 흔한 탄소 변이체는 중성자 6개를 포함하고 있고, 가장 흔한 질소 변이체는 중성자 7개를 포함합니다. 하지만 원자가 양성자 7개와 중성자 8개를 포함하는 경우에도(이런 경우도 있습니다) 그 원자는 여전히 질소 원자입니다. 또한 원자는 자연적으로 전자도 포함합니다. 음전하를 띤 전자 수가 양전하를 띤 양성자 수와 정확히 같으면, 그 원자는 전체적으로 봤을 때 전기적으로 중성입니다. 그렇지 않으면 전기적으로 전하를 띠는데, 이럴 경우에는 그 원자를 이온이라고 합니다.

원자
원자는 원자핵과 전자가 결합된 것입니다. 원자핵의 양성자 수에 따라 원자는 특정 화학 원소에 속할 수 있습니다. 원자는 다양한 기본 입자로 구성되어 있으며, 모든 입자는 양자 물리파로 볼 수 있습니다. 그러나 원자 전체를 양자 물리파로 볼 수도 있습니다. 두 관점 모두 모순되는 것은 아닙니다.

원자핵
원자핵은 양성자와 중성자로 구성되어 있습니다. 따라서 항상 양전하를 띠고 있으며, 그렇기에 음전하를 띤 전자를 끌어당겨 붙잡고 있습니다.

입자
물질의 구성 요소 중 현재로서는 구조에 대해 걱정할 필요가 없는 부분을 가리키는 단어입니다. 물질의 기본 구성 요소는 소립자입니다. 하지만 양성자, 원자, 또는 더 큰 물체처럼 여러 소립자로 구성된 물체는 종종 '입자'라고 불립니다. 모든 입자는 파동의 성질도 가지고 있습니다. '입자'라는 단어는 주로 파동의 성질은 중요하지 않지만 입자이 선질이 중시될 때 사용됩니다.

입자 속성
입자는 물질의 일부입니다. '반쪽 입자'라는 용어는 말이 안 됩니다. 입자는 항상 정수로만 존재합니다. 또한 일반적으로 입자를 특정 시점에 특정 위치에서 완전히 '입자' 형태로 존재한다고 가능하지만, 자세히 살펴보면 이는 완전히 사실이 아닙니다. 모든 입자는 파동의 성질을 가지고 있기 때문입니다.

입자물리학의 표준 모형
(혹은 입자물리학의 기본 입자)

표준 모형은 오늘날 널리 받아들여지는 기본 입자 모형입니다. 이 모형은 다양한 입자와 그 입자 사이에 작용하는 힘을 포함합니다. 아주 훌륭하게 표현된 모형이자 수많은 현상을 매우 정밀하게 설명할 수 있습니다. 그러나 이 표준 모형에는 중력이 포함되지 않습니다. 현재까지 입자물리학과 중력을 만족스럽게 연결시킨 연구는 없습니다. 이 분야에서 성공한다면 노벨상을 수상할 가능성이 높습니다.

입자파동 또는 파동입자
물질의 이중적 본질을 설명하는데 사용되는 용어입니다. 모든 입자는 파동이며, 모든 파동은 입자입니다(또는 입자로 구성됩니다).

전자
음전하를 띤 기본 입자입니다. 양성자, 중성자, 그리고 심지어 전체 원자보다 질량이 훨씬 작기 때문에 전자의 파장은 비교적 깁니다. 따라서 전자의 파동 특성을 연구하는 것은 비교적 쉽습니다.

중성자
전하를 띠지 않는 원자핵 입자입니다. 3개의 쿼크로 구성되어 있습니다.

중첩 상태

양자 이론의 가장 중요한 원리 중 하나는 무언가가 여러 다른 상태로 존재할 수 있다면, 이러한 상태들이 혼합된 상태로도 존재할 수 있다는 것입니다. 예를 들어 입자가 오른쪽이나 왼쪽으로 날아갈 수 있다면, 오른쪽과 왼쪽으로 동시에 날아갈 수도 있습니다. 이러한 상태를 중첩 상태라고 합니다. 그러나 입자가 그러한 중첩 상태에 있는지 여부를 정확하게 정의하는 것은 불가능합니다. 그건 바라보는 시점의 문제이기 때문입니다. 우리가 수행하는 측정에 따라 달라지는 것이죠. 입자는 한 가지 가능한 측정에 대해서는 명확하게 정의된 상태를 가질 수 있지만, 다른 측정 장치에 대해서는 현재 중첩 상태에 있습니다.

측정

측정 중에 측정 대상(예를 들어 양자 입자)은 측정 장치와 같은 큰 물체와 접촉하게 됩니다. 그리고 그 후 측정 장치가 있는 실험실, 그리고 측정 장치의 결과를 읽는 사람과도 접촉하게 됩니다. 양자 입자를 측정할 때, 그 입자는 필연적으로 큰 물체의 세계와 접촉하게 됩니다. 따라서 이 경우 큰 물체의 세계에 적용되는 규칙들이 갑자기 입자에도 적용됩니다. 즉 측정 직후에는 더 이상 중첩 상태에 있을 수 없습니다. 측정 전에 입자는 여러 측정 가능한 상태를 동시에 결합할 수 있습니다. 예를 들어 동시에 다른 위치에 있거나, 동시에 다른 방향으로 이동할 수 있습니다. 그러나 측정을 통해 입자는 가능한 측정 결과를 결정해야 합니다. 입자의 상태가 결정되고, 그에 따라 입자의 상태가 변합니다.

코펜하겐 해석

코펜하겐 해석은 '우연'이 양자 이론의 본질적인 부분임을 받아들이는 양자 이론 해석입니다. 실험 결과를 반드시 정확하게 예측할 수는 없지만, 때로는 특정 측정 결과에 대한 확률만 계산할 수 있다는 사실은 양자 이론의 불완전함이 아닙니다. 코펜하겐 해석에 따르면, 이는 단지 현실의 속성이며 우리는 그것을 받아들여야만 하는 것이죠.

쿼크

쿼크는 기본 입자입니다. 양성자와 중성자는 '위쿼크'와 '아래쿼크'로 구성됩니다.

파동

전파될 수 있는 진동입니다. 파동은 특정한 파동적 속성을 가지고 있습니다.

파동의 속성

모든 파동은 파장과 진동수 같은 특정 속성을 가지고 있습니다. 특히 파동의 중요한 속성은 간섭하는 능력입니다.

파동함수

파동함수는 입자-파동의 수학적 표현입니다. 'x의 사인' 함수가 각 x에 숫자를 할당하는 것처럼, 파동함수는 각 점에도 숫자를 할당합니다. 단, 마이너스 일(-1)의 제곱근인 i을 포함한 복소수는 허용됩니다. 파동함수 자체만으로는 많은 것을 알 수 없습니다. 그러나 파동함수의 제곱을 계산하고 절댓값을 취하면, 마이너스 일(-1)의 제곱근이 더 이상 나타나지 않는 실수(實數, real number)가 나옵니다. 그리고 이 실수는 입자가 해당 위치에 얼마나 가까운지, 즉 측정 중에 해당 위치에서 입자를 감지할 확률이 얼마나 높은지를 나타내는 척도가 되는 것입니다.

파장

두 파동의 봉우리 사이의 거리, 또는 두 파동의 골짜기 사이의 거리입니다. 적어도 규칙적이고 주기적인 파동의 경우에는 그 길이가 동일합니다. 파장이 짧을수록 에너지가 높고, 파장이 길수록 에너지가 낮습니다.

편광

빛은 특정 방향으로 진동하는 파동으로 생각할 수 있습니다. 편광 방향은 진동이 발생하는 평면을 나타냅니다. 그러나 빛은 입자적 특성도 가지고 있습니다. 즉 빛은 개별 광자로 구성됩니다. 이 관점에서 편광은 광자의 회전 방향인 것입니다.

플랑크 상수

플랑크 상수(보통 h로 약칭)는 양자 이론에서 가장 중요한 자연 상수로 여겨집니다. 거의 모든 주요 양자 이론 공식에 등장하며, 종종 'h/2π' 형태로도 나타납니다. 공식을 단순화하기 위해 'h/2π'를 나타내는 특수 문자, 즉 ℏ(에이치 바, 환산 플랑크 상수 혹은 디랙 상수)가 고안되었습니다. 하지만 실제로 h가 아닌 ℏ를 종종 '플랑크 상수'로 이해하기도 합니다. 물리학이라 해도 표현이 항상 정확한 것은 아닙니다(부끄러운 일이죠). h는 광자의 에너지와 주파수의 비율(h=E/f)이고, ℏ는 슈뢰딩거 방정식에 나타나며, 입자의 스핀도 ℏ 단위로 측정됩니다.

핵입자(혹은 핵자)

원자핵을 구성하는 입자, 즉 양성자와 중성자를 일컫는 용어입니다.

참고문헌

Einsteins Lichtquantenhypothese
Einstein, A. (1905). Über einen die Erzeugung und Verwandlung des Lichtes betreffenden heuristischen Gesichtspunkt. Annalen der Physik, 322, 6.

Die in Säure aufgelösten Nobelpreismedaillen
A unique gold medal. NobelPrize.org. Nobel Prize Outreach (1998).
https://www.nobelprize.org/prizes/about/the-nobel-medals-and-the-medal-for-the-prize-in-economic-sciences

Louis de Broglie über den Welle-Teilchen-Dualismus
de Broglie, L. (1970). The reinterpretation of wave mechanics. Foundations of Physics, 1, 5.

Max Planck über die Rezeption von de Broglies Ideen
Planck, M. in: Roos, H., Hermann, A. (Hg.) (2001). Vorträge, Reden, Erinnerungen. Springer.

Max von Laues Kristallexperimente
Friedrich W., Knipping P., Laue, M. (1913). Interferenzerscheinungen bei Röntgenstrahlen. Annalen der Physik, 346, 10.

Doppelspaltexperiment mit Elektronen
Frabboni, S. (2007). Young's double-slit interference experiment with electrons. American Journal of Physics 75, 1053.

Frabboni, S., Gazzadi, G.C., Pozzi, G. (2008). Nanofabrication and the realization of Feynman's two-slit experiment. Applied Physics Letters, 93, 073108.

Einzelne Teilchen im Doppelspalt
Tonomura, A. et al. (1989). Demonstration of single-electron buildup of an interference pattern. American Journal of Physics, 57, 117.

Niels Bohrs Zitat Entsetzen über die Quantentheorie
zitiert in: Heisenberg, W. (1969). Der Teil und das Ganze. R. Piper & Co.

Max Plancks Strahlungsgesetz

Planck, M. (1900). Zur Theorie des Gesetzes der Energieverteilung im Normalspektrum. Verhandlungen der Deutschen Physikalischen Gesellschaft, 2, 17.

Bohrs Atommodell
Bohr, N. (1923). Über die Anwendung der Quantentheorie auf den Atombau. Zeitschrift für Physik, 13, 117.

Heisenbergs Unschärferelation
Heisenberg, W. (1927). Über den anschaulichen Inhalt der quantentheoretischen Kinematik und Mechanik. Zeitschrift für Physik, 43, 3, 172.

Heisenberg über seine Entdeckung der Matrizenmechanik
Heisenberg, W. (1969). Der Teil und das Ganze. R. Piper & Co.

Schrödinger über das Matrizenkalkül
Zitiert in: Rechenberg, H. (2010). Werner Heisenberg – Die Sprache der Atome. Springer.

Schrödinger über den Weg zur Schrödingergleichung
Zitiert in: von Meyenn, K. (Hg.) (2011). Eine Entdeckung von ganz außerordentlicher Tragweite. Springer.

Die Schrödingergleichung
Schrödinger, E. (1926). Quantisierung als Eigenwertproblem. Annalen der Physik, 79, 80 und 81.

Die Wahrscheinlichkeitsinterpretation von Max Born
Born, M. (1926). Zur Quantenmechanik der Stoßvorgänge. Zeitschrift für Physik, 37, 863.

Der Laplacesche Dämon
Mehr dazu auch in: Aigner, F. (2016). Der Zufall, das Universum und du. Brandstätter.

Über das Stern-Gerlach-Experiment
Friedrich, B. (2003). Stern and Gerlach: How a bad cigar helped reorient atomic physics. Physics Today, 56, 12, 53.

„Bohr hat doch recht": Gerlachs Telegramm
Gentner, W. (1980). Gedenkworte für Walther Gerlach. Orden Pour le Mérite, Reden und Gedenkworte, Band 16.

Giuseppe Occhialini und Wolfgang Paulis Pech mit Experimenten
Telegdi, V., Pauli-Anekdoten. In: Enz, C.P., von Meyenn, K. (1988). Wolfgang Pauli. Das Gewissen der Physik. Vieweg.

Wheelers Delayed-Choice-Gedankenexperiment
Wheeler, J.A., Law without law. In: Wheeler, J.A., Zurek, W.H. (Hg.) (1983). Quantum

theory and measurement. Princeton University Press.

Über Retrokausalität und die Missverständnisse damit
Ellerman, D. (2015). Why delayed choice experiments do not imply retrocausality. Quantum Studies: Mathemathics and Foundations, 2, 183.

Der Quantenradierer
Walborn, S.P. et al. (2003). Quantum erasure. American Scientist, 91, 4.

Die Quantenbombe
Elitzur, A., Vaidman, L. (1993). Quantum mechanical interaction free measurement. Foundations of Physics, 23, 987.
Kwiat, T. et al. (1995). Interaction-free measurement. Phyical Review Letters, 74, 24.

Andromeda und die Milchstraße
Cowen, R. (2012). Andromeda on collision course with the Milky Way. Nature.
Sohn, S.T., Anderson, J., van der Marel, R.P. (2012). The M31 velocity vector. I. Hubble space telescope proper-motion measurements. The Astrophysical Journal, 753, 1.

Chandrasekhar und seine Entdeckung des Masselimits für Weiße Zwerge
Sullivan, W. (1995, Aug 22). Subrahmanyan Chandrasekhar, 84, Is dead; Nobel laureate uncovered ‚White Dwarfs'. The New York Times.

Tunneleffekt und Alphateilchen
Gamow, G. (1928). Zur Quantentheorie des Atomkernes. Zeitschrift für Physik, 51.

Einsteins Brief an Marie Curie
Schulmann, R. et al. (Hg.) (1998). A. Einstein: The Collected Papers of Albert Einstein, Volume 8. Princeton University Press.

Bertlmanns Socken
Bell, J.S. (1981). Bertlmann's socks and the nature of reality. Journal de Physique, 42, Colloque C-2, suppl. au No. 3.
Bertlmann, R.A. (1990). Bell's Theorem and the Nature of Reality. Foundations of Physics, 20, 10.

Die EPR-Arbeit über den lokalen Realismus und die Quantentheorie
Einstein, A., Podolsky, B., Rosen, N. (1935). Can quantum-mechanical description of physical reality be considered complete?. Physical Review, 47, 777.

J.S. Bell über die spontane Königswerdung beim Tod der Königin von England
Bell, J.S. (2011). Speakable and Unspeakable in Quantum Mechanics (Second Edition), La nouvelle cuisine. Cambridge University Press.

Die Bellsche Ungleichung
Bell, J.S. (1964). On the Einstein Podolsky Rosen Paradox. Physics, 1, 3.

Mermin, N.D. (1993). Hidden variables and the two theorems of John Bell. Reviews of Modern Physics, 65, 3.

Quanten-Teleportation
Bouwmeester, D. et al. (1997). Experimental quantum teleportation. Nature 390, 575.

Quanten-Teleportation von Insel zu Insel
Ma, X-S. et al. (2012). Quantum teleportation over 143 kilometres using active feed-forward. Nature 489, 269.

Allgemeinverständliche Einführung in die Kryptographie
Singh, S. (1999). The Code Book. Dobleday.

Quantenkryptographie-Protokoll mit verschränkten Teilchen und Test der Bellschen Ungleichung
Ekert, A.K. (1991). Quantum cryptography based on Bell's theorem. Physical Review Letters, 67, 661.

Experimentelle Umsetzung der Quantenkryptographie
Jennewein, T. et al. (1999). Quantum cryptography with entangled photons; Physical Review Letters, 84, 20.

Schrödingers Katze
Schrödinger, E. (1935). Die gegenwärtige Situation in der Quantenmechanik. Die Naturwissenschaften, 23.

Wigners Freund und das Bewusstsein
Wigner, E.P. Remarks on the Mind-Body Question. In: Mehra, J. (Hg.) (1995). Philosophical Reflections and Syntheses. The Collected Works of Eugene Paul Wigner, vol B/6. Springer.

Das Schalter-Atom im Stern-Gerlach-Apparat und die Dekohärenz
Zurek, W.H. (2002). Decoherence and the transition from quantum to classical-revisited. Los Alamos Science, 27.

Quanten-Darwinismus
Zurek, W.H. (2009). Quantum Darwinism. Nature Physics. 5, 181.

Die Viele-Welten-Theorie
Everett III, H. (Autor), Barrett, J.A., Byrne, P. (Hg.) (2012). The Everett Interpretation of Quantum Mechanics. Princeton University Press.

Radikalere Viele-Welten-Ansichten
Tegmark, M. (2014). Our Mathematical Universe. Alfred A. Knopf.

„Shut up and calculate!"

Mermin, N.D. (2004). Could Feynman Have Said This?. Physics Today, 57, 5, 10.

Quantenesoterik

Hümmler, H. (2017). Relativer Quantenquark. Springer.

Quanten und fernöstliche Mystik

Capra, F. (1975). Das Tao der Physik. O.W. Barth.

Rupert Sheldrakes „Morphische Felder"

Sheldrake, R. (1981). A New Science of Life. Tarcher.

Max Planck und Philipp von Jolly

Hoffmann D. (2008). Max Planck. C.H. Beck.

Der erste Laser

Maiman, T.H. (1960). Stimulated Optical Radiation in Ruby. Nature, 187, 493.

Vorsicht mit der Überbewertung des Quantencomputers

Hossenfelder, S. (2019, August 2). Quantum supremacy is coming. It won't change the world. The Guardian.

Quantenfluktuationen und die größten Strukturen im Universum

Hawking, S.W. (1982). The development of irregularities in a single bubble inflationary universe. Physics Letters B, 115, 4.